U0291347

高等职业教育系列教材

建筑工程制图与识图

李 艳 主 编

杜 娟 李 彬 副主编

中国建筑工业出版社

图书在版编目（CIP）数据

建筑工程制图与识图 / 李艳主编；杜娟，李彬副主编. — 北京：中国建筑工业出版社，2023.8

高等职业教育系列教材

ISBN 978-7-112-28745-1

Ⅰ. ①建… Ⅱ. ①李… ②杜… ③李… Ⅲ. ①建筑制图-识别-高等职业教育-教材　Ⅳ. ①TU204.21

中国国家版本馆 CIP 数据核字（2023）第 088250 号

本教材分为 4 个单元，分别为：建筑形体的表达、房屋建筑构造、建筑施工图识读与绘制、结构施工图识读。

本教材适合高等职业院校建筑工程技术、工程造价、建设工程管理、建筑装饰工程技术、建设工程监理、建筑经济信息化管理等专业师生。

为方便教师授课，本教材作者自制免费课件，索取方式为：1. 邮箱 jckj@cabp.com.cn；2. 电话 (010) 58337285；3. 建工书院 http://edu.cabplink.com。

责任编辑：李天虹
责任校对：张　颖
校对整理：赵　菲

高等职业教育系列教材
建筑工程制图与识图
李 艳 主 编
杜 娟 李 彬 副主编

*

中国建筑工业出版社出版、发行（北京海淀三里河路 9 号）
各地新华书店、建筑书店经销
北京鸿文瀚海文化传媒有限公司制版
临西县阅读时光印刷有限公司印刷

*

开本：787 毫米×1092 毫米　1/16　印张：18½　字数：460 千字
2023 年 8 月第一版　　2023 年 8 月第一次印刷
定价：**58.00** 元（赠教师课件）
ISBN 978-7-112-28745-1
（41177）

前　言

　　建筑业是关乎国计民生的传统行业，工程图纸是工程师交流的语言。施工图识图能力是建筑行业相关岗位工作必备的核心职业能力，学生识图能力的培养直接关系到高职土建类专业技术技能型人才培养的质量。

　　本书依据高等职业学校土建类专业教学标准及人才培养方案，围绕建筑企业相关岗位必备的核心职业能力，对接1＋X建筑工程识图职业技能等级初级和中级（土建施工）证书标准，并结合编者多年的识图教学实践经验、在线开放课程建设经验、多年指导学生参加全国及湖北省建筑工程识图赛项的实战经验以及1＋X建筑工程识图职业技能等级证书试点经验，本着"以应用为目的，以必需、够用为度"的原则编写而成。

　　本书依据最新的国家标准、规范、图集进行编写，突出科学性、时代性、工程实践性，主要特点包括：

　　1. 内容体系完整，有利于学生识图能力的系统培养

　　本书融通了"建筑制图""建筑构造""建筑结构""施工图综合识读"等几门课程，建筑制图和建筑构造2个模块的内容少而精，立足于解决"如何表达房屋建筑"这一核心问题，为后面建筑施工图和结构施工图识读打基础。内容的设置打破传统教学中重制图轻识图、课程设置分散、识图能力培养不系统的局面。建议分2个学期开课，建议学时108课时。

　　2. 典型校企合作教材

　　企业专家参与编写，并提供大量工程典型案例图纸，通过"任务驱动、做中学"，培养学生的岗位实践能力，做到能在实际工程中准确地理解设计意图和施工要求，准确识别施工图纸中可能存在的各种错漏。

　　3. "岗课赛证"融通教材

　　本书内容的选择和组织上对接1＋X建筑工程识图职业技能等级初级和中级（土建施工）证书标准，并融入全国职业院校技能大赛（高职组）建筑工程识图赛项的知识点，助力院校积极实践"岗课赛证"融通，提高人才的培养质量和学生的就业质量。

　　本书由武汉交通职业学院李艳担任主编，由武汉交通职业学院杜娟和长江勘测规划设计研究有限责任公司李彬担任副主编，由武汉交通职业学院叶红担任主审。具体编写分工为：李艳编写单元1、单元3、单元4，杜娟编写单元2，李彬编写单元4和综合识图。另外，武汉交通职业学院杨哲、陈蕾、卢永全、王文利承担了部分微课视频的录制及课件的制作。

　　本书在编写过程中参考了一些相关书籍，在此向有关作者表示衷心感谢。限于编者水平，本书难免存在疏漏和不当之处，敬请各位读者批评指正！

目　录

Chapter 01

单元1

建筑形体的表达

 知识目标

1. 掌握投影的类型和特征；
2. 掌握三面投影图的形成和投影规律；
3. 掌握点、线、面的投影规律；
4. 掌握基本体的投影；
5. 掌握组合体的组合形式及截交和相贯；
6. 掌握用形体分析法和线面分析法分析组合体投影的方法；
7. 掌握剖面图和断面图的形成、类型及绘制方法。

能力目标

1. 熟悉各类投影图在工程中的应用；
2. 能够综合应用点、线、面的投影规律分析组合体投影，能够运用已知的两视图或三视图构造空间物体；
3. 能够根据需要正确选用基本投影图、剖面图或断面图表达对象，能够综合运用已知的各类投影图构造空间物体。

素质目标

1. 具备工程技术人员严谨细致、一丝不苟的工作态度和精益求精的工作作风；
2. 养成自觉遵守国家标准和法规的职业素养；
3. 提高辩证思维和空间思维能力。

建筑，不仅是人类活动不可或缺的场所，更是一个城市政治、经济、文化的载体。万丈高楼平地起，建筑汇聚了人类的智慧和汗水，从规划、设计，到建造全过程，都离不开图纸。房屋建筑是立体的，而用于指导施工的图纸是采用一定的投影法，并依据国家制图标准画出来的平面投影图。本单元围绕"如何表达房屋建筑"这一核心问题，展开"投影""三视图""剖面图""断面图"等建筑制图的相关内容，让学生不只是学会画三视图，更重要的是，形成如何用投影图来表达复杂房屋建筑的整体思路，从而能够对房屋建筑施工图的图纸构成进行整体把握。

1.1 投影的基本知识

1.1.1 投影法的建立

投影法的
建立

人们在探索用图形表达物体的过程中，发现物体在光线（太阳光或灯光）的照射下，在墙面或地面上会产生影子，随着光线的照射方向不同，影子随之发生变化（图 1.1.1）。

图 1.1.1 灯光、太阳光下"影子"的形成示意图

人们对这一现象进行了科学的抽象和概括，并做了如下假设：光线能够穿透物体，将物体上的点和线都在平面上落下影子，将这些点和线的影子连成图形就能够反映物体的形状。像这样用投影表示物体形状和大小的方法称为投影法，用投影法画出的物体的平面图形称为投影图。如图 1.1.2 所示，影子只反映形体的边缘轮廓形状，投影图能反映形体各个表面的轮廓形状。

形体、投射线、投影面是投影产生的三要素。把发出光线的光源称为投影中心，光线称为投射线，光线的射向称为投射方向，落影的平面（如地面、墙面等）称为投影面，影子的形状轮廓称为投影图，如图 1.1.3 所示。

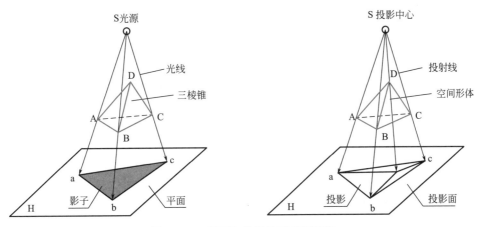

图 1.1.2　影子和投影的形成原理图

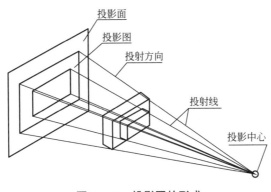

图 1.1.3　投影图的形成

1.1.2　投影法的分类

根据投影中心与投影面距离的不同，投影法可分为中心投影法和平行投影法两大类。

1. 中心投影法

中心投影法是投影中心在距离投影面有限远的地方，投影时投射线汇交于投影中心的投影法，如图 1.1.4 所示。照相机拍摄的物象照片，以及人眼看见的图像都基于中心投影法。

用中心投影法绘制的图形真实逼真，但图形大小和形状会随着投影中心、物体和投影面三者相对位置的改变而改变，作图复杂，且度量性较差，工程中常用于辅助图样，如绘制建筑效果图。

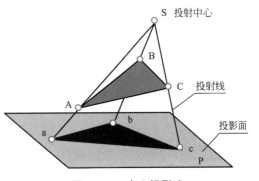

图 1.1.4　中心投影法

2. 平行投影法

当投影中心距离投影面无限远时，投射线可看作是相互平行的，由相互平行的投射线产生的投影称为平行投影。比如，太阳光对物体的投影就近似于平行投影。

根据投射线与投影面角度的不同，平行投影可分为：正投影和斜投影。平行投射线垂直于投影面的称为正投影，平行投射线倾斜于投影面的称为斜投影，如图 1.1.5 所示。

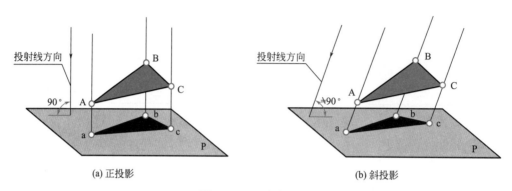

(a) 正投影   (b) 斜投影

图 1.1.5　平行投影法

1.1.3　正投影的投影特性

正投影能反映物体的真实形状和大小，它具有以下特性：

1. 显实性

当直线或平面平行于投影面时，在投影面上的投影反映直线的实长或平面图形的实际形状，如图 1.1.6 所示，这种投影特性称为显实性。

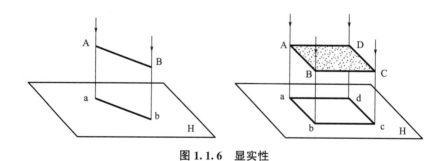

图 1.1.6　显实性

2. 积聚性

当直线或平面垂直于投影面时，在投影面上的投影积聚成一个点或一条直线，如图 1.1.7 所示，这种投影特性称为积聚性。

3. 类似性

当直线或平面倾斜于投影面时，直线的投影长度缩短，平面的投影尺寸发生变化，形状类似于平面的实形，如图 1.1.8 所示，这种投影特性称为类似性。

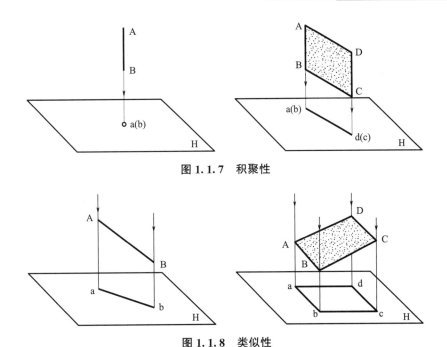

图 1.1.7　积聚性

图 1.1.8　类似性

　　由于正投影的以上特性，建筑工程的施工图都采用正投影的原理进行绘制，本课程主要研究正投影。

1.1.4　工程中常用的投影图

　　用投影图表达对象时，根据对象的特征及表达目的不同，可采用不同的图示法。工程中除常用的正投影图示法外，还采用透视投影法、轴测投影法及标高投影法等图示法，对应的投影图分别为多面正投影图、透视投影图、轴测投影图和标高投影图。

　　1. 多面正投影图

　　采用相互垂直的两个或两个以上的投影面，按正投影方法在每个投影面上分别获得同一物体的正投影，然后按规则展开在一个平面上，便得到物体的多面正投影图，图 1.1.9 为物体的三面正投影图。

　　优点：作图较其他图示法简便，便于度量，能反映物体的真实形状和大小，工程中应用最广。

　　缺点：立体感差，不易看懂。

　　建筑工程中，采用多面正投影图来综合表达建筑形体，本教材主要讲述正投影图。

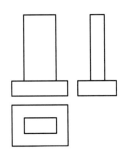

图 1.1.9　三面正投影图

　　2. 透视投影图

　　图 1.1.10 所示的透视投影图是物体在一个投影面上的中心投影图。

　　优点：图形逼真，像照片一样，立体感强。

缺点：作图复杂，形体的尺寸不能在图中度量，故不能作为施工依据。建筑工程中，常用于建筑设计方案的比较或展示拟建建筑建成后的三维效果。

3. 轴测投影图

图 1.1.11 所示轴测投影图是依据平行投影原理绘制的一种单面投影图，投射方向与物体的各个表面都倾斜。

优点：立体感强，非常直观。

缺点：作图较复杂，度量性差，只能作为工程上的辅助图样。

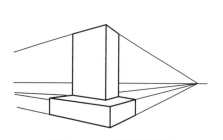

图 1.1.10　透视投影图

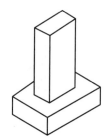

图 1.1.11　轴测投影图

4. 标高投影图

标高投影是一种带有数字标记的单面正投影。在建筑工程中，常用它来表达地形。作图时，用一组平行、等距离的水平面切割地面，其交线为等高线。将不同高程的等高线投影在水平的投影面上，并注出各等高线的高程，即为等高线图，也称标高投影图，如图 1.1.12 所示。

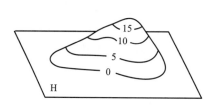

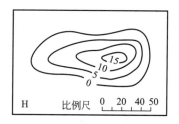

图 1.1.12　标高投影图

1.2 三面投影图的形成与投影规律

1.2.1　三面投影图的提出

1. 体的单面投影图

体的单面投影图是将空间形体向一个投影面投影得到的单个投影图，如图 1.2.1 所示。图中不同形状的物体在同一个投影面上的投影是相同的，因此，体的单面投影图不能唯一确定空间形体。

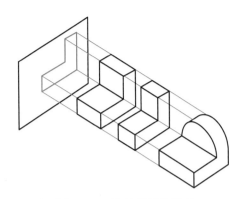

图 1.2.1 体的单面投影图

2. 体的两面投影图

体的两面投影图是将空间形体向两个互相垂直的投影面投影得到的两个投影图，图 1.2.2 中两个不同形状的物体的两面投影相同。因此，体的两面投影图也不能唯一确定空间形体。

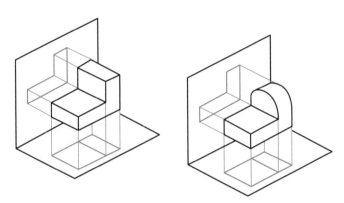

图 1.2.2 体的两面投影图

3. 体的三面投影图

空间物体都具有长、宽、高三个方向的尺寸，具有前、后、左、右、上、下六个表面，如图 1.2.3 所示。把物体左右之间的距离称为长度，前后之间的距离称为宽度，上下之间的距离称为高度。物体沿每个方向的投影都能表达物体其中两个表面，因此，空间物体向三个互相垂直的投影面投影得到的三面投影图能唯一确定空间形体，如图 1.2.4 所示。

1.2.2 三面投影图的形成

1. 三面投影体系的建立

三面投影图的空间投影坐标系为三个互相垂直相交的投影面，如图 1.2.5 所示。其中：

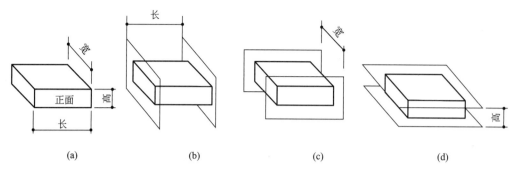

(a)　　　　　　　(b)　　　　　　　(c)　　　　　　　(d)

图 1.2.3　形体的长、宽、高

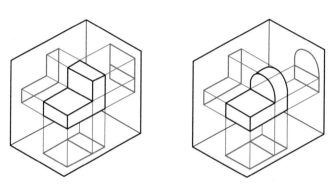

图 1.2.4　体的三面投影图

正立投影面，用字母 V 标记；水平投影面，用字母 H 标记；侧立投影面，用字母 W 标记。

三个投影面的交线 OX、OY、OZ 称为投影轴，三根投影轴相互垂直且相交于一点 O，O 称为原点。

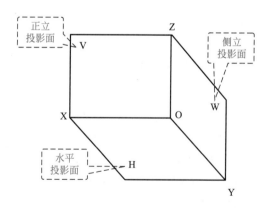

图 1.2.5　三面投影图的空间投影坐标系

2. 三面投影图的形成

如图 1.2.6 所示，将物体置于空间投影坐标系中，让物体最具有特征的表面（例如房屋建筑大门所在的表面）位于主视（正视）方向，X 轴方向定义为物体的长度，关联"左""右"方位；Y 轴方向定义为物体的宽度，关

三面投影
图的形成

联"前""后"方位；Z轴方向定义为物体的高度，关联"上""下"方位。

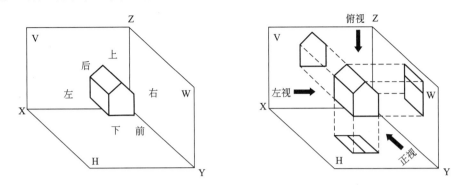

图1.2.6　物体三面投影图的形成过程

分别将物体向三个投影面进行投影就可以得到物体的三面投影图，即三视图：

从前→后投影，在V面上得到的投影称为正面投影图（V面投影图），简称正视图或主视图；

从左→右投影，在W面上得到的投影称为侧面投影图（W面投影图），简称左视图；

从上→下投影，在H面上得到的投影称为水平投影图（H面投影图），简称俯视图。

图1.2.6中物体的三视图如图1.2.7所示。

图1.2.7　物体的三视图

3. 三面投影图的展开

如图1.2.8（a）所示，让V面保持不动，将H面绕OX轴向下旋转90°，将W面绕OZ轴向右旋转90°，使H面和W面都与V面共面，展开后俯视图在主视图的正下方，左视图在主视图的正右方，如图1.2.8（b）所示。

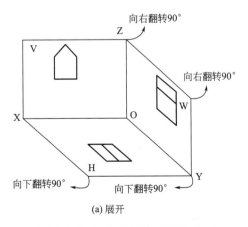

(a) 展开

图1.2.8　空间投影体系展开（一）

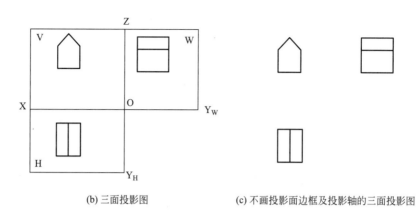

(b) 三面投影图　　　　　　　　(c) 不画投影面边框及投影轴的三面投影图

图 1.2.8　空间投影体系展开（二）

当将三面投影图按照展开后特定的位置摆放时，各面投影均不需注写图名；由于立体在空间坐标系中的位置并不影响立体三面投影图的形状，绘三视图时，投影面边框及投影轴均不必画出，如图 1.2.8（c）所示。

1.2.3　三面投影图的投影规律

三面投影图的投影规律

1. 投影规律

由于三面投影图表达的是同一个物体，正面投影反映物体的长和高，水平投影反映物体的长和宽，侧面投影反映物体的宽和高。因此，三个视图具有以下对应关系：

正面投影与水平投影"长对正"；
正面投影与侧面投影"高平齐"；
水平投影与侧面投影"宽相等"。

简单概括为："长对正，高平齐，宽相等"，如图 1.2.9 所示。九个字投影规律是画物体三视图和读图的基本规律，无论是物体整体还是物体局部的三个视图都一定符合这个规律。

2. 三面投影图与物体方位的对应关系

从三视图的形成过程可以看出，正面投影图反映了物体的正面和背面形状（不可见的投影轮廓线画虚线），表达了物体的上下和左右方位；侧面投影图反映了物体的左侧立面和右侧立面形状，表达了物体的上下和前后方位；水平投影图反映了物体的顶面和底面形状，表达了物体的前后和左右方位，如图 1.2.10 所示。

3. 物体单面正投影的投影分析

三面投影图实际上是物体分别向三个投影面投影得到的三个单面正投影图，体是由面围成的，画体的正投影可以转化为画围成体的各个表面的投影。

画物体的正投影图时，我们先观察物体的空间形状及围成物体的各个表面的形状，然后分析物体各个表面与投影面的相对位置，得出物体各个表面的投影形状，组合起来即为物体的正投影图。

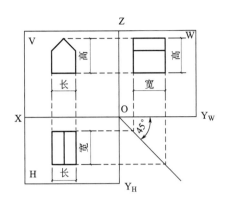

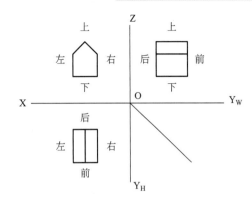

图 1.2.9　"长对正、高平齐、宽相等"的投影规律　　**图 1.2.10　三面投影图与物体方位的对应关系**

【**例 1.2.1**】画图 1.2.11 所示物体在图示方向上的正投影图。

分析：如图 1.2.12 所示，将形体向 V 面投影时，形体上共有三个表面与投影面平行，其余表面都与投影面垂直。根据正投影特性，平行于投影面的表面保持实形，垂直于投影面的表面积聚成直线。

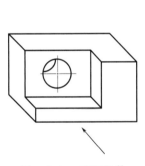

图 1.2.11　空间物体

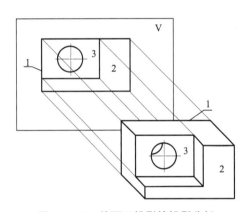

图 1.2.12　单面正投影的投影分析

绘制：先画最大的表面 1 的实形（外轮廓线可见），再画 L 形表面 2 的实形，由此表面 3 的外轮廓形状自然形成，最后补充中间圆形洞口即可。其他垂直于投影面的表面积聚的投影线与 3 个平行面的投影线重合，没有产生新的投影线。

正投影图的画图步骤如图 1.2.13 所示，按照同样的思路可以分析出物体的 H 面投影和 W 面投影的形状，不可见的洞口轮廓线绘虚线。

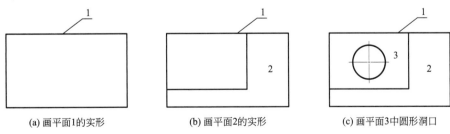

(a) 画平面1的实形　　　　　(b) 画平面2的实形　　　　　(c) 画平面3中圆形洞口

图 1.2.13　单面正投影图的绘图步骤

1.2.4 三面投影图的绘制

绘制物体的三面投影图时，先进行初步的形体分析，再充分利用三面投影图"长对正、高平齐、宽相等"的投影规律进行绘制。

【例 1.2.2】已知例 1.2.1 中物体的两视图（图 1.2.14），补画第三个视图。

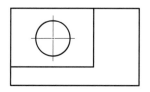

图 1.2.14　已知物体的正视图和侧视图

分析：物体各个组成部分的长度、宽度、高度尺寸都在已知的视图中，基于初步的投影形状分析后，要补画的俯视图需要关联正面投影的长度和侧面投影的宽度。

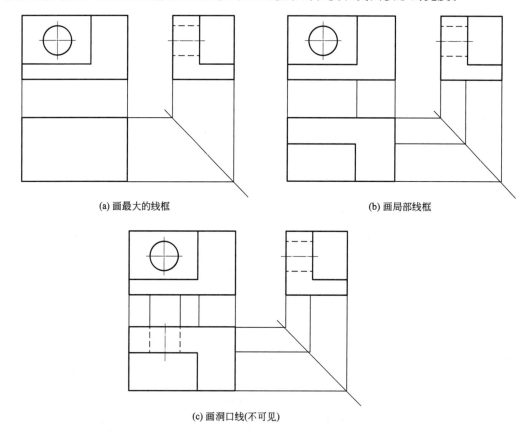

(a) 画最大的线框　　　　　　　　　(b) 画局部线框

(c) 画洞口线(不可见)

图 1.2.15　三视图绘图步骤

俯视图各个线框的长度可以从正视图画投影线往下对正，俯视图各个线框的宽度需通过 45°斜线从侧视图引过来。绘图步骤如图 1.2.15 所示，其中 45°斜线是构造"宽相等"的重要辅助线，45°斜线平移时，只会导致俯视图上下移动，并不影响视图的形状。

边 学 边 练

（1）将对应立体的序号写入三视图的圆圈内。

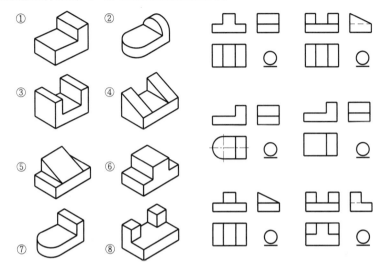

（2）已知物体的主、左视图，正确的俯视图是（　　）。

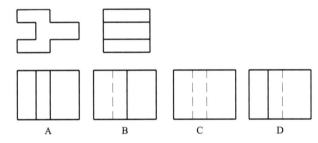

（3）已知物体的主、左视图，正确的俯视图是（　　）。

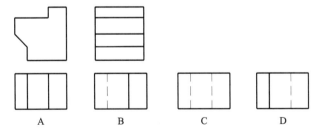

（4）已知物体的主、俯视图，错误的左视图是（　　）。

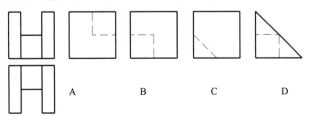

（5）根据两视图，参照立体补画第三视图。

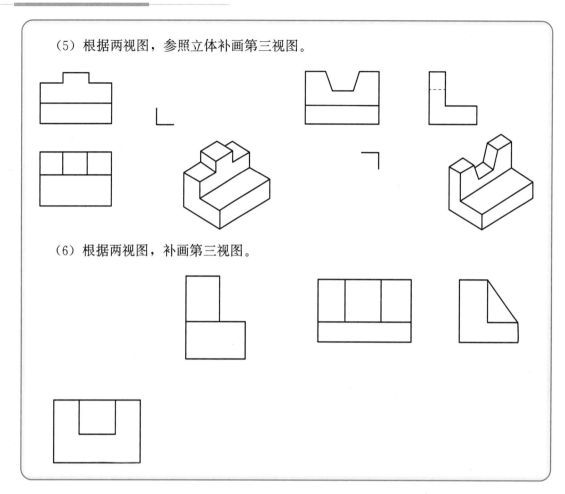

（6）根据两视图，补画第三视图。

1.3　点、线、面的投影规律

1.3.1　点的投影

点是组成空间形体最基本的几何元素，任何形体都是由点、线、面等几何元素组成的，研究点的投影规律是掌握空间形体投影规律的基础。

1. 空间的点及其投影点的表达

数学中，用空间坐标来定义空间点，如 A（x，y，z）。

将空间点 A 置于三面投影体系中，自 A 点分别向三个投影面作投射线，分别得到三个投影点 a、a′、a″。a 称为点 A 的水平投影（H 投影），a′ 称为点 A 的正面投影（V 投影）、a″ 称为点 A 的侧立投影（W 投影），见图 1.3.1（a）。把三个投影面展开，去掉投影面边框线，即为 A 点的三面投影图，见图 1.3.1（b）。

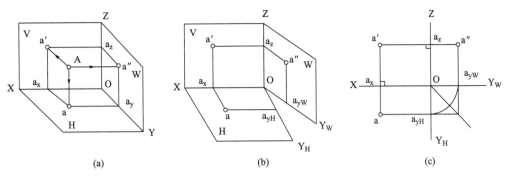

图 1.3.1 点的三面投影

制图中，规定用大写字母（如 A）表示空间点，它的水平投影、正面投影和侧面投影，分别用相应的小写字母（如 a、a′ 和 a″）表示。

用细实线将点的相邻投影连起来，如 aa′、aa″ 称为投影连线，分别与 OX 轴交于 a_x，与 OZ 轴交于 a_z。水平投影 a 与侧面投影 a″不能直接相连，作图时常借助图 1.3.1（c）中 45°斜线或圆弧来实现 y 坐标相等。

2. 点的投影点与坐标的关系

已知空间点 A（x，y，z）时，点 A 在三个投影面上的投影点可用坐标 a（x，y）、a′（x，z）、a″（y，z）来表达，每个投影点都可由其中 2 个坐标值唯一确定，故已知空间点的空间坐标时，能比较容易绘出点的投影，见图 1.3.2。

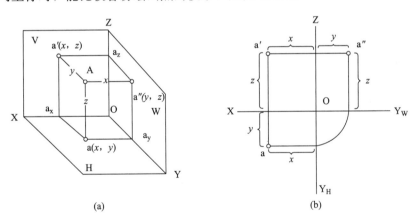

图 1.3.2 点的投影与坐标的关系

【例 1.3.1】已知空间点 A（20，15，25），求作其三面投影点。

作图方法及步骤如图 1.3.3 所示。

3. 点的投影规律

点在任何投影面上的投影仍然是点，点的三面投影点具有以下投影规律：

（1）点的正面投影 a′与水平投影 a 的连线必垂直于 X 轴，即 aa′⊥OX；

（2）点的正面投影 a′与侧面投影 a″的连线必垂直于 Z 轴，即 a′a″⊥OZ；

（3）点的水平投影 a 向 Y_H 轴的投影线与 a″向 Y_W 轴的投影线相交于过原点的 45°斜线。

可见，点的三个投影点与45°斜线的交点满足"矩形"投影法则。

点的任意两面投影都可以确定点的三个坐标值，因此，点的两面投影即能唯一确定空间的点。如果已知点的任意两面投影，通过画"矩形"，便可画出点的第三面投影。

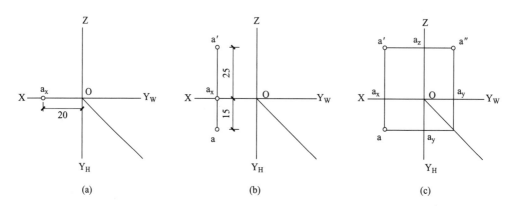

图1.3.3　已知点的坐标，作点的三面投影

【例1.3.2】已知空间点A的两面投影，求作第三面投影。

作图方法及步骤如图1.3.4所示。

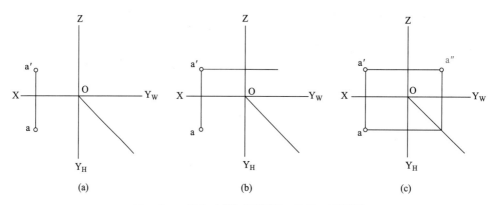

图1.3.4　已知点的两面投影，作第三面投影

4. 两点的相对位置

空间三面投影系中，规定 OX 轴的正方向为左，OY 轴的正方向为前，OZ 轴的正方向为上，即 x 坐标值越大越左，y 坐标值越大越前，z 坐标值越大越上。如图1.3.5所示，空间的两个点 A、B，将两点同面投影的坐标值进行比较，就可以判断：点 A 在点 B 的左边、前面和上面。

5. 重影点及可见性

如果空间的两点位于同一投射线上，则该两点在相应投影面上的投影是重合的。重合的投影称为重影，重影的空间两点称为该投影面上的重影点。此时，空间两点的其中两个坐标值一定相同。当两点的投影重合时，还须判别两点的可见性，在投影图中规定，不可见的点的投影用字母加括号标注。

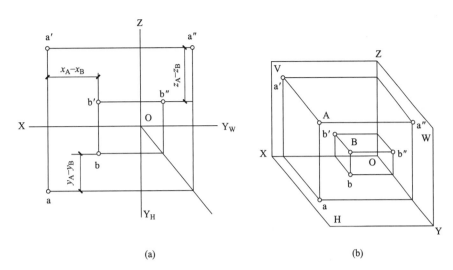

图 1.3.5 已知点的两面投影，作第三面投影

如图 1.3.6 中，A、B 是位于垂直于 H 面的同一投射线上的两点，它们在 H 面上的投影 a 和 b 重合。A 在 H 面上的投影为可见点，标注为 a；点 B 在 H 面上的投影为不可见点，标注为 (b)。

重影点可见性判断规律如下：

对 V 面的重影点，前面点投影可见，后面点投影不可见，即 y 坐标值大者可见；

对 H 面的重影点，上面点投影可见，下面点投影不可见，即 z 坐标值大者可见；

对 W 面的重影点，左边点投影可见，右边点投影不可见，即 x 坐标值大者可见。

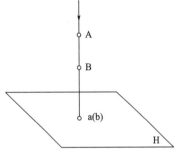

图 1.3.6 重影点

【例 1.3.3】已知点 C 的三面投影如图 1.3.7 (a) 所示，且点 D 在点 C 的正右方 5mm，点 B 在点 C 的正下方 10mm，求作 D、B 两点的投影，并表明重影点的可见性。

作图方法及步骤见图 1.3.7 (b)、(c)。

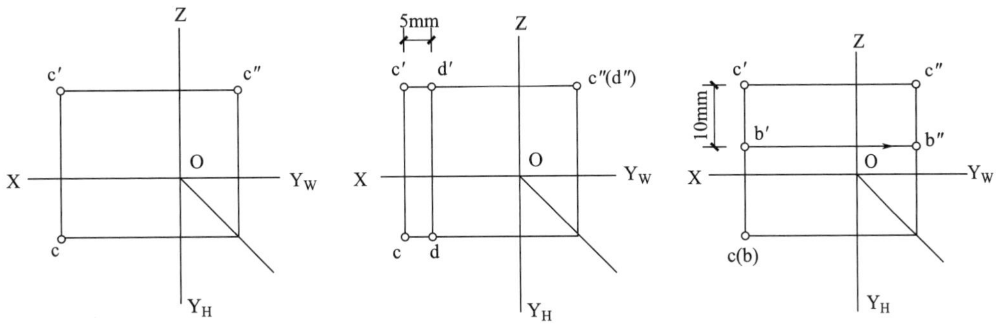

图 1.3.7 求作点的投影并表明可见性

边学边练

（1）已知空间点 A 的坐标（10，15，20），求作其三面投影点。

（2）已知空间点 B 的两面投影，求作第三面投影。

（3）试判断 C、D 两点的相对位置。

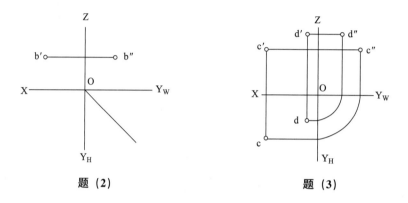

题（2）　　　　　　　　　　题（3）

（4）已知点 A 在 V 面之前 15，点 B 在 H 面之上 12，点 C 在 V 面上，点 D 在 H 面上，点 E 在投影轴上，补全各点的两面投影。

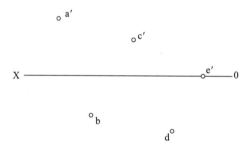

（5）已知点 B 在点 A 的正左方 15，点 C 与点 A 是对 V 面的重影点，点 D 在点 A 的正下方 8，补全各点的三面投影，并表明可见性。

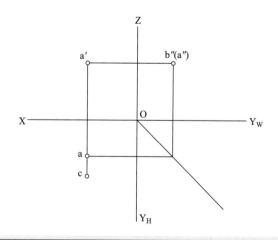

1.3.2　直线的投影

1. 一般位置直线的投影

空间一条任意直线的三面投影，可由直线上两个端点的三面投影来表示。如图 1.3.8 所示的 AB 直线，可分别作出 A、B 两个端点的三面投影，然后分别连接 A、B 两个端点的同面投影即为该直线的三面投影图。

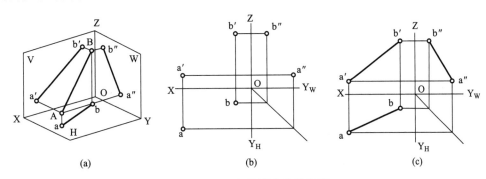

| (a) | (b) | (c) |

图 1.3.8　一般位置直线的投影

一般位置直线的投影特性：三个投影仍为直线，但均倾斜于投影轴，且不反映实长。

根据一般位置直线的投影特性，可判别：若直线的三个投影均为与投影轴倾斜的直线，则空间直线一定是一般位置直线，即："三个投影三个斜，定是一般位置线。"

2. 投影面平行线的投影

投影面平行线是指空间直线平行于一个投影面而倾斜于另外两个投影面的直线。按其平行于投影面的不同，投影面平行线可分为：

正平线——平行于 V 面而倾斜于 H、W 面的直线；

水平线——平行于 H 面而倾斜于 V、W 面的直线；

侧平线——平行于 W 面而倾斜于 V、H 面的直线。

直线的投影

三种平行线的投影图如表 1.3.1 所示。投影面平行线投影特性为：投影面平行线在其平行的投影面上的投影反映实长，另外两个投影面上的投影垂直于同一条投影轴，但短于实长。

投影面平行线　　　　　　　　　　　　　　　　　　　　　表 1.3.1

名称	水平线	正平线	侧平线
直观图			

名称	水平线	正平线	侧平线
投影图	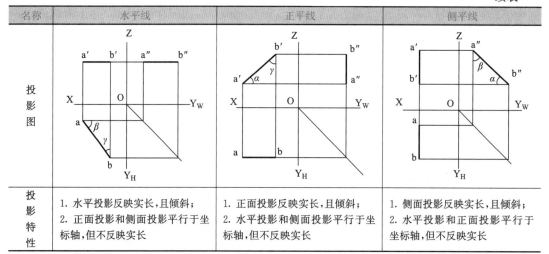		
投影特性	1. 水平投影反映实长,且倾斜; 2. 正面投影和侧面投影平行于坐标轴,但不反映实长	1. 正面投影反映实长,且倾斜; 2. 水平投影和侧面投影平行于坐标轴,但不反映实长	1. 侧面投影反映实长,且倾斜; 2. 水平投影和正面投影平行于坐标轴,但不反映实长

根据投影面平行线的投影特性,可判别直线与投影面的相对位置。在一条直线的三个投影中,若一个投影为斜直线,另外两个投影为垂直于同一投影轴的直线,则该直线必定是投影面的平行线,且平行于斜直线所在的投影面。归纳为:"一斜两直线,定是平行线;斜线在哪面,平行哪个面。"

3. 投影面垂直线

投影面垂直线是指垂直于一个投影面而平行于另外两个投影面的直线,按其垂直的投影面不同可分为:

正垂线——垂直于 V 面,平行于 H、W 面的直线;

铅垂线——垂直于 H 面,平行于 V、W 面的直线;

侧垂线——垂直于 W 面,平行于 V、H 面的直线。

三种垂直线的投影图如表 1.3.2 所示。投影面垂直线投影特性为:投影面垂直线在所垂直的投影面上的投影积聚成一点,另外两个投影同时平行于同一条投影轴,且均反映实长。

根据投影面垂直线的投影特性,可判别直线与投影面的相对位置。在一条直线的三个投影中,若一个投影积聚成点,另外两个投影为平行于同一投影轴的直线,则该直线必定是投影面垂直线,且垂直于点所在的投影面。归纳为:"一点两直线,定是垂直线;点在哪面,垂直哪个面。"

投影面垂直线   表 1.3.2

名称	铅垂线	正垂线	侧垂线
直观图	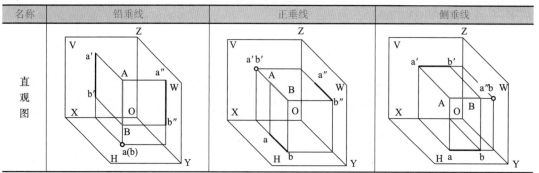		

名称	铅垂线	正垂线	侧垂线
投影图			
投影特性	1. 水平投影积聚为一点； 2. 正面投影和侧面投影平行于 Z 投影轴，且反映实长	1. 正面投影积聚为一点； 2. 水平投影和侧面投影平行于 Y 投影轴，且反映实长	1. 侧面投影积聚为一点； 2. 正面投影和水平投影平行于 X 投影轴，且反映实长

4. 直线上的点

点在直线上，则点的各个投影必定在该直线的同面投影上，并且符合点的投影规律，这是直线上点的从属性，如图 1.3.9 中直线 AB 上的 K 点，k 在 ab 上，k′在 a′b′上。反之，点只要有一个投影不在直线的同面投影上，则点一定不在该直线上，如图 1.3.9 中的 G 点。

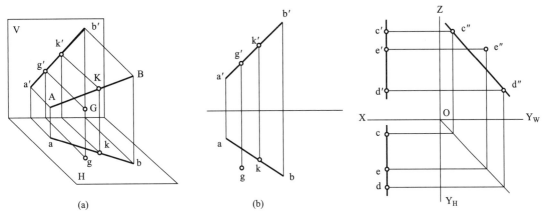

图 1.3.9　直线上点的投影　　　　图 1.3.10　判断点是否在直线上

【例 1.3.4】已知图 1.3.10 所示侧平线 CD 和点 E 的 H、V 面投影，判断点 E 是否在直线上。

分析：利用从属性判别点在直线上，则点的各个投影必定在该直线的同面投影上。如图 1.3.10 所示，点 E 的 W 投影不在直线 CD 的 W 投影 c″d″上，故判定点 E 不在直线 CD 上。

【例 1.3.5】已知侧平线 AB 的 V、H 面投影及 AB 上一点 K 的 V 面投影 k′，试求点 K 的 H 面投影，如图 1.3.11 所示。

分析：利用从属性解题。侧平线 AB 的 H、V 面投影 a′b′、a″b″均垂直于 OX 轴，不能利用点的投影规律由 k′直接求出 k″。可先求出直线 AB 的 W 面投影 a″b″，然后由 k′求出 k″，再由 k″求出 k，如图 1.3.11（b）所示。

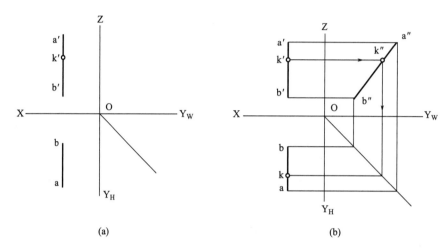

(a)   (b)

图 1.3.11　求作直线上点的投影

边学边练

（1）作直线 AB 的三面投影，已知端点 A（28，8，5），B（6，18，20）。

（2）作直线 CD 的三面投影，已知 CD 的两面投影。

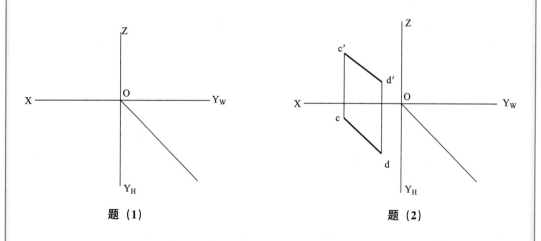

题（1）   题（2）

（3）判断下列直线对投影面的相对位置，并填写直线类型。

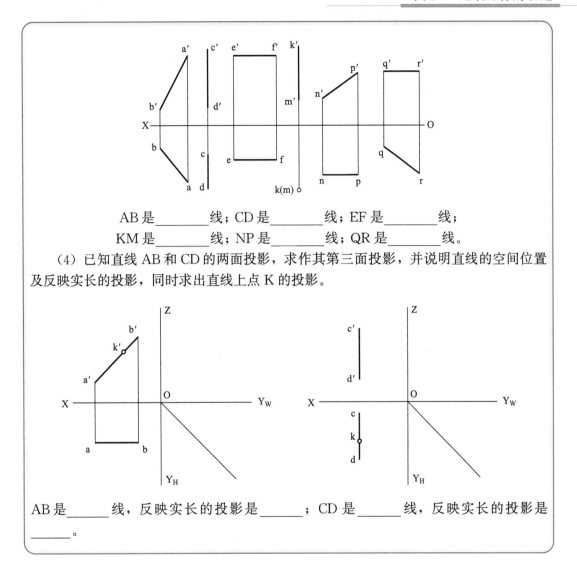

AB 是_____线；CD 是_____线；EF 是_____线；

KM 是_____线；NP 是_____线；QR 是_____线。

（4）已知直线 AB 和 CD 的两面投影，求作其第三面投影，并说明直线的空间位置及反映实长的投影，同时求出直线上点 K 的投影。

AB 是_____线，反映实长的投影是_____；CD 是_____线，反映实长的投影是_____。

1.3.3　平面的投影

空间平面与投影面的相对位置可分为倾斜、垂直和平行三种情况，根据与投影面的相对位置不同，空间平面可分为一般位置平面、投影面平行面、投影面垂直面三种。

1. 一般位置平面

一般位置平面与三个投影面均倾斜，在三个投影面上的投影均为面积缩小的类似形，例如四边形的投影仍为四边形，三角形的投影仍为三角形等。即："三个投影三个框，定是一般位置平面。"绘制一般位置平面的三面投影，只能先绘制各顶点的投影，然后将点的各面投影按顺序连起来，如图 1.3.12 所示。

2. 投影面平行面

投影面平行面是指平行于一个投影面，同时垂直于另外两个投影面的平面。

平面的投影

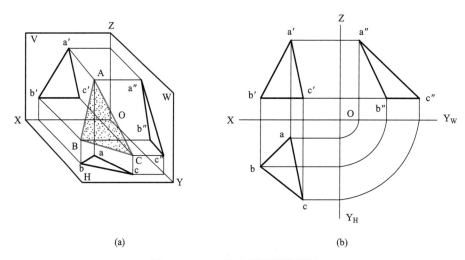

图 1.3.12 一般位置平面的投影

投影面平行面可分为：

正平面——平行于 V 面而垂直于 H、W 面的平面；

水平面——平行于 H 面而垂直于 V、W 面的平面；

侧平面——平行于 W 面而垂直于 V、H 面的平面。

三种平行面的投影图如表 1.3.3 所示。

投影面平行面 表 1.3.3

名称	水平面	正平面	侧平面
直观图			
投影图			

投影面平行面的投影特性：平面在所平行的投影面上的投影反映平面的实形，在另外两个投影面上的投影积聚成直线，且垂直于同一条的投影轴。

根据投影面平行面的投影特性，可判别：在一个平面的三个投影中，若一个投影为线框，另外两个投影为垂直于同一投影轴的直线，则该平面必定是投影面平行面，且平行于线框所在的投影面。归纳为："一框两直线，定是平行面；框在哪个面，平行哪个面。"

3. 投影面垂直面

投影面垂直面是指垂直于一个投影面，同时倾斜于另两个投影面的平面。投影面垂直面可分为：

正垂面——垂直于 V 面，倾斜于 H、W 面的平面；

铅垂面——垂直于 H 面，倾斜于 V、W 面的平面；

侧垂面——垂直于 W 面，倾斜于 V、H 面的平面。

三种垂直面的投影图如表 1.3.4 所示。

投影面垂直面　　　　　　　　表 1.3.4

名称	铅垂面	正垂面	侧垂面
直观图	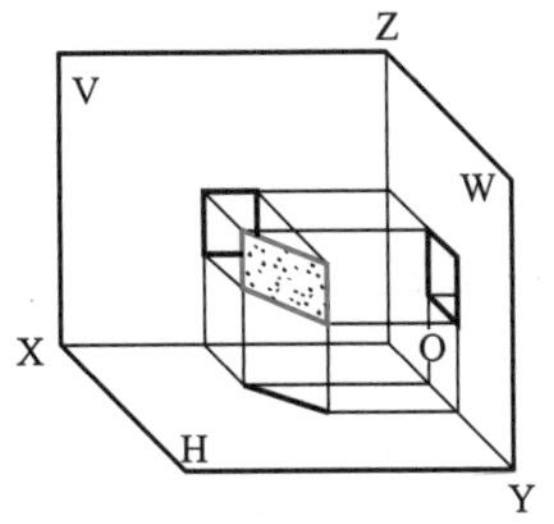	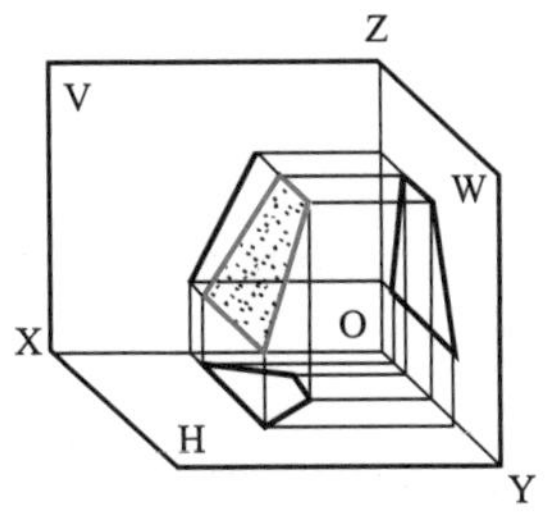	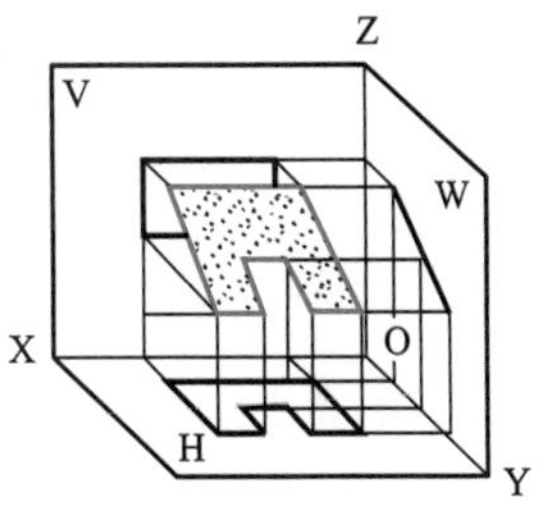
投影图	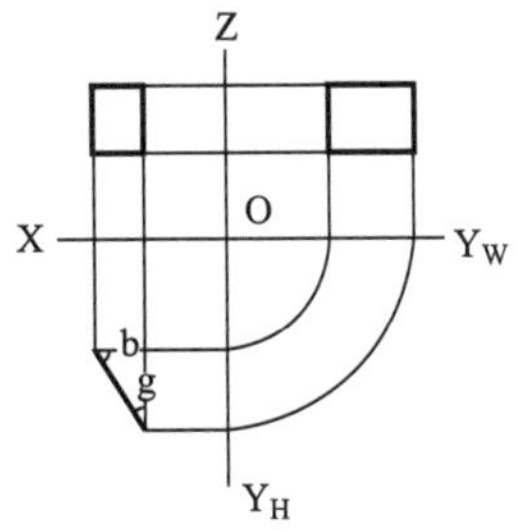	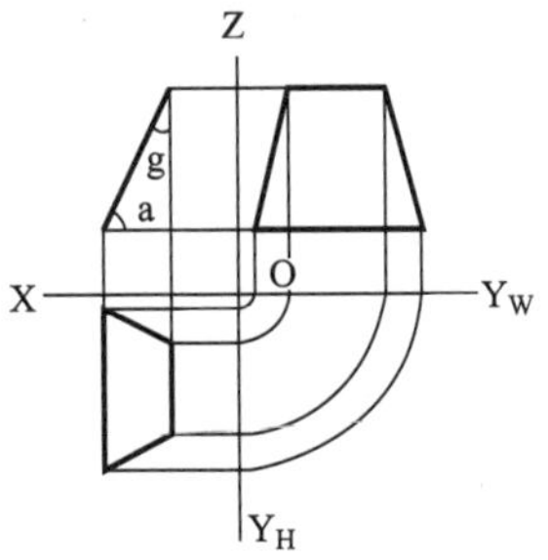	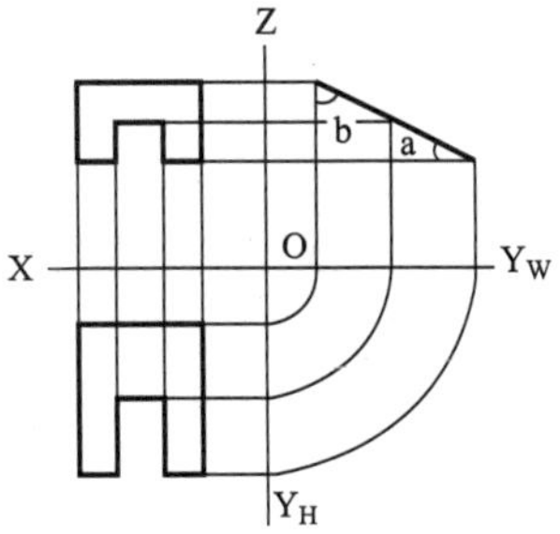

投影面垂直面的投影特性：平面垂直于哪个投影面，它在该投影面上的投影积聚成一条倾斜于投影轴的直线，其他两个投影面的投影具有类似形。

根据投影面垂直面的投影特性，可判别：在一个平面的三个投影中，若两个投影为类似的封闭线框，另一个投影为斜直线，则该平面必定是投影面的垂直面，且垂直于斜直线所在的投影面。归纳为："两框一斜线，定是垂直面；斜线在哪面，垂直哪个面。"

【例 1.3.6】试判断图 1.3.13 所示立体 BCG、BFG、ABF 等表面及表面直线的空间位置。

分析：图中立方体被切割形成了 BCG、BFG、ABF 三个新的表面，其中，面 BCG 为侧平面，只在 W 面上的投影保持实形（三角形线框），在 H 和 V 面上的投影都汇聚为直线。面 BFG 为侧垂面，只在 W 面上的投影汇聚为倾斜的直线，在 H 和 V 面上的投影都具有类似形（三角形线框）。面 ABF 为一般位置平面，在三个投影面上的投影都具有类似形（三角形线框）。

直线 BF 为一般位置直线，三面投影都倾斜；直线 AE、DE、CB、CG、FG 为投影面垂直线，在垂直的投影面上汇聚为一点；直线 AF、AB、BG 为投影面平行线，在与之平行的投影面上的投影为斜直线。

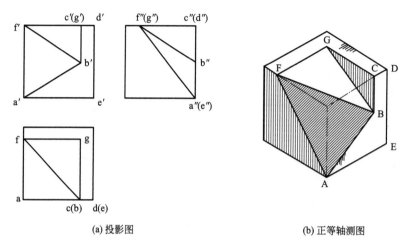

(a) 投影图   (b) 正等轴测图

图 1.3.13   立体表面平面、直线的空间位置

4. 平面上的点和直线

空间的点与平面一般不能直接判定它们的位置关系，如图 1.3.14（a）中的点 K 与平面 ABCD。但如果点 K 在平面 ABCD 内的一条直线上，则点 K 必定在该平面上。

一直线若通过平面内的两点，则此直线必位于该平面上。由此可知，平面上直线的投影必定是过平面上两已知点的同面投影的连线。

【**例 1.3.7**】试判断图 1.3.14（a）中 K 点是否在平面 ABCD 上。

分析：若点 K 在平面上，则点 K 必定在直线 CF 上，点 K 的各面投影都在直线 CF 的各面投影上。图中点 K 不在直线 CF 上，所以点 K 不在平面上。

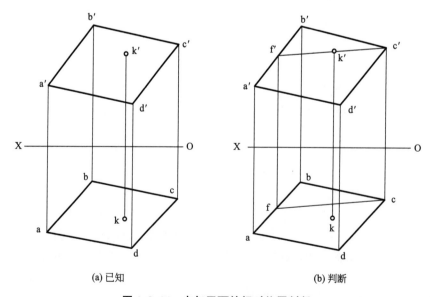

(a) 已知   (b) 判断

图 1.3.14   点与平面的相对位置判断

边 学 边 练

（1）已知平面的两面投影，求作平面的第三面投影。

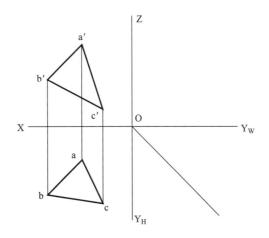

（2）判别下列平面的类型。

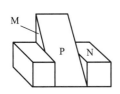 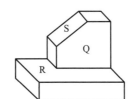 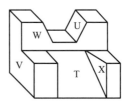

M_____面，N_____面，P_____面，Q_____面，R_____面，S_____面
T_____面，U_____面，V_____面，W_____面，X_____面

（3）判别下列平面的类型。

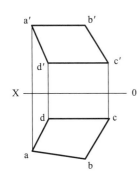 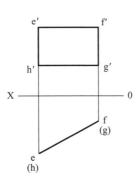 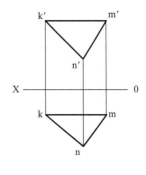

_____面　　　　　　_____面　　　　　　_____面

（4）已知平面的两面投影，求其第三面投影，并说明它是什么位置平面。

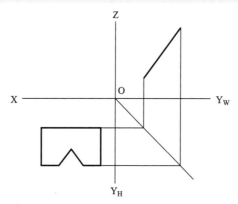

（5）已知△ABC上M点的水平投影，求其正面投影。

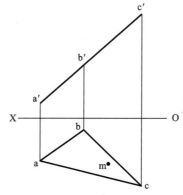

（6）已知点K属于△ABC平面，完成△ABC的正面投影。

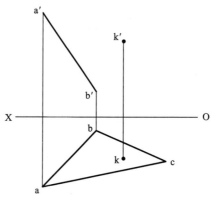

（7）已知主、左视图，正确的俯视图是（　　）。

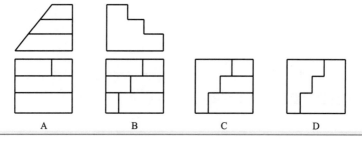

（8）已知物体的主、俯视图，错误的左视图是（　　　）。

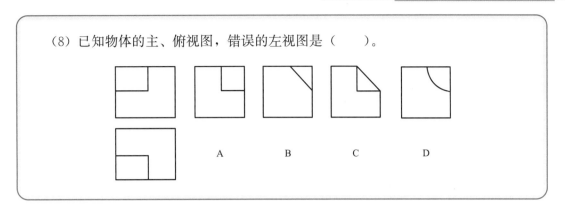

1.4 基本体的投影

在建筑工程中，各种造型的建筑物及其构配件无论多么复杂，都可以看作是由一些简单的几何形体经过叠加、切割或相交等形式组合而成。空间形体是由各种表面组成的，按形体表面性质不同，可分为平面立体和曲面立体。若几何形体的表面都是由平面围成的，这样的形体称为平面立体；而若几何形体的表面都是由曲面或平面和曲面围成的，这样的形体称为曲面立体。了解这些简单的基本体的投影是研究组合体投影的基础。

1.4.1 平面体的投影

1. 棱柱体的投影

棱柱体由一对形状大小相同、相互平行的多边形底面及若干平行四边形侧面组成。两相邻侧面的交线称为棱线，棱柱体所有的棱线相互平行；两底面的距离称为棱柱的高。当底面为三角形、四边形、五边形……时，所组成的棱柱分别为三棱柱、四棱柱、五棱柱……

以正三棱柱为例进行分析，如图 1.4.1 所示。正三棱柱由上、下两底面（正三角形）和三个棱面（长方形）组成。设将其放置成上、下底面与水平投影面平行，并有两个棱面平行于正立投影面。

正三棱柱的顶面、底面均为水平面，它们的水平投影反映实形，正面及侧面投影积聚为一直线。三棱柱有三个侧棱面，其中一个棱面为正平面，它的正面投影反映实形，水平投影及侧面投影积聚为一直线。三棱柱的其他两个侧棱面均为铅垂面，水平投影积聚为直线，正面投影和侧面投影为类似形。

2. 棱锥体的投影

由一个多边形平面与多个有公共顶点的三角形平面围成的几何体称为棱锥，相邻侧面的公共边称为棱锥的侧棱，各侧棱的公共点称为棱锥的顶点。根据不同形状的底面，棱锥有三棱锥、四棱锥和五棱锥等。

现以正三棱锥为例来进行分析，如图 1.4.2 所示，让其中一个侧面垂直于 W 面。

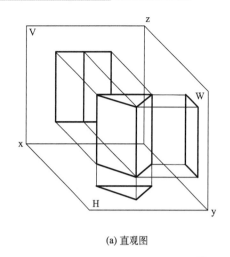
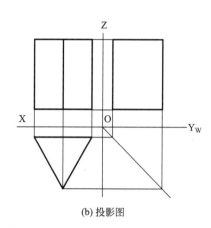

(a) 直观图　　　　　　　　　　　　　　　　(b) 投影图

图 1.4.1　正三棱柱

正三棱锥的特点是：底面为正三角形，侧面为三个相同的等腰三角形，通过顶点向底面作垂线，垂足在底面正五边形的中心。

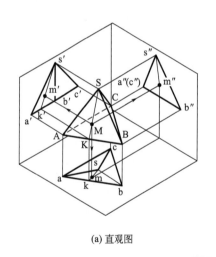
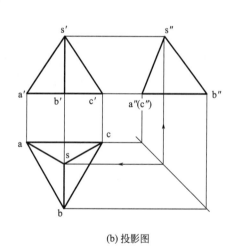

(a) 直观图　　　　　　　　　　　　　　　　(b) 投影图

图 1.4.2　正三棱锥

3. 棱台的投影

用平行于棱锥底面的平面切割棱锥，底面和截面之间的部分称为棱台。由三棱锥、四棱锥、五棱锥……切得的棱台，分别称为三棱台、四棱台、五棱台……

以四棱台为例，如图 1.4.3 所示。可看到四棱台的三面投影图是：其水平投影是由两个相似的矩形和四个梯形组成，它们分别是顶面和底面的实形及四个棱面的水平投影；正面投影为一个梯形，它是棱台前、后棱面的投影，其顶边和底边为棱台顶面和底面的投影（有积聚性），左、右二棱线是左、右二棱面的投影（有积聚性）；侧面投影也是梯形，它是棱台左、右二棱面的投影，其顶边和底边为棱台顶面和底面的投影（有积聚性），靠里侧的斜边是侧垂位置的后棱面的投影，靠外侧的斜边是侧垂位置的前棱面的投影。

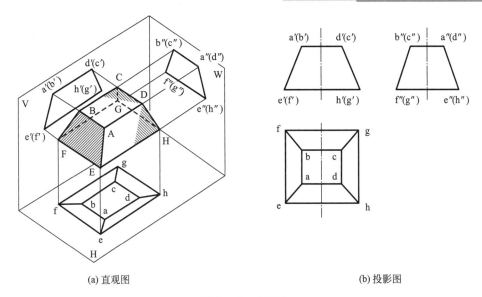

(a) 直观图　　　　　　　　　　　(b) 投影图

图 1.4.3　四棱台

1.4.2　曲面体的投影

1. 圆柱体的投影

圆柱体由圆柱表面和两个圆形的平行底面组成。圆柱表面是由一条直母线，绕与它平行的轴线旋转而形成，圆柱面上的素线都是平行于轴线的直线。

如图 1.4.4 所示为一轴线垂直于水平投影面的圆柱体。在三面投影图中，水平投影是一个圆，该圆为上下底面的投影，反映实形，圆柱面的水平投影积聚在圆周上。正面投影和侧面投影积聚为两个相等的矩形，矩形的高等于圆柱的高，宽等于圆柱的直径，矩形的上下底边是圆柱体上下底面的积聚投影，左、右两条边为轮廓素线的投影。

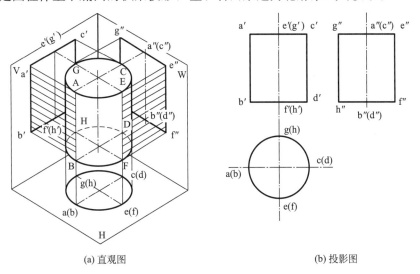

(a) 直观图　　　　　　　　　　　(b) 投影图

图 1.4.4　圆柱体

2. 圆锥体的投影

圆锥表面是由一条直母线，绕与它相交的轴线旋转而形成。在圆锥面上任意位置的素线，均交于锥顶。圆锥面上的纬圆从锥顶到底面直径是越来越大的，底面可看作圆锥面上直径最大的纬圆。

圆锥体由圆锥面和一个圆形的底面组成，如图1.4.5所示为一轴线垂直于水平投影面的圆锥体。在三面投影图中，其水平投影是一个圆，这个圆是圆锥底面的投影，反映实形，圆锥面的投影也在圆周内。正面投影与侧面投影是两个相等的三角形，三角形的高等于圆锥的高，底边长等于圆锥底面圆的直径，左、右两条边为轮廓素线的投影。

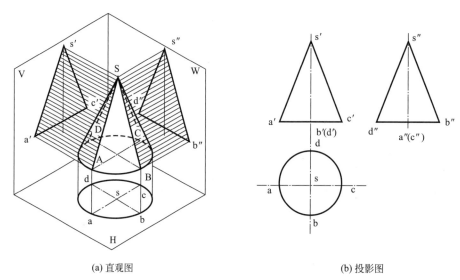

(a) 直观图   (b) 投影图

图 1.4.5　圆锥体

3. 球体的投影

球面是一个圆绕着其直径旋转得到的，该直径为导线，该圆周为母线，母线在球面上任一位置时的轨迹称为球面的素线。球面所围成的立体称为球体。

如图1.4.6所示，在三面投影图中，球体的三个投影为三个直径相等的圆。这三个圆

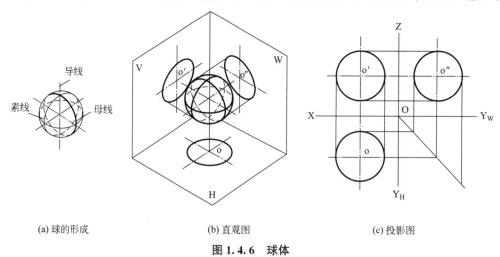

(a) 球的形成   (b) 直观图   (c) 投影图

图 1.4.6　球体

代表球面上三个不同位置的圆。水平投影是上、下球面的分界圆；该水平投影也是球面上平行于水平面的最大圆周的投影。正面投影是前、后球面的分界圆；该正面投影也是球面上平行于正平面的最大圆周的投影。侧面投影是左、右球面的分界圆；该侧面投影也是球面上平行于侧平面的最大圆周的投影。

边 学 边 练

（1）补画基本体第三视图，并作出表面点的三面投影。

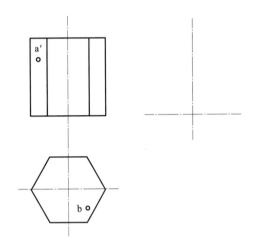

（2）求作圆锥体表面点的另两面投影。

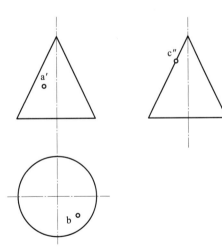

（3）求作球体表面上点的另两个投影。

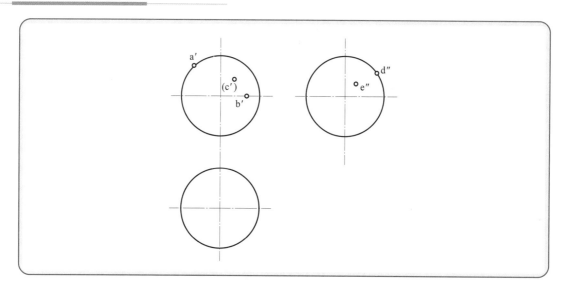

1.4.3 平面截切立体

平面截切立体

1. 截交线形状

用一个截平面截去立体的一部分，截平面与立体表面的交线叫截交线。截交线为封闭的平面图形，截交线的每条边都是截平面与立体表面的共有线，立体由于截切形成了由截交线围成的新的表面，如图 1.4.7 所示。

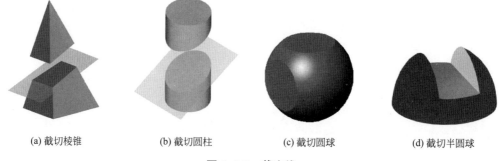

| (a) 截切棱锥 | (b) 截切圆柱 | (c) 截切圆球 | (d) 截切半圆球 |

图 1.4.7 截交线

截平面与圆球任意相交，截交线的形状都是圆，根据截平面与投影面的相对位置不同，其截交线的投影可能为圆、椭圆或积聚成一条直线。

截平面与圆柱面的交线形状取决于截平面与圆柱轴线的相对位置，如图 1.4.8 所示。

根据截平面与圆锥轴线的相对位置不同，截平面与圆锥面的交线有五种形状，如图 1.4.9 所示。

2. 求截交线的步骤

（1）空间及投影分析：

① 观察截平面与体的相对位置，确定截交线的形状；

② 根据截交线与投影面的相对位置，确定截交线的投影特性。

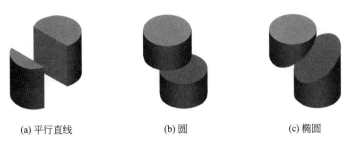

(a) 平行直线　　　　　　　　(b) 圆　　　　　　　　(c) 椭圆

图 1.4.8　圆柱体表面截交线形状

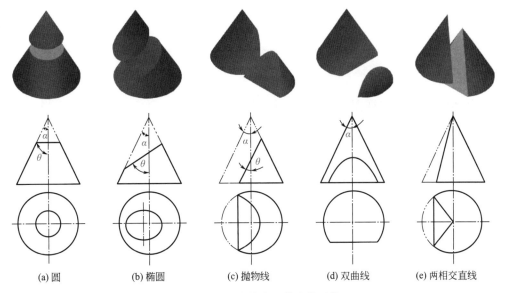

(a) 圆　　　　(b) 椭圆　　　　(c) 抛物线　　　　(d) 双曲线　　　　(e) 两相交直线

图 1.4.9　圆锥体表面截交线形状

（2）绘截交线的投影。

【例 1.4.1】 作图 1.4.10 中四棱锥被截切后的俯视图和左视图。

分析： 用垂直于 V 面的截平面截切四棱锥，截切形成的新的表面为四边形正垂面，其在 H 面和 W 面上的投影均为四边形。1、2、3、4 四个顶点都在四棱锥的棱线上，先求出四个顶点的 H 面和 W 面投影，再依次连成四边形。

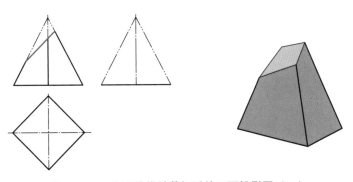

图 1.4.10　作四棱锥被截切后的三面投影图（一）

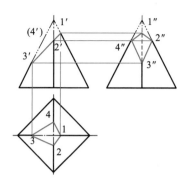

图 1.4.10 作四棱锥被截切后的三面投影图（二）

边学边练

（1）根据一个完整视图，完成另两个视图。

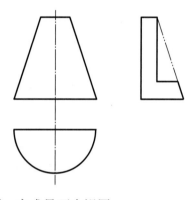

（2）根据一个完整视图，完成另两个视图。

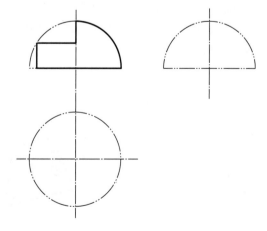

1.5　组合体的投影

　　房屋建筑的构造看起来比较复杂，但任何复杂的建筑形体从形体的角度看，都可以认为是由一些基本形体按照一定的组合方式组合而成的。因此，掌握组合体的作图及读图方法是今后读懂房屋建筑施工图的基础。

1.5.1　组合体的组合方式

　　由两个或两个以上基本体组合而成的物体，称为组合体。组合体的组合形式有三种：叠加式、切割式和混合式，混合式是叠加和切割两种形式的综合。

　　1. 叠加式

　　由两个或多个基本体叠加而成的组合体，称为叠加式组合体，如图 1.5.1 所示。

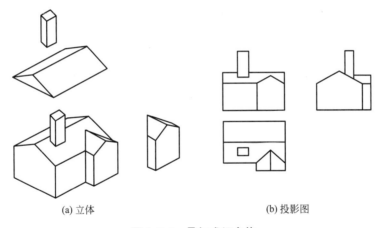

(a) 立体　　　　　　　　　　　　　　(b) 投影图

图 1.5.1　叠加式组合体

　　2. 切割式

　　由一个基本体经过切割后形成的组合体，称为切割式组合体，如图 1.5.2 所示。

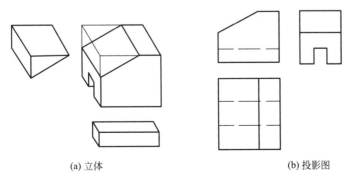

(a) 立体　　　　　　　　　　　　　　(b) 投影图

图 1.5.2　切割式组合体

3. 混合式

当组合体由以上两种形体组合而成，即组合体中既有叠加又有切割时，就形成了混合式组合体，如图 1.5.3 所示。

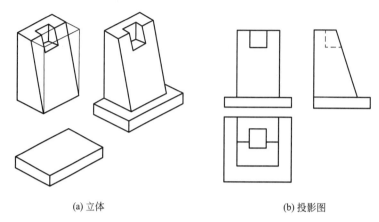

(a) 立体   (b) 投影图

图 1.5.3　混合式组合体

1.5.2　组合体各基本体之间的表面连接关系

由于组合体的投影图比较复杂，为了避免组合处的投影出现多线或者漏线的错误，应正确处理基本体表面连接的空间关系。组合体中各表面之间的连接关系，可分为共面、不共面、相切、相交四种情况。

1. 共面

如图 1.5.4 所示，侧视方向上，组合体的上下表面平齐，即共面时，结合处无轮廓线，侧面投影图中无分界线。

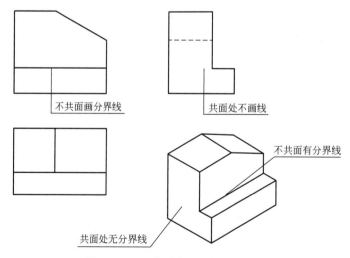

图 1.5.4　组合后表面共面和不共面

2. 不共面

如图 1.5.4 所示，主视方向上，组合体的上下表面不平齐，即不共面时，结合处有轮廓线，正面投影图中有分界线。

3. 相切

组合体两个表面光滑连接，即相切，如图 1.5.5 所示，结合处是光滑过渡的，在正面投影中，相切处不画线。

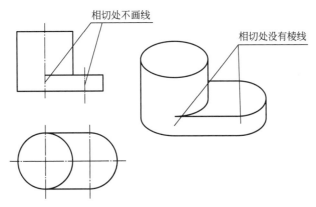

图 1.5.5   组合后表面相切

4. 相交

组合体两个表面相交，相交处有分界线，应画线，如图 1.5.6 所示。

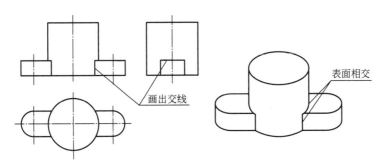

图 1.5.6   组合后表面相交

1.5.3   组合体三面投影图的绘制

绘制组合体的投影图，是将三维形体按照投影规律投射到投影面上，绘制形体的二维平面图形。在绘制组合体的三面投影图时，一般先对组合体进行形体分析，再进行投影分析，从基本体的投影出发，逐步完成组合体的投影图。画组合体投影图的具体步骤如下：

1. 形体分析

画组合体投影图之前，要先对组合体进行形体分析，了解组合体由哪些基本形体组成。对组合体中基本形体的组合方式、表面连接关系及空间相对位置等进行分析，弄清各部分的形状特征，这种分析过程称为形体分析。从形体分析进一步认识组合体的组成特点，从而总结出组合体的投影规律，为画组合体的投影图做好充分的准备。

如图1.5.7所示房屋可以分解成由屋顶的三棱柱体、屋身和烟囱的长方体以及左侧一个与之垂直相交的四棱柱体（顶部有斜面）四个部分组合而成。

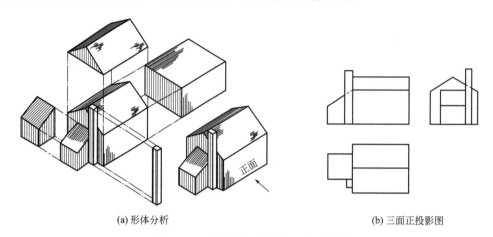

(a) 形体分析　　　　　　　　　　　　　　　　　　　(b) 三面正投影图

图1.5.7　房屋形体分析及三面正投影

2. 投影分析

在用投影图表达物体的形状时，物体的主视方向对物体形状特征表达和图样清晰程度等都有明显影响。一般选择最能反映组合体形状特征和相互位置关系的投影作为主视图，同时要考虑到组合体的安装位置，另外要注意其他两个视图上的虚线应尽量少。

3. 选图幅、定比例、布图

根据形体的大小和复杂程度，确定图样的比例和图纸的幅面，并用中心线、对称线或基线定出各投影的位置。

4. 绘图

打底稿，逐个画出各组成部分的投影。绘制各组成部分投影的次序一般为：先大形体后小形体、先外形后内部、先实体后空腔、先曲线后直线。对各个组成部分，应先画反映形状特征的投影，再画其他投影。绘图时，应特别注意各组成部分的组合关系及表面连接关系。

5. 检查，描深图线

检查所画投影图是否正确，各投影之间是否符合"长对正、高平齐、宽相等"的投影规律，组合处的投影是否有多线、漏线。最后，按照制图标准描深各类图线。

【例1.5.1】 绘制图1.5.8（a）所示组合体的三视图（假设已知尺寸）。

绘图步骤：（省略选图幅、布图等步骤）

（1）该组合体为房屋柱基础的简化模型，由上部基础、下部基础、前后左右肋板共六部分组成，上、下基础均为四棱柱，前后左右肋板均为三棱柱，它们之间为叠加关系。

（2）选择形体较长的方向为主视图方向，如图1.5.8（a）所示。

（3）在图纸的适当位置绘制图形的对称线作为绘图的定位线，如图1.5.8（b）所示。

（4）绘制下部基础的三视图，如图1.5.8（c）所示。

（5）绘制上部基础的三视图，如图1.5.8（d）所示。

（6）绘制左右肋板的三视图，如图 1.5.8（e）所示。

（7）绘制前后肋板的三视图，如图 1.5.8（f）所示。

（8）整理图形，描深图线。

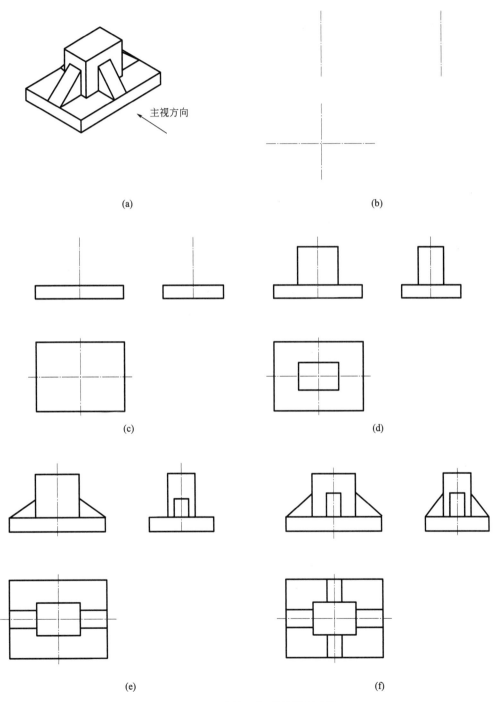

图 1.5.8　组合体三视图的绘制步骤

【例1.5.2】 绘图1.5.9（a）所示组合体的三面投影图。

绘图步骤详见图1.5.9（b）～图1.5.9（d）。

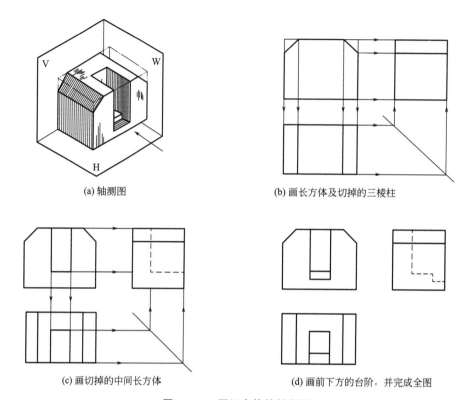

(a) 轴测图　　　　　　　　　　　(b) 画长方体及切掉的三棱柱

(c) 画切掉的中间长方体　　　　　　(d) 画前下方的台阶，并完成全图

图1.5.9　画组合体的投影图

边学边练

（1）采用A4图纸，按1：1比例绘台阶的三视图，不需标注尺寸。

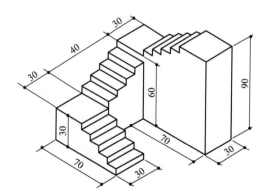

（2）采用A4图纸，按1：1比例绘房屋建筑形体的三视图，不需标注尺寸。

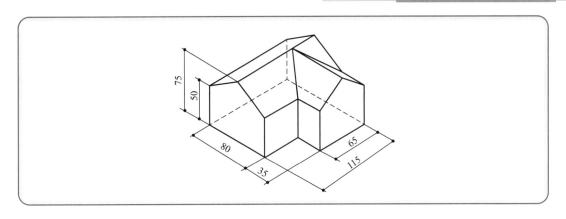

1.5.4 组合体三面投影图的识读

组合体投影图的识读，是根据已经画好的投影图，运用投影规律，想象出空间立体的形状。组合体投影图的识读是组合体投影图绘制的逆过程，但读图与绘图的基本思路和方法相同。

组合体投影图的读图方法主要有形体分析法和线面分析法两种。

1. 形体分析法

形体分析法就是根据基本体投影图的特点，将建筑形体投影图分解成若干个基本体的投影图，分析各基本体的投影特性、表面连接以及相对位置关系，然后综合起来想象组合体空间形状的分析方法。形体分析法读图的步骤如下：

（1）分线框，对投影。以反映形体组合特征的投影为主，配合其他投影，按投影规律找出各个线框之间的对应关系。

（2）识形体，对位置。根据每个组成部分的三面投影，想象并初步判断组成组合体的各基本体的形状。

（3）综合起来想形体。每个组成部分的形状和空间位置确定后，再确定它们之间的组合形式及相对位置，从而确定组合体的形状。

如图 1.5.10 所示的投影图，特征比较明显的是 V 面投影，结合 W、H 面投影进行分解，该形体是由下面左、右各一个长方体加上上面一个长方体加半圆柱体三个形体组合而成。在 W 面投影上主要反映了半圆柱、中间长方体与下部长方体之间的前后位置关系；在 H 面投影上主要反映下部两个长方体之间的位置关系。这样，就很容易想出该组合体的空间形状。

形体分析法特别适用于叠加型的组合体。

2. 线面分析法

对于复杂的切割形体，物体上斜面较多，用形体分析法读图，无法判断其形状时，需要以线、面的投影特征为基础，根据平面投影的类似性及线、面的投影规律，分析视图中图线和线框的含义，判断组成形体的各表面的形状和空间位置，从而综合形体的空间形状，这种从线面投影特性分析物体形状的方法，称为线面分析法。

线面分析法主要用于切割式或混合式组合体的局部形状分析，对于切割面较多的形体，切割平面多为投影面的垂直面或投影面平行面，熟练掌握特殊位置平面的投影特点是进行线面分析的重要基础。

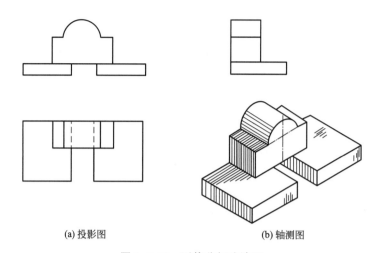

(a) 投影图   (b) 轴测图

图 1.5.10　形体分析法读图

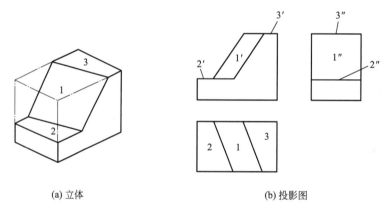

(a) 立体   (b) 投影图

图 1.5.11　线面分析法读图

　　如图 1.5.11（a）所示，俯视图中有 1、2、3 三个相邻封闭线框，代表物体三个不同的表面。这些相邻表面一定有上下之分，即相邻线框或线框中的线框不是凸出来的表面，就是凹进去的表面。根据投影规律对照主视图看出：3 表面为水平面且位置最高；2 表面也为水平面位置较低；1 表面为一般位置平面，位置在 2 表面和 3 表面之间倾斜。最后，综合起来得出物体的结构形状如图 1.5.11（b）所示。

　　一般来说，形体分析法是基础，线面分析法作为补充，两种方法相辅相成。根据对象的组合方式及复杂程度，两种方法可以单独应用，也可以综合起来应用。通常先用形体分析法获得组合体粗略的大概形象后，对于图中个别复杂的局部，再辅以线面分析法进行详细分析。

　　【例 1.5.3】 读图 1.5.12（a）所示柱头的三面投影图。

　　读图步骤如下：

　　（1）分析投影，抓特征投影

　　图 1.5.12（a）所示柱头的投影有三个，V 面投影反映了柱头构造的主要特征，上部为大梁，下部为柱子，梁下凸出部分为梁托，叠加时以柱子为中心；H、W 面投影反映了

构件之间的相对位置。

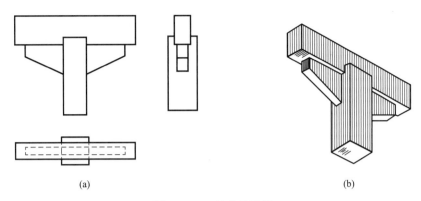

(a)　　　　　　　　　　　　　　　　(b)

图 1.5.12　柱头的投影

（2）形体分析对线框

分析各个基本体的形状及表面连接关系。图 1.5.12（a）所示上部大梁和柱子为四棱柱，左右梁托为四棱台，柱子与其他构件的表面不平齐，所以在 H、V 面投影上梁托与大梁前后表面投影与柱身的投影之间有错落、不重合，H 面上梁托不可见，用虚线表示。

（3）线面分析攻难点

对局部难理解的线和线框，应用线、面的投影特点进行分析，构造形体细部形状。

（4）综合起来想整体

对于图 1.5.12（a）的投影图，经过以上步骤的分析，就可以想象出图 1.5.12（b）中立体形状。

1.5.5　识读组合体两视图补画第三视图

读图是从平面图形到空间形体的想象过程，是工程技术人员必备的知识。要提高读图能力，必须多看多画，反复练习，逐步建立空间想象力。识读组合体两视图补画第三视图，需先根据已知的两视图构造空间形体，再用投影规律补绘形体的第三面投影。因此，识读组合体两视图补画第三视图的训练，是提高识图能力和画图能力最常用的和最有效的方法，对培养空间想象力具有重要意义。

1. 形体分析法补画第三视图

形体分析法补画三视图的一般步骤为：

（1）根据已知的两视图，通过"长对正、宽相等、高平齐"对线框，识别组成组合体的各个基本体的形状，以及各基本体的组合形式及相对位置；

（2）然后，运用"长对正、宽相等、高平齐"的投影规律，通过 45°斜线及投影线，分别画出各个基本体的第三视图；

（3）最后，重点检查基本体表面连接关系，删除多余的线，补画漏线。

【例 1.5.4】 如图 1.5.13 所示，已知组合体的俯、左两视图，补画其主视图。

绘图步骤：

（1）从左视图中将形体分为三个部分，对照俯视图中相应投影，观察出第一部分为四

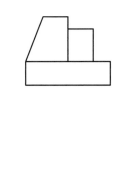

图 1.5.13　组合体的两视图

棱柱体，第二部分为半圆台体，第三部分为半圆柱体，如图 1.5.14（a）所示。

（2）按投影关系绘制出第一部分四棱柱体的正面投影，如图 1.5.14（b）所示。

（3）按投影关系绘制出第二部分半圆台体的正面投影，如图 1.5.14（c）所示。

（4）按投影关系绘制出第三部分半圆柱体的正面投影，如图 1.5.14（d）所示。

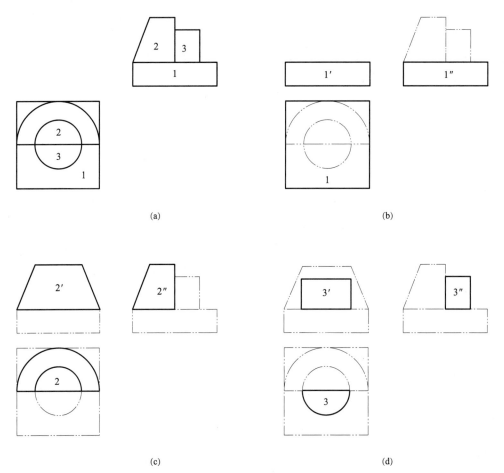

图 1.5.14　补画叠加式组合体第三视图的步骤

（5）最后检查各个形体表面是否存在共面，分界线是否存在，完成后的三视图见图 1.5.15。

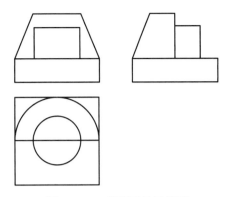

图 1.5.15　整理后的三视图

2. 线面分析法补画第三视图

线面分析法补画第三视图的一般步骤为：由已知的两视图，确定与补画视图对应的投影面平行面的数量和形状，先依次画出这些投影面平行面的实形，再分析其他表面并绘出形状。对于一般位置平面，要画出各顶点的投影后依次连接。

【例 1.5.5】 如图 1.5.16 所示，已知组合体的正、左两视图，补画其俯视图。

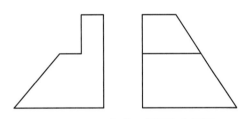

图 1.5.16　已知的正视图和左视图

绘图步骤：

（1）由已知的两视图看出，形体为平面切割体，在基本形体的左方和前方进行了多个面切割。

（2）按线面分析法，形体上水平面共有 3 个（水平面在水平投影中反映实形，构成俯视图的主要形状），由于每个平面只对应一个长度和一个宽度，所以可以判断其形状均为矩形，根据矩形的长度和宽度依次画出每个水平面的实形，如图 1.5.17（a）所示。

（3）再通过线框观察其他表面：由 V 投影中 6 边形线框及对应的 W 投影中斜线可判断形体正面是一个 6 边形的侧垂面，由 W 投影中 2 个梯形线框及对应的 V 投影中汇聚的直线或斜线可判断形体左侧上部为梯形侧平面，下部为梯形正垂面。6 边形侧垂面和梯形正垂面在俯视图中都具有类似形，连接图 1.5.17（b）中点 a、b 即可。

3. 综合应用形体分析法和线面分析法补画第三视图

绝大数组合体都是混合式组合体，需要综合应用形体分析法和线面分析法。

【例 1.5.6】 已知某房屋建筑形体的正视图和左视图如图 1.5.18 所示，补绘俯视图。

分析： 由已知的两面投影通过形体分析可知，该建筑形体由 3 个基本体组合而成，由于门斗被屋顶的倾斜表面截切，截交线是屋顶的倾斜表面与门斗顶面的共有线，需运用

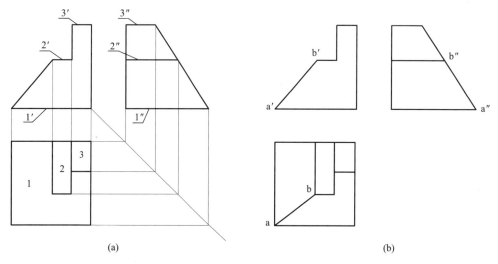

图 1.5.17　补画切割式组合体第三视图的步骤

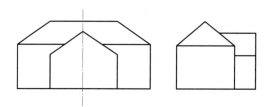

图 1.5.18　已知的正视图和左视图

点、线、面的投影特征及规律进行绘制。

绘制步骤：

第 1 步：先在两个投影之间适当的位置绘 45°斜线，然后绘 1 号体和 2 号体的水面投影，见图 1.5.19（a）。

第 2 步：根据点投影的"四边形法则"绘 3 号体两个顶面与 1 号体的截交线的三个顶点的水平投影点 a、b1、b2，并连成线，见图 1.5.19（b）。

第 3 步：绘 3 号体剩余的水平投影轮廓线，并擦除多余的线，见图 1.5.19（c）。

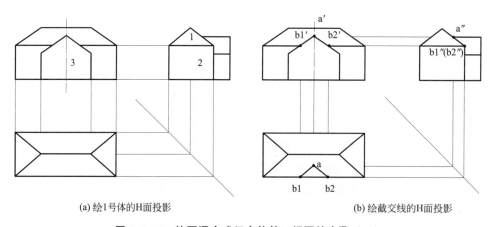

(a) 绘1号体的H面投影　　　　　　　　　　　(b) 绘截交线的H面投影

图 1.5.19　补画混合式组合体第三视图的步骤（一）

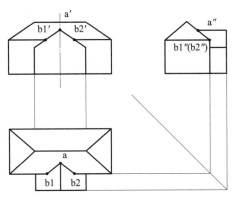

(c) 绘3号体剩余的投影轮廓线

图 1.5.19　补画混合式组合体第三视图的步骤（二）

边 学 边 练

（1）已知叠加体的正视图和左视图，补画俯视图。

（2）已知切割体的正视图和左视图，补画俯视图。

（3）已知物体的两视图，补画第三视图。

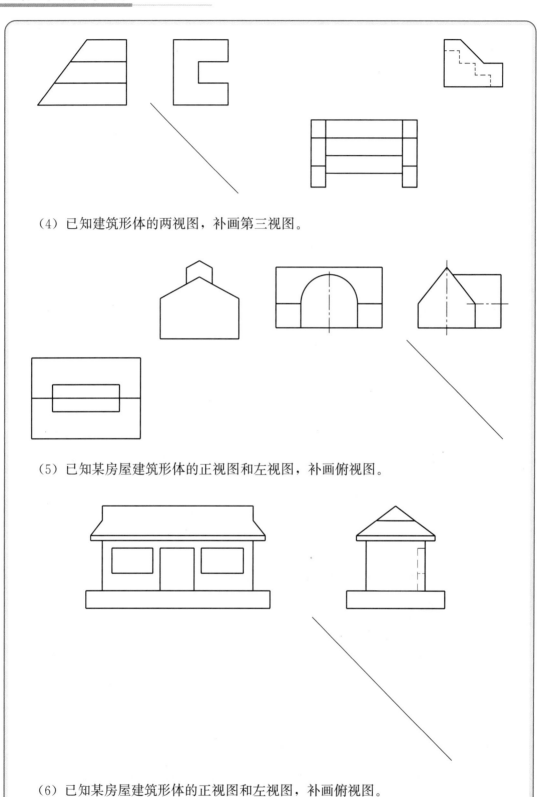

（4）已知建筑形体的两视图，补画第三视图。

（5）已知某房屋建筑形体的正视图和左视图，补画俯视图。

（6）已知某房屋建筑形体的正视图和左视图，补画俯视图。

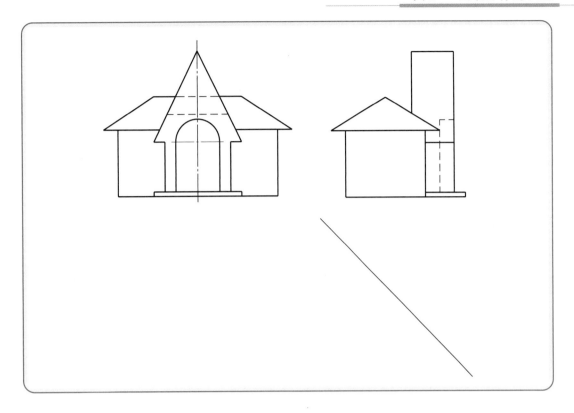

1.6 剖面图与断面图

　　房屋建筑的构造比较复杂，表面轮廓线很多，且建筑内部空间多样化。三视图并不能完整、清晰地表达房屋建筑，一般需要将三视图扩展为多面投影图，另外还要采用剖面图来表达房屋建筑的内部结构形状。

1.6.1　形体的多面投影图

　　为了清晰地表达物体六个表面的形状，可在 H、V、W 三投影面的基础上再增加三个基本投影面，用正六面体的六个面作为六个基本投影面，将物体放在其中，分别向六个基本投影面作正投影，即得到物体的六个基本视图（图 1.6.1）。

　　从前往后投射所得的投影图为正立面图，即主视图；从上往下投射所得的投影图为平面图，即俯视图；从左往右投射所得的投影图为左侧立面图，即左视图；从下往上投射所得的投影图为底面图，即仰视图；从右往左投射所得的投影图为右侧立面图，即右视图；从后往前投射所得的投影图为背立面图，即后视图。

　　将六个基本视图画在一张图纸内，按图 1.6.2 所示展开后的规定位置排列时，不需要标注视图名称。如果六个基本视图不按规定位置排列或画在不同图纸上时，需标注出各个视图的图名，如图 1.6.3 所示。

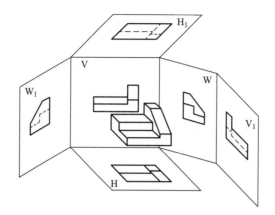

图 1.6.1　六个基本视图的形成

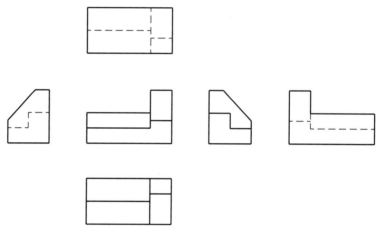

图 1.6.2　六个基本视图的展开位置

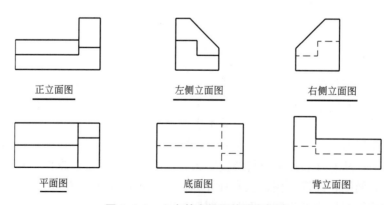

正立面图　　　　　　左侧立面图　　　　　　右侧立面图

平面图　　　　　　底面图　　　　　　背立面图

图 1.6.3　六个基本视图按图名标注

　　在房屋建筑的外部视图中，没有底面图，故房屋建筑的外部投影图一般有五个，即正立面图、背立面图、左立面图、右立面图、屋顶平面图。

1.6.2　剖面图

在画形体的多面投影图时，形体上不可见的轮廓线在投影图上用虚线表示。当形体内部的结构形状比较复杂时，在画投影图时就会出现很多的虚线，导致图面虚线和实线纵横交错、混杂不清，给画图、读图和尺寸标注等带来不便，同时又容易产生误解。为了清楚地表达形体内部的结构形状，常采用剖面图或断面图这种表达方法。

1. 剖面图的形成

假想用剖切面将物体沿对称面或孔洞轴线剖开，移去观察者与剖切平面之间的部分，将剩余部分向与剖切面平行的投影面作正投影，同时在剖切平面剖切到的实体部分画上物体相应的材料图例，这样画出的图形称为剖面图。

如图 1.6.4 所示，假想用一个通过杯形基础前后对称面的正平面 P 将基础切开，移去介于观察者与剖切平面之间的部分后，将剩下的后半部分基础向 V 面投影，同时在剖切到的实体部分画上形体相应的材料图例，就得到了杯形基础的剖面图。

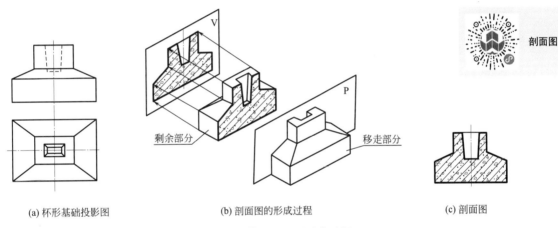

(a) 杯形基础投影图　　　　　(b) 剖面图的形成过程　　　　　(c) 剖面图

图 1.6.4　杯形基础剖面图形成过程

又如图 1.6.5 和图 1.6.6 所示，假想用平面 P 和 Q 将双杯基础沿两个互相垂直的对称面剖开，分别向平行于 P 面和平行于 Q 面的投影面投影，同时在剖切到的实体部分画上形体相应的材料图例，就得到了双杯基础在两个不同剖切位置的剖面图。

剖面图形成的要点：

(1) 投影对象是假想剖切后留下的一半形体，不是完整的体；

(2) 剖切面通过形体的对称面或孔洞的轴线等特征部位；

(3) 投影面与剖切面平行，反映断面的实形；

(4) 剖面图只画可见的轮廓线，不画虚线。

2. 剖面图的绘制

剖面图的投影对象是被剖切后剩下的一半形体，一半形体因为剖切产生了一个新的表面，即断面。剖切形成的断面与投影面平行，其投影能反映实形。剖面图除应画出被剖切到的横断面形状外，还应画出沿投射方向能看到的其他轮廓线。被剖切到的横断面形状用

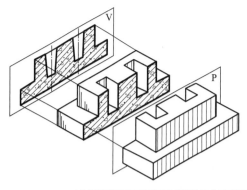

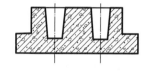

(a) 假想用剖切平面P切开基础并向V面投影　　　　　(b) 基础的V向剖面图

图 1.6.5　双杯基础 V 向剖面图的形成过程

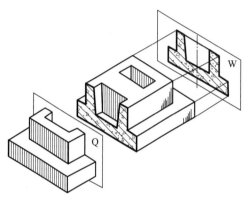

(a) 假想用剖切平面Q切开基础并向W面投影　　　　　(b) 基础的W向剖面图

图 1.6.6　双杯基础 W 向剖面图的形成过程

粗实线绘制，其他可见的轮廓线用中实线绘制。

为了使图形更加清晰，剖面图中不画虚线，即不可见的轮廓线不画。如图 1.6.4～图 1.6.6 所示，背面不可见的基础底板厚度线在剖面图中并未用虚线画出，可结合外部投影图读出底板的形状及厚度。

画剖面图时要注意：剖面图是用被剖开物体留下部分所作的投影图，但剖切是假想的，所以画其他图样时，仍应画出完整的形体，不受剖切的影响。

3. 剖面图的标注

剖面图不能单独存在，必须关联剖切对象及剖切位置，一般通过在其他图样上绘制剖切符号来表达剖切情况。剖切符号包含剖切位置线、投影方向线和编号三个要素，如图 1.6.7 所示。

（1）剖切位置线和投影方向线

剖切位置线用两小段与图形不相交的粗实线表示，每段长度约为 6～10mm，投影方向线表明剖切后的投影方向，它与剖切位置线垂直，长度约为 4～6mm。

（2）编号和剖面图的图名

在投影方向线的端部用相同的阿拉伯数字或大写拉丁字母对剖切位置加以编号，若有

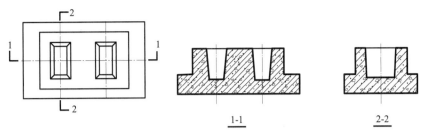

图 1.6.7 剖面图的标注

多个剖面图，应按顺序由左至右，由上至下连续编排，同时在相应剖面图的下方用相同的数字或字母写成"1-1"或"A-A"的形式注写图名，并在图名下画一根粗横线，编号一律水平书写。

剖切符号中的编号与剖面图图名中编号一一对应，是识读剖面图时，查找剖面图的剖切对象及剖切部位的依据。

4. 剖面图的材料图例

为区分形体的实体和空腔，剖切平面与物体接触部分应画出材料图例，材料图例不仅能突出显示洞口，还能表明建筑物各个部分的材料类型。

按国家标准《房屋建筑制图统一标准》GB/T 50001—2017 规定，房屋建筑工程图中常用的建筑材料图例如表 1.6.1 所示。当形体未注明材料类型时，统一用序号 4 中 45°细实线填充。

常用建筑材料图例   表 1.6.1

序号	名称	图例	备注
1	自然土壤		包括各种自然土壤
2	夯实土壤		
3	毛石		
4	普通砖		包括实心砖、多孔砖、砌块等砌体。断面较窄不易绘出图例线时，可涂红
5	空心砖		指非承重砖砌体
6	混凝土		1. 本图例指能承重的混凝土及钢筋混凝土； 2. 包括各种强度等级、骨料、添加剂的混凝土；
7	钢筋混凝土		3. 在剖面图上画出钢筋时，不画图例线； 4. 断面图形小，不宜画出图例线时，可涂黑
8	金属		1. 包括各种金属； 2. 图形小时，可涂黑

注：序号 1、2、4、7、8 图例中的斜线、短斜线、交叉斜线等一律为 45°。

5. 剖面图的种类及应用

根据形体的形状特征及表达的需要，通常采用的剖面图类型有全剖面图、半剖面图、阶梯剖面图、旋转剖面图、局部剖面图、分层剖面图等。

（1）全剖面图

用一个剖切面把形体完整地剖开所得到的剖面图称为全剖面图。全剖面图以表达内部结构为主，如图 1.6.7 中 1-1 剖面图和 2-2 剖面图都是全剖面图。

假想用一个水平剖切平面将房屋建筑沿门窗洞口部位剖开，移去剖切平面以上的部分，将剩余部分向 H 面投影得到的水平投影图为房屋建筑的全剖面图，如图 1.6.8 所示。房屋建筑的水平剖面图主要表达房屋的平面布置，因此，在建筑施工图中命名为建筑平面图。

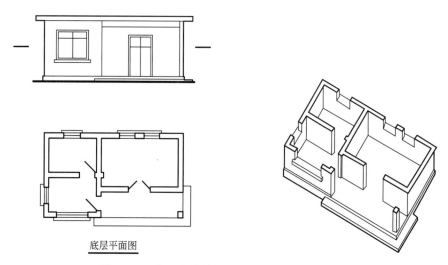

底层平面图

图 1.6.8　房屋建筑的水平剖面图（建筑平面图）

（2）半剖面图

对于对称的形体，在垂直于对称平面的投影面上的投影，可以对称中心线为分界线，一半画剖面图表达内部结构，另一半画视图表达外部形状，这种图形称为半剖面图。

半剖面图既表达了形体的外形，又表达了其内部结构，适用于内外形状都较复杂的对称形体。这种画法可以节省投影图的数量，从一个投影图可以同时观察到立体的外形和内部构造，如图 1.6.9 所示。

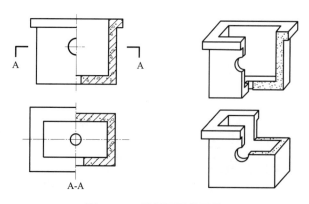

图 1.6.9　半剖面图的画法

半剖面图的画图方法与全剖面图相同，只是画一半即可，另一半画外形轮廓，虚线一般省略。画半剖面图时，应注意以下几点：

① 半剖面图与半外形投影图应以对称轴线作为分界线，分界线必须是细点画线，不能用其他任何图线代替。

② 半个剖面图习惯上一般画在竖直中心线右侧、水平中心线下方。

（3）阶梯剖面图

当形体内部结构层次较多，用一个剖切面不能同时剖切到所要表达的几处内部构造，且内部构造处于互相平行的位置时，常采用阶梯剖面图，如图 1.6.10 所示。

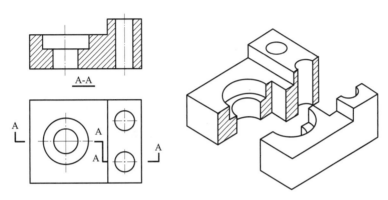

图 1.6.10　阶梯剖面图

画阶梯剖面图时应注意：

① 在剖切面的开始、转折和终止处，都要画出剖切符号并注上同一编号。

② 剖切是假想的，在剖面图中不能画出剖切平面转折处的分界线，转折处也不应与形体的轮廓线重合。

（4）旋转剖面图

有些形体，由于发生不规则的转折或圆柱体上的孔洞不在同一轴线上，可以用两个或两个以上相交剖切平面将形体剖切开并将不平行于投影面的截断面展开成平行于投影面后再投射，这样得到的剖面图称为旋转剖面图。

画旋转剖面图时，在剖切平面的起止和转折处画出剖切符号并标注编号，并在相应剖面图下方图名后加注"展开"二字，如图 1.6.11 所示。

（5）局部剖面图

用剖切平面局部剖开形体后投影得到的剖面图称为局部剖面图，局部剖面图直接画在外部视图内并以波浪线与视图分界，如图 1.6.12 所示。波浪线可以理解为物体上断裂边界线的投影，因此波浪线应画在物体的实体处，不得与轮廓线重合，也不得超出物体的轮廓线。

（6）分层剖面图

有些建筑构件，其构造层次较多，可用分层剖切的方法表示其分部构造。图 1.6.13 所示为墙面的分层剖面图，各层构造之间以波浪线为界且波浪线不应与轮廓线重合，不需要标注剖切符号。这种方法多用于表示地面、墙面、屋面等构造。

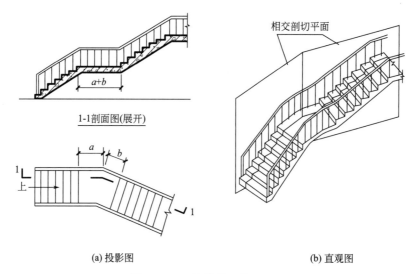

(a) 投影图   (b) 直观图

图 1.6.11　楼梯的旋转剖面图

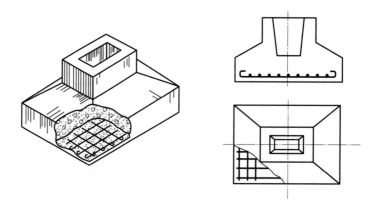

图 1.6.12　局部剖面图

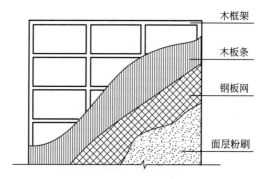

图 1.6.13　分层剖面图

边 学 边 练

（1）已知形体的俯视图和正视图，作 1-1 剖面图。

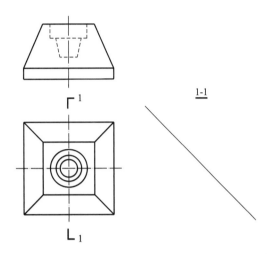

1-1

（2）已知建筑入口处的俯视图和正视图，作 1-1 和 2-2 剖面图。

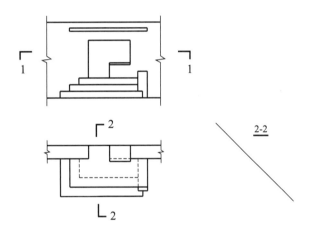

2-2

1-1

（3）已知建筑的俯视图和正视图，作 1-1、2-2、3-3 剖面图。

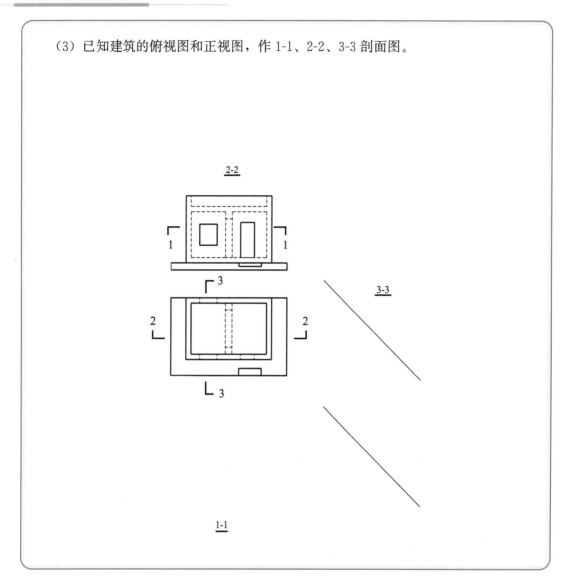

1.6.3 断面图

1. 断面图的概念

假想用剖切平面剖开物体，仅画出该剖切面与物体接触部分的图形，同时在断面内画上材料图例，这样的图形称为断面图，简称断面，如图 1.6.14 所示。断面图常用于表达建筑工程梁、板、柱等单一构件的截面形状，断面图与基本视图和剖面图相互配合，使建筑形体表达得完整、清晰。

2. 断面图与剖面图的区别

断面图与剖面图既有内在关联，又有区别，具体表现为以下几点：

（1）断面图只画形体与剖切平面接触的部分，即只画形体横断面的形状，而剖面图画形体被剖切后留下的一半形体的全部投影，即剖面图不仅画形体与剖切平面接触的部分，

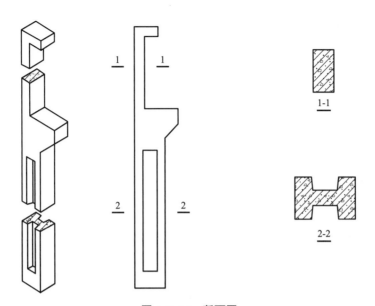

断面图

图 1.6.14   断面图

还要画一半形体其他可见轮廓线，如图 1.6.15 所示，剖面图包含断面图。

（2）断面图与剖面图的剖切符号不同。断面图的剖切符号只画长度 6～10mm 的粗实线作为剖切位置线，不画剖视方向线，编号所在的一侧为投影方向。

（3）剖面图中的剖切平面可转折，断面图中的剖切平面不可转折。

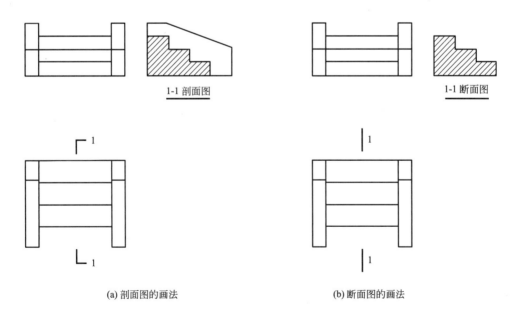

1-1 剖面图   1-1 断面图

(a) 剖面图的画法   (b) 断面图的画法

图 1.6.15   断面图与剖面图的区别

3. 断面图的画法

根据对象的不同特点，断面图可画在视图的外部，也可画在视图的内部或中断处。

（1）断面图画在视图以外

画在视图以外的断面图如图 1.6.14 和图 1.6.15 所示，这种断面图称为移出断面图。

（2）断面图画在视图的轮廓线内

将断面图按与原投影图相同的比例，旋转 90°后直接绘制在原投影图中，二者重合在一起的断面图称为重合断面图。

断面图有一个方向的尺寸与原投影图对应相同，重合断面图通过这个对应相同的尺寸嵌在原投影图中，不需进行断面图标注。

识读重合断面图时，将其旋转 90°即为物体的横断面在原投影图视图方向上的真实三维空间状态。旋转时以与原投影图对应相同的长度为轴，旋转方向根据原投影图的视图方向及剖切位置确定，可能为向上、下、左、右。

例如，识读图 1.6.16 时，将重合断面图以 Y 向长度为轴，向左或右（截面对称，效果一样）旋转 90°后，结合原投影图一起构造工字型钢的空间形态。

识读图 1.6.17 时，将重合断面图以 Y 向长度为轴，向左旋转 90°后，结合原投影图一起构造墙表面装修造型的空间形态。

识读图 1.6.18 时，将重合断面图以 Y 向长度为轴，向右旋转 90°后，结合原投影图一起构造屋面的空间形态。

断面轮廓线可以是闭合的，表达对象的全截面，如图 1.6.16 所示；也可以是不闭合的，如图 1.6.17 所示，此时断面图只表达墙体表面的装修造型，不关注墙厚，将材料图例画于墙体厚度一侧即可。

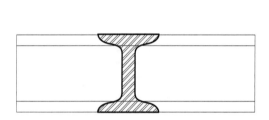

图 1.6.16　闭合的重合断面图

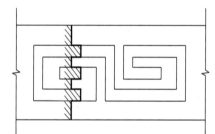

图 1.6.17　不闭合的重合断面图

当重合断面图尺寸较小时，可将断面涂黑，如图 1.6.18 中坡屋面结构平面图的重合断面图。

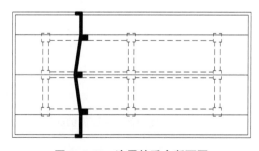

图 1.6.18　涂黑的重合断面图

（3）中断断面图

对于单一的长向杆件，可将杆件的投影图在中间某处用折断线断开，然后将断面图用粗实线画在中断处，如图 1.6.19 所示槽钢的断面图画在正面投影的中断处。画在视图中断处的断面图称为中断断面图，中断断面图与重合断面图类似，不需进行断面图标注。

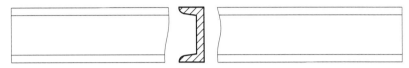

图 1.6.19　长向杆件的中断断面图

边学边练

（1）已知槽钢的正视图和俯视图，请分别在正视图和俯视图中绘槽钢的重合断面图。

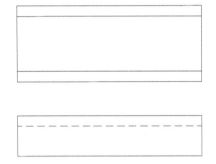

（2）绘图中钢筋混凝土构件的 1-1、2-2 断面图。

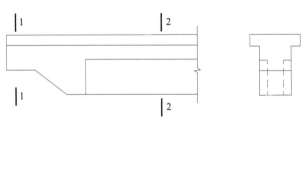

1-1　　　　　　　　　　2-2

1.6.4　图样的简化画法

为了节省图幅和绘图时间，提高工作效率，允许在必要时采用下列简化画法。

1. 对称视图的简化画法

对称形体的某个视图，可只画一半（习惯上画左、上半部），并画出对称符号，见图 1.6.20（a）；也可以超出图形的对称线，画一半多一点，然后加上波浪线或折断线，而不画对称符号，见图 1.6.20（b）。

若对称形体的视图有两条对称线，可只画图形的四分之一，并画出对称符号，见图 1.6.20（c）。

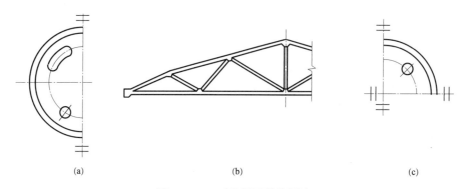

图 1.6.20　对称图形简化画法

2. 相同要素的简化画法

如果形体上有多个形状相同且连续排列的结构要素时，可只在两端或适当位置画少数几个要素的完整形状，其余的用中心线或中心线交点来表示，并注明要素总量，见图 1.6.21。

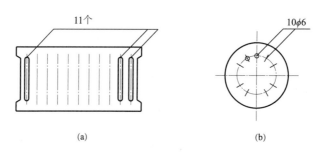

图 1.6.21　相同要素的简化画法

3. 折断简化画法

当形体较长且沿长度方向的形状相同或按一定规律变化时，可采用折断的办法，将折断的部分省略不画。断开处以折断线表示，折断线两端应超出轮廓线 2～3mm，见图 1.6.22。需要注意的是尺寸要按折断前原长度标注。

4. 局部简化画法

当两个形体仅有部分不同时，可在完整地画出一个后，另一个只画不同部分，但应在形体的相同与不同部分的分界处，分别画上连接符号，两个连接符号应对准在同一线上，如图 1.6.23 所示。连接符号用折断线和字母表示，两个相连接的图样字母编号应相同。

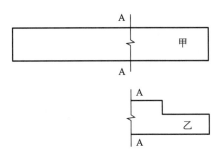

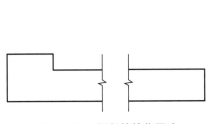

图 1.6.22　折断的简化画法　　　　图 1.6.23　局部简化画法

Chapter 02

单元2

房屋建筑构造

知识目标

1. 掌握建筑的分类与分级；
2. 掌握基础、地下室的类型及构造特点；
3. 掌握墙体的类型及构造特点；
4. 掌握楼地面的类型及构造特点；
5. 掌握屋顶的类型及构造特点；
6. 掌握楼梯的类型及构造特点。

能力目标

1. 能够在掌握房屋建筑各个组成部分构造形式的基础上，形成用投影图表达房屋建筑的整体思路；
2. 能够在掌握房屋建筑各个组成部分构造形式的基础上，准确读取房屋建筑施工图中房屋的各个组成部分；
3. 能够读懂并理解房屋建筑施工图中的各种构造要求。

素质目标

1. 丰富对建筑美的体验，陶冶情操；
2. 培养对建筑的浓厚兴趣，树立终身学习的愿望；
3. 建立整体与局部、内在与外在辩证统一的思维方式；
4. 具有自觉遵守国家、行业标准及规范的意识。

2.1　概述

建筑是人类为了满足日常生活和社会活动而创造的空间环境，包括建筑物和构筑物。建筑物一般是指供人们生产、生活或进行其他活动的房屋或场所，如住宅、学校、医院、火车站等；构筑物是间接供人们使用的建筑，如烟囱、水坝、水塔等。

2.1.1　房屋建筑的分类

1. 建筑物按其使用性质分类

1) 民用建筑

民用建筑是指供人们工作、学习、生活、居住的建筑物。根据建筑物的使用功能，又可以分为居住建筑和公共建筑两大类。

(1) 居住建筑。居住建筑是指供人们生活起居用的建筑物，如住宅、别墅、宿舍、公寓等。

(2) 公共建筑。公共建筑是指供人们进行各种政治、经济、文化等社会活动的建筑物，其中包括：

行政办公建筑：机关、企事业单位的办公楼、写字楼。

文教建筑：图书馆、文化宫、学校。

托幼建筑：托儿所、幼儿园等。

科研建筑：科研楼、实验楼、设计楼等。

房屋建筑
的分类

医疗建筑：医院、康复中心、急救中心、门诊部、疗养院等。

商业建筑：商场、商店、餐厅、洗浴中心、美容中心等。

观演建筑：电影院、剧院、音乐厅等。

展览建筑：博物馆、展览馆等。

体育建筑：体育馆、体育场、健身房、游泳馆等。

旅馆建筑：旅馆、宾馆、招待所等。

交通建筑：汽车站、火车站、地铁站、高铁站、机场等。

广播通信建筑：电信楼、广播电视台、邮电局等。

纪念性的建筑：纪念碑、纪念堂、陵园、故居等。

园林建筑：公园、动物园、植物园、海洋馆、游乐场、旅游景点建筑等。

2) 工业建筑

工业建筑是供人们从事各类工业生产活动的各种建筑物、构筑物的总称。通常将这些生产用的建筑物称为工业厂房，也称厂房类建筑，如生产车间、变电站、锅炉房、仓库等。厂房类建筑可以分为单层厂房和多层厂房两大类（图 2.1.1）。

3) 农业建筑

农业建筑是指供农（牧）业生产和加工用的建筑。如种子库、温室（图 2.1.2）、畜禽饲养场、农副产品加工厂、粮食与饲料加工站、农机修理厂等。

图 2.1.1 某工业厂房

图 2.1.2 农业建筑温室

2. 按建筑层数或总高度分类

（1）《民用建筑设计统一标准》GB 50352—2019 规定：①建筑高度不大于 27m 的住宅建筑，建筑高度不大于 24m 的公共建筑及建筑高度大于 24m 的单层公共建筑为低层或多层民用建筑。②建筑高度大于 27m 的住宅建筑和建筑高度大于 24m 的非单层公共建筑，且高度不大于 100m，为高层民用建筑。③建筑高度大于 100m 的为超高层建筑。

注：建筑防火设计应符合现行国家标准《建筑设计防火规范》GB 50016 有关建筑高度和层数计算的规定。

（2）《建筑设计防火规范》GB 50016—2014（2018 年版）规定：民用建筑据其建筑高度和层数可分为单层民用建筑、多层民用建筑和高层民用建筑，高层民用建筑根据其建筑高度、使用功能和楼层建筑面积可分为一类高层建筑和二类高层建筑。

（3）《高层建筑混凝土结构技术规程》JGJ 3—2010 规定：10 层及 10 层以上或房屋高度大于 28m 的住宅建筑以及房屋高度大于 24m 的其他民用建筑属于高层建筑。

（4）《智能建筑设计标准》GB 50314—2015 规定：建筑高度为 100m 或 35 层及以上的住宅建筑为超高层住宅建筑。

2.1.2 房屋建筑的基本组成

各种类型房屋的使用要求、空间组合、外形、规模等各不相同。

民用建筑物主要由基础、墙体和柱、楼地层、楼梯、屋顶、门窗等部分组成，此外还有阳台、雨篷、台阶、坡道、雨水管、明沟或散水以及其他构配件，如图 2.1.3 所示。

1. 基础

基础是建筑最下部的承重构件，承担建筑的全部荷载，并下传给地基。

2. 墙体和柱

墙体是建筑物的承重和围护构件。在框架承重结构中，柱是主要的竖向承重构件。

3. 楼地层

楼地层是楼房建筑中的水平承重构件，包括底层地面和中间的楼板层。

4. 楼梯

楼梯是楼房建筑的垂直交通设施，供人们平时上下和紧急疏散时使用。

5. 屋顶

屋顶是建筑顶部的承重和围护构件，一般由屋面和承重结构两部分组成。

6. 门窗

门主要用于内外交通联系及分隔房间，窗的主要作用是采光和通风，门窗属于非承重构件。

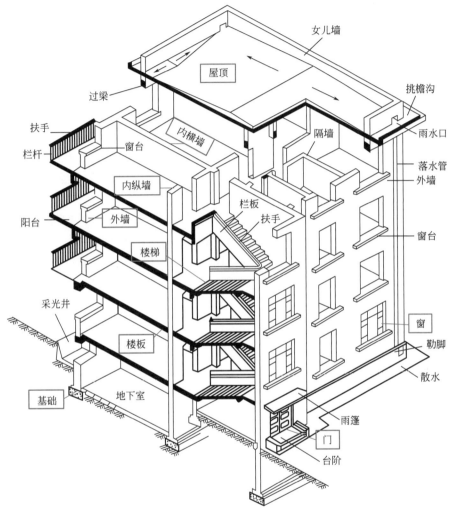

图 2.1.3　建筑构造

2.2　基础与地下室构造

　　基础是建筑物埋在地面以下的承重构件，其作用是承受上部建筑物传递下来的全部荷载，并将这些荷载连同自重传给下面的地基。地基是指建筑物基础底面以下，受到荷载作用影响范围内的土体或岩体，地基不是建筑物的组成部分。

　　地基按照土层性质不同可分为天然地基和人工地基两大类，凡具有足够的承载力和稳定性，不需要进行地基处理便能直接建造房屋的地基称为天然地基，如岩石、石土、砂土、黏性土等，一般都可作为天然地基。当土层的承载能力较低或虽然土层承载能力较好但上部荷载较大，土层不能满足承受建筑物荷载的要求时，就必须对土层进行地基处理，以提高其承载能力，改变其变形性质或渗透性质。这种经过人工方法进行处理的地基称为人工地基。

人工地基的加固方法有换填垫层法、预压法、强夯法、强夯置换法、深层挤密法、化学加固法等。

2.2.1 基础的埋置深度

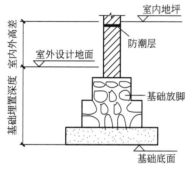

图 2.2.1 基础的埋置深度示意

室外设计地面到基础底面的垂直距离称为基础的埋置深度（图 2.2.1）。建筑物室外地面有自然地面和室外设计地面之分，自然地面是施工场地的现有地面；室外设计地面是指按工程要求竣工后，室外场地经开挖或起垫后的地面。

为保证建筑物的稳定性，基础的埋置深度一般不小于 500mm。根据基础埋置深度的不同，基础可分为浅基础和深基础两类。一般情况下，埋置深度为 500mm～5m 的称浅基础；埋置深度大于 5m 的称深基础。

2.2.2 基础的类型

（1）按材料及受力特点分类

① 无筋扩展基础（刚性基础）。刚性基础是指由砖石、毛石、素混凝土、灰土等刚性材料制作的基础，俗称"放大脚"（图 2.2.2）。刚性基础的典型特征是没有配钢筋，其抗压强度较高而抗拉、抗剪强度较低，承载力受到刚性角的限制（图 2.2.3）。

② 柔性基础。当建筑物的荷载较大而地基承载力较小时，基础底面必须加宽，但刚性基础的基础底面宽度受刚性角限制。如果在混凝土基础的底部配置钢筋，利用钢筋来抵抗拉应力，可使基础底部宽度不受刚性角限制，称之为柔性基础（图 2.2.4）。

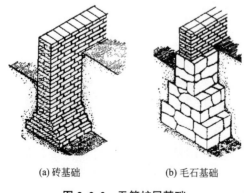

(a) 砖基础　　(b) 毛石基础

图 2.2.2 无筋扩展基础

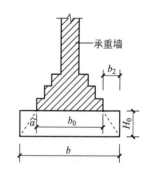

图 2.2.3 无筋扩展基础的刚性角

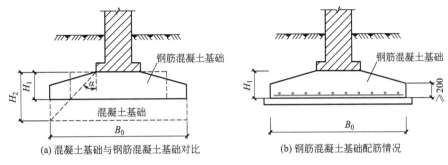

图 2.2.4　钢筋混凝土基础

（2）按构造形式分类

① 柱下独立基础。当建筑物的承重体采用框架结构或单层排架及刚架结构时，其基础常采用方形或矩形的独立式基础，称独立基础或柱式基础。其断面形式有阶梯形、锥形、杯口形等（图 2.2.5）。

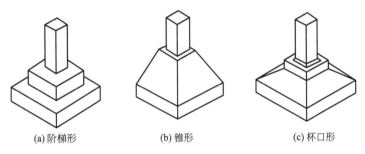

图 2.2.5　柱下独立基础

② 墙下条形基础。当建筑物上部结构采用墙承重时，基础沿墙身设置，做成与墙的布置一致的长条形，形成纵横向连续交叉的条形基础（图 2.2.6）。

③ 柱下条形基础（井格基础）。当基础条件较差或上部荷载不均匀时，为了提高建筑物的整体性，防止柱子之间产生不均匀沉降，常常将柱子下面的独立基础的纵横两个方向扩展并连接起来，做成十字交叉的井格基础（图 2.2.7）。

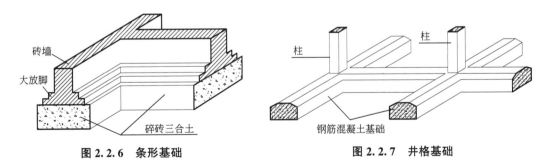

图 2.2.6　条形基础　　　　　　　　图 2.2.7　井格基础

④ 筏形基础。当建筑物荷载较大，而地基承载力又较小，采用条形基础或井格基础的底面面积占建筑物平面面积较大时，或将基础做成一个钢筋混凝土板，由成片的钢筋混凝土板支撑着整个建筑，这种基础称为筏形基础（图 2.2.8）。

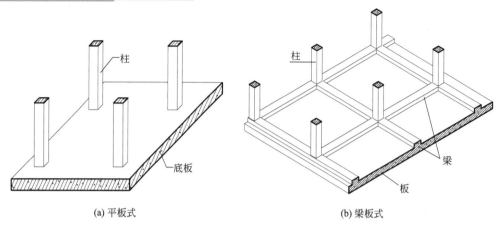

图 2.2.8　筏形基础

⑤ 箱形基础。当筏形基础埋深较大时，为了增加建筑物的整体刚度，有效抵抗地基的不均匀沉降，常采用由钢筋混凝土底板、顶板和若干纵横交叉的隔墙组成的空心箱体结构，即箱形基础（图 2.2.9）。

⑥ 桩基础。桩基础是常用的基础形式，属于深基础的一种。当天然地基承载力低，沉降量大，不能满足建筑物的要求或持力层埋置较深时，可选择桩基础（图 2.2.10）。

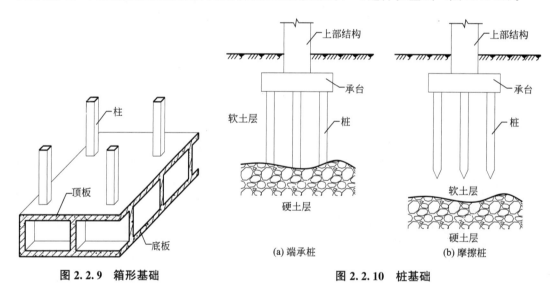

图 2.2.9　箱形基础　　　　图 2.2.10　桩基础

2.2.3　地下室构造

地下室是建筑物地下的部分，可用作设备安装空间、储藏室、商场、餐厅、车库及战备防空等。

1. 地下室的类型

（1）按构造形式分类

地下室按构造形式分为全地下室和半地下室。全地下室是指房间地面低于室外地坪的高度超过该房间净高的 1/2，半地下室是指房间地面低于室外地坪的高度超过该房间净高的 1/3，且不超过 1/2，如图 2.2.11 所示。

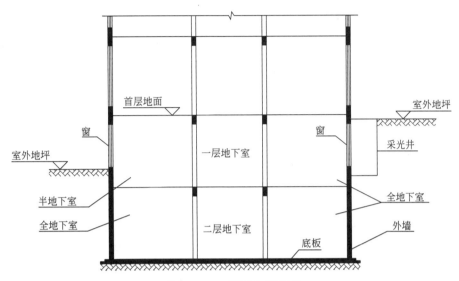

图 2.2.11　地下室示意图

（2）按结构材料分类

地下室按所使用的结构材料分为砖墙结构地下室和混凝土墙结构地下室。

（3）按功能分类

地下室按功能分为普通地下室和人防地下室。

2. 地下室的组成

地下室一般由墙体、底板、顶板、楼梯、门窗、采光井等组成。

（1）墙体

地下室的外墙不仅要承受上部的垂直荷载，还要承受土、地下水及土冻结时的侧压力，所以采用砖墙时其厚度一般不小于 490mm；荷载较大或地下水位较高时采用混凝土墙。

（2）底板

地下室的底板主要承受地下室地坪的垂直荷载，当地下水位高于地下室地面时，还要承受地下水的浮力，所以底板要有足够的承载力、刚度和抗渗能力。

（3）顶板

地下室顶板主要承受首层地面荷载。一般采用现浇或在预制板上做现浇层，要求有足够的承载力和刚度。如为防空地下室，顶板必须采用钢筋混凝土现浇板，并按有关规定确定其跨度、厚度和混凝土的强度等级。

（4）楼梯

地下室楼梯可与上部楼梯结合设置，层高小或用作辅助房间的地下室可设单跑楼梯。防空地下室的楼梯，至少要设置两部楼梯通向地面的安全出口，且必须有一个独立的安全出口，这个安全出口周围不得有较高建筑物，以防空袭倒塌，堵塞出口，影响疏散。

（5）门窗

普通地下室的门窗与地上房间门窗相同，窗口下沿距散水面的高度应大于 250mm，以免灌水。防空地下室的门，应符合相应等级的防护要求。一般采用钢门或钢筋混凝土门，防空地下室一般不允许设窗。

（6）采光井

当地下室的窗台低于室外地面时，为达到采光和通风目的，应设采光井，如图2.2.12所示。采光井由底板和侧墙组成，底板一般用混凝土浇筑，侧墙多用砖砌筑，但考虑其挡土作用，应由结构计算确定其厚度。采光井上应设防护网，井下应有排水管道。

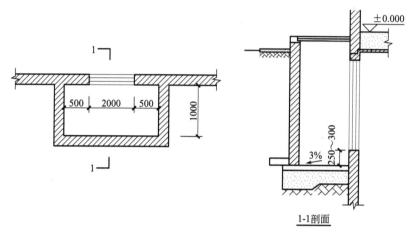

图2.2.12　地下室采光井构造

基础能力训练

一、填空题

1. _____是建筑物的重要组成部分，它承受建筑物的全部荷载并将它们传给_____。

2. _____至基础底面的垂直距离称为基础的埋置深度，简称_____。

3. 根据基础埋置深度的不同，基础可分为_____和_____，一般情况下埋置深度大于_____的称为深基础。除岩石地基外，基础埋深不宜小于_____mm。

4. 基础按受力特点不同可分为_____和_____两大类。

5. 桩基础类型很多，按照桩身的受力特点可分为_____和_____两大类。

二、选择题

1. 基础承担建筑上部结构的（　　），并把这些（　　）有效地传给地基。

A. 部分荷载，荷载　　　　　　　　B. 全部荷载，荷载

C. 混凝土强度，强度　　　　　　　D. 混凝土耐久性，耐久性

2. 基础埋置深度是指（　　）。

A. 室内地坪到基础底部的垂直距离　　B. 室外地坪到基础底部的垂直距离

C. 室外地坪到垫层底面的垂直距离　　D. ±0.000到垫层表面的垂直距离

3. 浅基础的埋置深度不超过（　　）m。

A. 500　　　　　　B. 5　　　　　　C. 6　　　　　　D. 5.5

4. 基础的最小埋置深度为（　　）mm。

A. 500　　　　　　　　B. 400　　　　　　　　C. 300　　　　　　　　D. 200

5. 下列基础属于浅基础的有（　　）。

A. 预制桩基础　　　　　　　　　　　B. 条形基础

C. 柱下独立基础　　　　　　　　　　D. 灌注桩基础

E. 筏形基础

6. 下列基础属于柔性基础的是（　　）。

A. 钢筋混凝土基础　　B. 毛石基础　　　C. 素混凝土基础　　D. 砖基础

7. 一般情况下，将基础的埋置深度大于（　　）m 的称为深基础。

A. 3　　　　　　　　　B. 4　　　　　　　　　C. 5　　　　　　　　　D. 6

8. 当建筑物的上部荷载较大，需要将其荷载传至深层较为坚硬的地基中去时，常采用（　　）。

A. 独立基础　　　　　B. 条形基础　　　　　C. 桩基础　　　　　　D. 筏形基础

9. 刚性基础主要包括（　　）。

A. 钢筋混凝土基础、砖基础、毛石基础　B. 钢筋混凝土基础、混凝土基础

C. 混凝土基础、砖基础、毛石基础　　　D. 钢筋混凝土基础、三合土基础

10. 柔性基础与刚性基础受力的主要区别是（　　）。

A. 柔性基础比刚性基础能承受更大的荷载

B. 刚性基础既能承受拉力，又能承受压力

C. 柔性基础既能承受压力，又能承受拉力

D. 刚性基础比柔性基础能承受更大的拉力

11. 钢筋混凝土基础利用设置在基础底面的钢筋来抵抗基底的（　　）。

A. 拉应力　　　　　　B. 拉应变　　　　　　C. 压应力　　　　　　D. 压应变

2.3 墙体构造

　　墙体是建筑物的重要构件，它的作用主要为承重、围护和分隔。在一般房屋建筑中，墙体工程量约占工程总量的 40%～65%。因此，合理选择墙体材料和构造是实现建筑安全、经济和实用的重要保证。砖墙的细部构造包括墙身防潮层、勒脚、散水和明沟、门窗洞口、门窗过梁等。

2.3.1 墙体的分类

　　1. 按墙体的位置和方向分类（图 2.3.1）

　　墙体按所处的位置不同分为外墙和内墙。位于建筑物四周的墙体称为外墙，位于建筑

物内的墙体称为内墙。

根据建筑平面的方向不同分为纵墙和横墙，纵墙是沿建筑纵轴方向布置的墙，横墙是沿建筑横轴线方向布置的墙，外横墙通常称为山墙。如图 2.3.1 所示。

窗与窗或窗与门之间的墙称为窗间墙，上下窗口之间的墙称为窗下墙，突出屋顶上部、围护屋顶空间和装饰建筑立面的墙称为女儿墙。

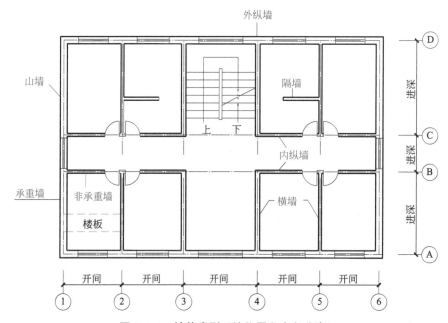

图 2.3.1 墙体类型（按位置和方向分类）

2. 按结构受力情况不同分类

墙体根据结构受力情况不同，可分为承重墙和非承重墙。凡直接承受上部屋顶、楼板传来荷载的墙称为承重墙；不承受上部荷载的墙称为非承重墙，非承重墙又包括隔墙、填充墙和幕墙。凡分隔内部空间，其重量由楼板或梁承受的墙称为隔墙；框架结构中填充在柱子之间的墙称为框架填充墙；而悬挂于外部骨架或楼板间的轻质外墙称为幕墙。外部的填充墙和幕墙不承受上部楼板层和屋顶的荷载，却承受风荷载和地震作用。

3. 按墙体材料不同分类

墙体按所用材料不同，可分为砖墙、石墙、土墙、混凝土墙及钢筋混凝土墙等。砖是我国传统的墙体材料，但由于受到材料源的限制，一些大城市已提出限制使用实心砖的规定；石墙适用于产石地区；土墙便于就地取材，是造价低廉的地方性墙体；混凝土墙可现浇、预制，在多高层建筑中应用广泛。

4. 按构造和施工方法不同分类

墙体根据构造和施工方式不同，可分为叠砌式墙、板筑墙和装配式墙。叠砌式墙包括石砌砖墙、空斗墙和砌块墙等，其中砌块墙是利用各种原料制成的不同形式、不同规格的中小型砌块，借手工或小型机具砌筑而成；板筑墙是施工时直接在墙体部位竖立模板，然后在模板内夯筑或浇筑材料捣实而成的墙体，如夯土墙、灰砂土筑墙以及滑模、大模板等混凝土墙体等；装配式墙是在预制厂生产墙体构件，运到施工现场进行机械安装的墙体，包括板材墙、多种组合墙和幕墙等，其机械化程度高，施工速度快，工期短，是建筑工业化发展的方向。

2.3.2 墙身防潮层

建筑物位于地下部分的墙体和基础会受到土壤中潮气的影响，潮气进入地下部分的墙体和基础材料的空隙内形成毛细水沿墙体上升，导致墙体结构和装修受到破坏。为了隔阻毛细水的上升，应当在墙体中设置防潮层。防潮层分为水平防潮层和垂直防潮层两种，水平防潮层阻止水分上升，垂直防潮层阻止水分通过侧墙侵害墙体，见图 2.3.2。

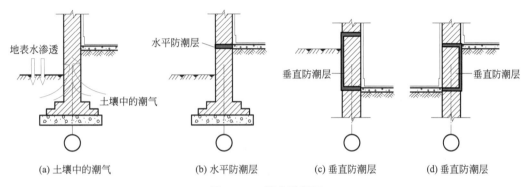

(a) 土壤中的潮气   (b) 水平防潮层   (c) 垂直防潮层   (d) 垂直防潮层

图 2.3.2 墙身防潮层

（1）防潮层位置

砌体墙应在室外地面以上，位于室内地面垫层处设置连续的水平防潮层，与垫层形成一个封闭的防潮层。

当室内地坪采用不透水材料实铺时，防潮层一般位于室内地坪以下 60mm 位置，同时还应至少高于室外地坪 150mm，防止地面水溅渗墙面，见图 2.3.3（a）。

当室内地坪垫层采用砖、碎石等透水性材料，水平防潮层的位置应与室内地坪平齐或高于室内地坪 60mm，见图 2.3.3（b）。

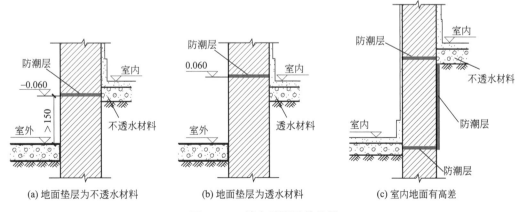

(a) 地面垫层为不透水材料   (b) 地面垫层为透水材料   (c) 室内地面有高差

图 2.3.3 墙身防潮层的位置

当室内地坪出现高差或室内地坪低于室外地坪时，不仅要求墙身按地坪高差的不同设置两道水平防潮层，而且为了避免高地坪房间填土中的潮气侵入低地坪房间的墙面，对有高差部分的垂直墙面靠土的一侧加设垂直防潮层，见图 2.3.3（c）。

当墙基为混凝土、钢筋混凝土或石砌体时，可不做墙体防潮层。

（2）防潮层的做法

① 油毡防潮层。在防潮层部位先抹 20mm 厚砂浆找平，然后用热沥青贴一毡二油，见图 2.3.4（a）。

② 防水砂浆水平防潮层。在防潮层位置抹 20mm 厚 1∶2 水泥砂浆（添加 3％～5％的防水剂）。这种做法适用于抗震地区、独立砖柱或振动较大的砖砌体中，但由于砂浆属于刚性材料，易产生裂缝，砂浆开裂或不饱满时将影响防潮效果，见图 2.3.4（b）。

③ 细石混凝土水平防潮层。在防潮层位置浇筑 60mm 厚的细石混凝土，内配 3φ6 或 3φ8 的钢筋。这种做法抗裂性能较好，与砌体结合紧密，多用于整体刚度要求较高的建筑中，见图 2.3.4（c）。

④ 水泥砂浆垂直防潮层。在墙体靠土一侧先用 20mm 厚 1∶2 水泥砂浆抹面，刷冷底子油一道，再刷两遍热沥青；也可以采用掺有防水剂的砂浆抹面。在另一侧墙面，需采用水泥砂浆抹灰的墙面装修方法。

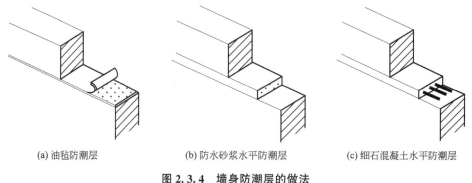

(a) 油毡防潮层　　　　　　(b) 防水砂浆水平防潮层　　　　　(c) 细石混凝土水平防潮层

图 2.3.4　墙身防潮层的做法

2.3.3　墙身细部构造

1. 勒脚

勒脚是外墙身接近室外地面的部分。勒脚的作用是防潮、防水、防冻，防止外界机械碰撞，美化建筑立面，所以要求勒脚坚固、防水和美观。高度一般不低于室内地坪与室外地面的高差部分，且大于等于 500mm。有时为了建筑立面形象的要求，可以把勒脚顶部提高，见图 2.3.5。

勒脚通常采用密实度大的材料来做饰面。常见的有水泥砂浆、斩假石、贴面砖、贴天然石材等。当墙体材料防水性能较差时，勒脚部分的墙体应当换用防水性能较好的材料。勒脚应与散水、墙身水平防潮层形成闭合防潮系统，见图 2.3.6。

2. 散水和明沟

为了将建筑物四周外墙脚下的地表积水（地表雨水及屋面雨水管排下的屋面雨水）及

图 2.3.5　外墙勒脚

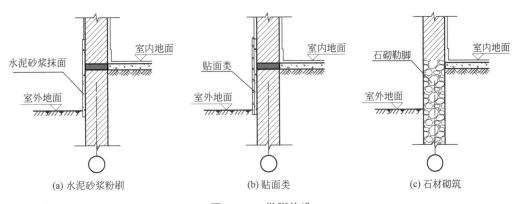

(a) 水泥砂浆粉刷　　　　　(b) 贴面类　　　　　(c) 石材砌筑

图 2.3.6　勒脚构造

时排走，以保护外墙基础和地下室的结构免受水的不利影响，须在外墙脚处设置排水用的散水或明沟，见图 2.3.7。

图 2.3.7　散水与明沟

（1）散水

建筑物外墙四周地面做成向外的倾斜坡面即为散水，又称排水坡或护坡，适用于降雨量较小的北方地区。散水坡度一般为 3%～5%，既利于排水又方便行走。散水的宽度一般

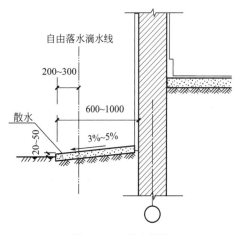

图 2.3.8　散水构造

为 600～1000mm，当屋面为自由落水时，其宽度应比屋檐挑出宽度大 200～300mm，散水外缘高出室外地坪 20～50mm，见图 2.3.8。

（2）明沟

对降雨量较大的南方地区，宜采用明沟。明沟是设置在外墙四周的排水沟，其作用是将水有组织地导向集水井，并排入排水系统。明沟一般采用素混凝土现浇，或用砖、石铺砌沟槽，再用水泥砂浆抹面，明沟的沟底应有不小于 1% 的坡度，以保证排水顺畅。

由于散水和明沟都是在外墙面装修完成后再做，故散水、明沟与建筑物主体之间应设通缝。散水整体面层纵向距离每隔 6～12m 应做一道伸缩缝，缝宽 20mm，以适应材料的收缩、温度变化和土层不均匀变形的影响。通缝与伸缩缝内填嵌缝膏。

3. 窗台

窗台是指托着窗框下部的水平构件。窗台的设计使窗户造型更为美观、漂亮。窗台按位置分为内窗台与外窗台，按构造分为悬挑和不悬挑。

外窗的窗楣应做滴水线或滴水槽，室外窗台应低于室内窗台面，外窗台向外流水坡度不应小于 2%～5%，见图 2.3.9。外墙外保温墙体上的窗洞口，宜安装室外披水窗台板。目前外窗台通常结合立面造型做成悬挑式，防止雨水下渗影响窗下墙体。处于阳台等处的窗不受雨水冲刷，或外墙面材料为贴面砖时，也可不设悬挑窗台。

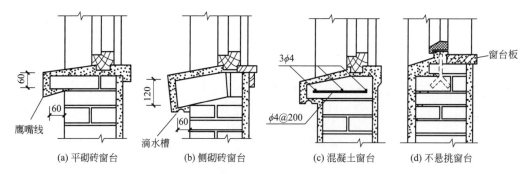

图 2.3.9　窗台构造

当窗框安装在墙中部时，窗洞下靠室内一侧要求做内窗台，以方便清扫并防止墙身被破坏，内窗台一般为水平放置，通常结合室内装修做成水泥砂浆抹灰、木板或贴面砖等多种饰面形式。

4. 过梁

过梁位于门窗洞口的上方，其作用是支撑洞口上部砌体所传来的各种荷载，并将这些荷载传递给洞口两侧的窗间墙（图 2.3.10）。常见的过梁形式有：钢筋混凝土过梁、钢筋砖过梁和砖拱过梁等。

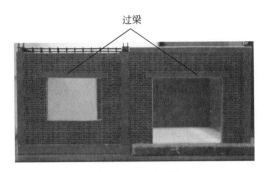

图 2.3.10　过梁

① 钢筋混凝土过梁

钢筋混凝土过梁可用于较宽的门窗洞口，承载能力强，对建筑物不均匀沉降和较大振动荷载有一定的适用性，是目前广泛采用的门窗洞口过梁形式。

过梁宽一般与墙厚相同，高度与砖的皮数相适应，常为 60mm、120mm、180mm、240mm 等。过梁伸入洞口两侧墙体内的长度不小于 240mm。钢筋混凝土过梁有现浇和预制两种，其中预制钢筋混凝土过梁由于施工方便、速度快、省模板等，应用较为广泛，见图 2.3.11（a）。

② 钢筋砖过梁

钢筋砖过梁是在砖缝中配置适量的钢筋，形成可以承受荷载的配筋砖砌体。通常将 $\phi5$ 或 $\phi6$ 钢筋埋在过梁底部厚度为 30mm 的砂浆层内，其数量不少于 2 根，间距不大于 120mm，钢筋伸入洞口两侧墙内的长度不应小于 240mm，并设 90°直弯钩，埋在墙体的竖缝内，以利锚固；在洞口上部不小于 1/4 洞口跨度的高度范围内（且不应小于 5 皮砖），用不低于 M5 的砂浆砌筑，钢筋砖过梁跨度不应大于 1.5m，见图 2.3.11（b）。

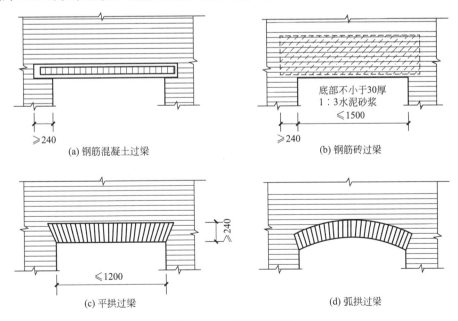

图 2.3.11　过梁的种类

③ 砖拱过梁

常见形式有平拱、弧拱（半圆拱）。弧拱过梁常结合建筑外立面门窗造型设置。砖拱跨度最大可达 1.2m，当过梁上有集中荷载、振动荷载时或需要抗震设防的地区，均不宜使用，见图 2.3.11 （c）、（d）。

5. 圈梁

为了增强房屋的整体刚度，防止由于地基不均匀沉降或较大的振动荷载对房屋引起的不利影响，常在房屋外墙和内墙中设置钢筋混凝土或钢筋砖圈梁，并在平面内形成封闭系统。圈梁的宽度宜与墙厚相同，当墙厚不小于 240mm 时，圈梁宽度不宜小于墙厚的 2/3，圈梁高度不小于 120mm，见图 2.3.12。

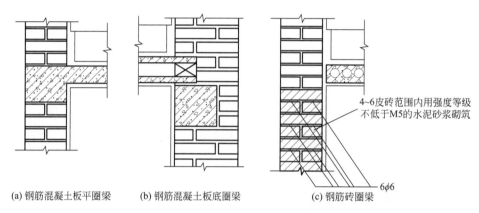

(a) 钢筋混凝土板平圈梁　　(b) 钢筋混凝土板底圈梁　　(c) 钢筋砖圈梁

图 2.3.12　圈梁的构造

6. 构造柱

为提高多层建筑砌体结构的抗震性能，应在房屋砌体内的适宜部位设置钢筋混凝土柱并与圈梁连接，共同加强建筑物的稳定性，这种钢筋混凝土柱被称为构造柱。

钢筋混凝土构造柱一般设置在建筑物的四角、内外墙交接处、楼梯间、电梯间四周、较长墙体中部和较大洞口两侧等位置。为加强构造柱与墙体的连接，该处墙体宜砌成马牙槎，并应沿墙高每隔 500mm 设 $2\phi6$ 拉结钢筋，每边伸入墙内不少于 1m，见图 2.3.13。

构造柱必须与各层圈梁紧密连接，形成纵横交错的钢筋混凝土空间骨架，使墙体在破坏过程中具有一定的延性，做到裂而不倒，提高墙体的抗震性能，见图 2.3.14。构造柱的下端应锚固在钢筋混凝土基础或基础梁内。

7. 阳台与雨篷

阳台和雨篷是建筑物上常见的附属构件。阳台是指附设于建筑物外墙，设有栏杆或栏板，可供人活动的空间。雨篷是指建筑物入口处和顶层阳台上部用以遮挡雨水和保护外门免受雨水浸蚀的水平构件。

（1）阳台

阳台按照使用要求不同可分为生活阳台和服务阳台。生活阳台一般与主卧室或客厅相连，尽量朝南向布置；服务阳台一般与厨房或卫生间等相连，可以朝北或朝向较差的方向。根据阳台与建筑物外墙的关系，可分为凸阳台、凹阳台、半凹半凸阳台和转角阳台（图 2.3.15），根据阳台的围护结构，可分为封闭阳台与开敞阳台。

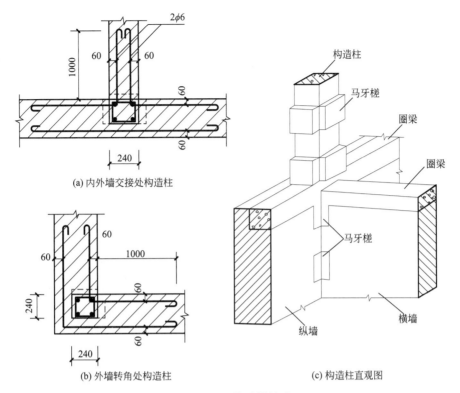

(a) 内外墙交接处构造柱

(b) 外墙转角处构造柱

(c) 构造柱直观图

图 2.3.13　构造柱构造

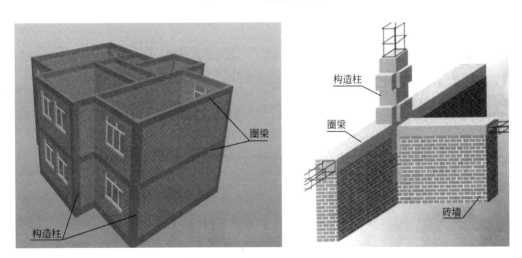

图 2.3.14　构造柱及圈梁连接

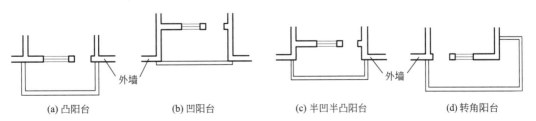

(a) 凸阳台　　　　　　(b) 凹阳台　　　　　　(c) 半凹半凸阳台　　　　　　(d) 转角阳台

图 2.3.15　阳台形式

（2）雨篷

雨篷通常设置在建筑物出入口的上部，除了遮风挡雨，还能保护外门，同时也能丰富建筑物的立面造型。雨篷形式多样，有钢结构雨篷、钢筋混凝土雨篷等，见图2.3.16。雨篷在构造上要注意防倾覆和板面排水。

(a) 钢结构雨篷

(b) 钢筋混凝土雨篷

图 2.3.16　雨篷

钢筋混凝土雨篷按照受力不同可以分为板式和梁板式两种类型，板式悬挑长度一般为1～1.5m；当挑出长度较大时，可做成梁板式，为美观起见，可将挑梁上翻。

基础能力训练

选择题

1. 墙体是房屋的一个重要组成部分，按墙的平面位置不同可分为（　　　）。

A. 纵墙与横墙　　　　　　　　　　　B. 外墙与内墙

C. 承重墙与非承重墙　　　　　　　　D. 砖墙与钢筋混凝土墙

2. 下面既属承重构件，又是围护构件的是（　　　）。

A. 门窗、墙　　　　B. 基础、楼板　　　C. 屋顶、基础　　　D. 墙、屋顶

3. 墙体按结构受力情况不同可分为（　　　）。

A. 内墙、外墙　　　　　　　　　　　B. 承重墙、非承重墙

C. 实体墙、空体墙和复合墙　　　　　D. 叠砌墙、板筑墙和装配式板材墙

4. 在墙体布置中，仅起分隔房间作用且其自身重量还由其他构件来承担的墙为（　　　）。

A. 横墙　　　　　　B. 隔墙　　　　　　C. 纵墙　　　　　　D. 承重墙

5. 与建筑物长度方向一致的墙为（　　　）。

A. 纵墙　　　　　　B. 横墙　　　　　　C. 山墙　　　　　　D. 内墙

6. 按墙体在建筑物中的位置，可有不同的称呼，对于屋顶上高出屋面的墙称为（　　）。

A. 女儿墙　　　　　　B. 外护围墙　　　　　C. 横墙　　　　　　D. 山墙

7. 把门窗洞口上方的荷载传递给两侧墙体的是（　　）。

A. 圈梁　　　　　　　B. 过梁　　　　　　　C. 窗台　　　　　　D. 勒脚

8. 勒脚是墙身接近室外地面的部分，常用的材料为（　　）。

A. 混合砂浆　　　　　　　　　　　　B. 水泥砂浆

C. 纸筋灰　　　　　　　　　　　　　D. 膨胀珍珠岩

9. 外墙外侧墙脚处的排水斜坡构造称为（　　）。

A. 勒脚　　　　　　　B. 散水　　　　　　　C. 墙裙　　　　　　D. 踢脚

10. 散水宽度一般不小于（　　）mm。

A. 600　　　　　　　B. 500　　　　　　　C. 400　　　　　　　D. 300

11. 散水的坡度一般为（　　）。

A. 3%～5%　　　　　　　　　　　　B. 1%～2%

C. 0.5%～1%　　　　　　　　　　　D. 无坡度

12. 下列关于散水的构造做法表述中，错误的是（　　）。

A. 在素土夯实上做 60～100mm 厚混凝土，其上再做 5% 的水泥砂浆抹面

B. 散水宽度一般为 600～1000mm

C. 散水与墙体之间应整体连接，防止开裂

D. 散水宽度应比采用自由落水的屋顶檐口多出 200mm

13. 防潮层的做法有（　　）。

A. 防水砂浆防潮层　　　　　　　　　B. 细石混凝土防潮层

C. 钢筋混凝土基础圈梁代替防潮层　　D. 油毡防潮层

E. 以上均可

14. 当首层地面采用不透水性材料实铺时，防潮层的位置通常选择在（　　）m 标高处。

A. −0.030　　　　　B. −0.040　　　　　C. −0.050　　　　　D. −0.060

15. 当雨篷悬挑尺寸较大时，如 1.5m 以上，不适合采用的结构形式为（　　）。

A. 悬挑板式　　　　　B. 梁板式　　　　　　C. 挑梁式　　　　　D. 以上都不对

2.4　楼地层构造

　　楼地层是在水平方向分隔建筑空间的承重构件，包括楼板层和地坪层（无地下室）。楼板层承受自重和楼面使用荷载，并将其传给墙和柱，还与墙和柱形成骨架，抵抗风荷载等水平荷载。地坪层通常指建筑物底层与土壤相接的地面部分，其自重及使用荷载直接传给夯实的土壤，即地基。

为了满足使用要求，地坪层（无地下室）由上至下通常包括面层、结构层（垫层）、基层等，根据具体设计要求可增加附加层，见图2.4.1；楼板层由上至下通常包括面层、结构层、顶棚层等，根据具体设计要求可增加附加层，见图2.4.2。

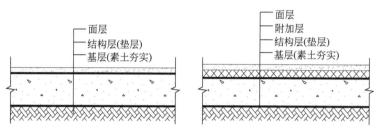

图 2.4.1 地坪层构造

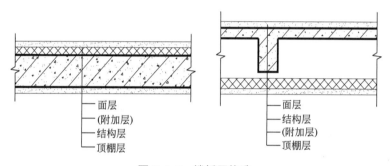

图 2.4.2 楼板层构造

面层：位于楼地面的最上层，直接承受各种物理和化学作用的表面层。

结构层：即承重层，位于楼地层中部，能承担除自重以外的重量，并传递到下一个承重机构。

顶棚层：又称天花板，在结构层下部，主要起到保护结构层、安装灯具、隐藏各类管线设备的作用。

附加层：当楼地层基本构造层次不能满足使用或构造要求时，可增设结合层、隔离层、填充层、找平层、防水层、保温层等其他构造层，统称为附加层。

基础能力训练

选择题

1. 地坪层通常由（   ）构成。

A. 面层、结构层、垫层、素土夯实层　　　B. 面层、找平层、垫层、素土夯实层

C. 面层、结构层、垫层、结合层　　　　　D. 构造层、结构层、垫层、素土夯实层

2. 楼板层通常由（   ）构成。

A. 面层、楼板、地坪　　　　　　　　　　B. 面层、楼板、顶棚

C. 支撑、楼板、顶棚　　　　　　　　　　D. 垫层、梁、楼板

2.5 屋顶构造

屋顶是建筑物最上层的覆盖部分,它承受屋顶的自重、风荷载以及施工和检修屋面的各种荷载,并抵抗风、雨、雪的侵袭和太阳辐射的影响,同时屋顶的形式在很大程度上影响到建筑造型。

2.5.1 屋顶的形式

屋顶按采用的材料和结构类型不同可做成不同的形式,一般分为平屋顶、坡屋顶和曲面屋顶三大类(图 2.5.1)。

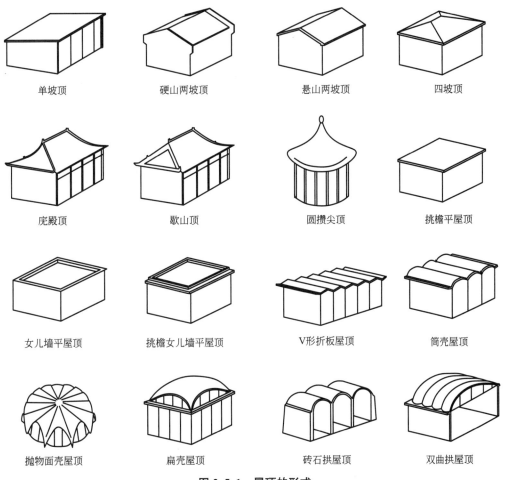

单坡顶	硬山两坡顶	悬山两坡顶	四坡顶
庑殿顶	歇山顶	圆攒尖顶	挑檐平屋顶
女儿墙平屋顶	挑檐女儿墙平屋顶	V形折板屋顶	筒壳屋顶
抛物面壳屋顶	扁壳屋顶	砖石拱屋顶	双曲拱屋顶

图 2.5.1 屋顶的形式

① 平屋顶。平屋顶是指屋面坡度在 10% 以下的屋顶,最常用的排水坡度为 2%～3%。

这种屋顶具有屋面面积小、构造简便的特点，但需要专门设置屋面防水层及排水坡度。这种屋顶在民用建筑中广泛采用。

②坡屋顶。坡屋顶是指屋面坡度在10％以上的屋顶。它包括单坡、双坡、四坡等多种形式。这种屋顶的屋面坡度大，屋面排水速度快。其屋顶防水可以采用构件自防水。

③曲面屋顶。屋顶为曲面，如球形、悬索形、鞍形等。这种屋顶施工工艺较复杂，但外部形状独特。

2.5.2 屋顶的构造层次

屋顶（从下到上）主要由结构层、找坡层、保温层、找平层、防水层、结合层、保护层等部分组成，见图2.5.2。保温层做在防水层下面的屋面称为正置式屋面，保温层做在防水层上面的屋面称为倒置式屋面。平屋面与垂直于屋面的墙体（女儿墙）交接阴角处防水的构造做法叫泛水，如图2.5.3所示，泛水高度不小于250mm。

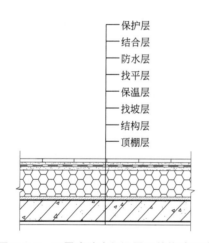

图2.5.2 正置式防水保温屋面的构造层次

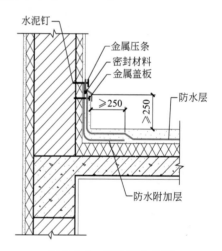

图2.5.3 屋面泛水构造

2.5.3 屋面的排水方式

规范中规定，平屋面的排水坡度宜为2％～3％，结构找坡宜为3％，材料找坡宜为2％。平屋顶的排水方式可分为无组织排水和有组织排水两类。

1. 无组织排水

无组织排水又称自由落水，是让屋面的雨水由檐口自由滴落到室外地面，见图2.5.4。这种做法构造简单、经济，因此只要条件允许应尽可能采用。但是雨水自由落下时会溅湿勒脚，有风时雨水还会冲刷墙面，故一般仅适用于低层建筑和雨水较少的地区。建筑标准要求较高的房屋，绝大多数采用有组织排水。

2. 有组织排水

有组织排水是将屋面划分成若干排水区，按一定的排水坡度把屋面雨水有组织地排到

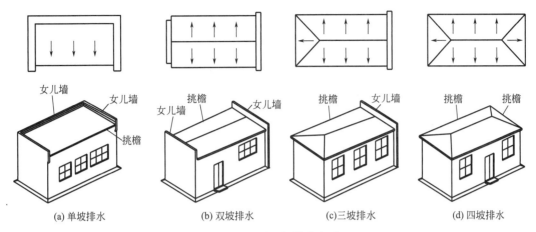

图 2.5.4　无组织排水方式

檐沟或雨水口，通过雨水管排泄到明沟中，再通往城市地下排水系统。

有组织排水又可分为有组织外排水（图 2.5.5）和有组织内排水两种（图 2.5.6）。在一般情况下应尽量采用外排水，因为有组织内排水构造复杂，极易造成渗漏。但在多跨房屋的中间跨、高层建筑及寒冷地区，为防止水管冰冻堵塞，可采取内排水方式，使屋面雨水流入室内雨水管，再由地下水管流至室外排水系统。有组织外排水是民用建筑最常用的方式之一，一般采用檐沟外排水及女儿墙内檐外排水两种排水形式。

（1）檐沟外排水屋面，可以根据房屋的跨度和外形需要，做成单坡、双坡或四坡排水，同时在相应的各面设置排水檐沟，如图 2.5.5（a）所示。雨水从屋面排至檐沟，沟内垫出不小于 0.5% 的纵向坡度，把雨水引向雨水口，经水落管排泄到地面的明沟和集水井。

（2）设有女儿墙的平屋顶，可在女儿墙里面设内檐沟（图 2.5.5b），或近外檐处垫坡排水（图 2.5.5c），雨水口可穿过女儿墙，在外墙外面设落水管。

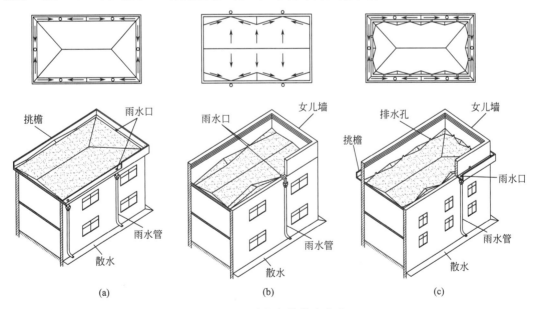

图 2.5.5　有组织外排水方式

大面积、多跨、高层及特种要求的平屋顶，常做成内排水方式，见图2.5.6。雨水经雨水口流入室内水落管，再由地下管道把雨水排到室外排水系统中。

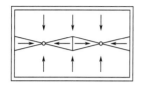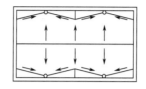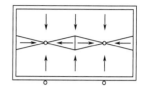

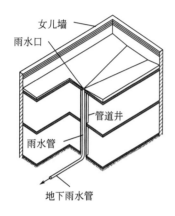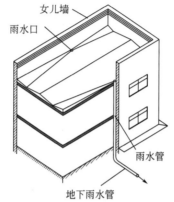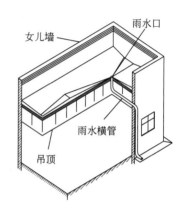

图 2.5.6　有组织内排水方式

基础能力训练

一、填空题

1. 屋顶按采用的材料和结构类型不同，一般分为_____、_____、_____三大类。

2. 泛水是指_____。

3. 平屋顶常用的外排水方式为_____和_____。

二、选择题

1. 屋面的构造层次不包括（　　）。

A. 面层 　　　　　　B. 防水层 　　　　　　C. 结构层 　　　　　　D. 垫层

2. 下列不是影响屋面排水方式选择的因素是（　　）。

A. 建筑物屋顶形 　　B. 气候条件 　　　　　C. 结构承载能力 　　　D. 使用功能

3. 保温层做在防水层下面的屋面称为（　　）。

A. 正置式屋面 　　　B. 倒置式屋面 　　　　C. 平屋面 　　　　　　D. 坡屋面

4. 屋面出入口的泛水高度不应小于（　　）mm。

A. 200 　　　　　　　B. 250 　　　　　　　C. 400 　　　　　　　D. 350

5. 屋面排水方式可分为（　　）。

A. 有组织排水和集中排水 　　　　　　　　　B. 有组织排水和重力排水

C. 有组织排水和无组织排水 　　　　　　　　D. 集中排水和重力排水

6. 高层建筑屋面宜采用（　　）排水，多层建筑屋面宜采用（　　）排水，低层建筑及檐高小于 10m 的屋面，可采用（　　）排水。

A. 外，有组织内，无组织　　　　　　　B. 内，有组织外，无组织

C. 内，有组织内，有组织　　　　　　　D. 内，无组织外，有组织

7. 严寒地区应采用（　　）排水，寒冷地区宜采用（　　）排水。

A. 内、外　　　　B. 外、内　　　　C. 内、内　　　　D. 外、外

8. 平屋顶屋面排水坡度宜为（　　）。

A. 2%～3%　　　　B. 20%　　　　C. 1∶5　　　　D. 10%

2.6　楼梯

楼梯是建筑的垂直交通设施，其作用是供人们上下楼层和安全疏散，其数量、位置、平面形式应符合有关规范和标准的规定。

2.6.1　楼梯的分类

（1）按位置分为：室内楼梯和室外楼梯。

（2）按使用性质分为：室内有主要楼梯和辅助楼梯，室外有安全楼梯和防火楼梯。

（3）按使用材料分为：木楼梯、钢筋混凝土楼梯和钢楼梯。

（4）按楼梯的布置方式分为：单跑楼梯、双跑楼梯、三跑楼梯和双分式、双合式楼梯，见图 2.6.1。

(a) 单跑楼梯　　　　　　　　　(b) 双跑楼梯　　　　　　　　　(c) 三跑楼梯

图 2.6.1　按楼梯的布置方式分类（一）

(d) 双分式楼梯 　　　　　　　　　　　　　　　　(e) 双合式楼梯

图 2.6.1　按楼梯的布置方式分类（二）

（5）按消防疏散要求分为：开敞式楼梯间、封闭式楼梯间、防烟楼梯间，见图 2.6.2。

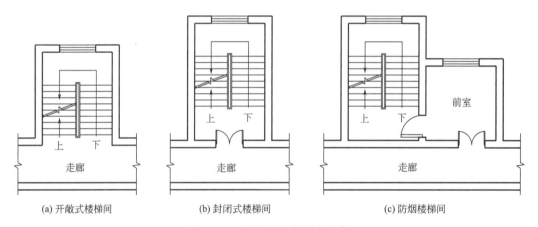

(a) 开敞式楼梯间 　　　　　　(b) 封闭式楼梯间 　　　　　　(c) 防烟楼梯间

图 2.6.2　按消防疏散要求分类

2.6.2　楼梯的细部构造

楼梯一般由梯段、休息平台、栏杆、扶手、梯井等组成，见图 2.6.3（a）。现浇钢筋混凝土板式楼梯的结构组成见图 2.6.3（b）。

1. 梯段

梯段是供建筑物楼层之间上下行走的通道，它由若干个踏步构成。

公共楼梯每个梯段的踏步级数一般不应超过 18 级，同时，考虑人们行走的习惯性，楼梯段的级数也不应少于 2 级。

踏步由踏面（b）和踢面（h）组成，踏面一般不宜小于 260mm，梯面一般不宜大于 175mm。$2h+b=600\sim620$mm，$600\sim620$mm 为一般人的平均步距，室内楼梯选用低值，室外台阶选用高值。

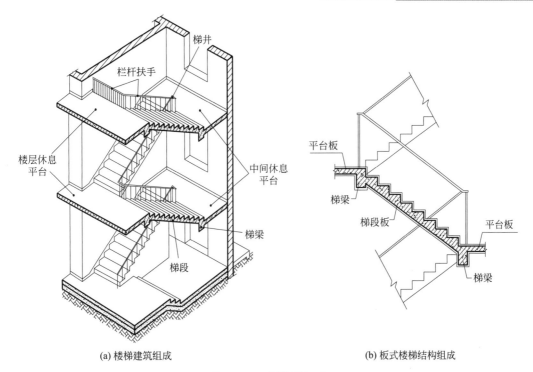

(a) 楼梯建筑组成　　　　　　　　　(b) 板式楼梯结构组成

图 2.6.3　楼梯的组成

楼梯梯段的坡度一般在 $23°\sim45°$ 之间，梯段的最大坡度不宜超过 $38°$；当坡度小于 $20°$ 时，采用台阶与坡道；坡度大于 $45°$ 的梯段，多用于生产性建筑，在民用建筑中常用作屋面检修梯，各种坡度的适用情况见图 2.6.4。

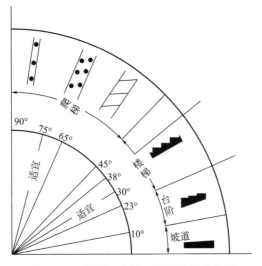

图 2.6.4　楼梯、爬梯、坡道的坡度范围

梯段净宽是指楼梯段临空一侧扶手中心线到另一侧墙体装饰面（或靠墙扶手中心线）之间的水平距离，或两个扶手中心线之间的水平距离。楼梯段净宽除应符合国家现行《建筑设计防火规范》GB 50016 及相关专用建筑设计标准规定外，供日常主要交通用的楼梯的梯段净宽应根据建筑物使用特征，按每股人流宽度 0.55m＋(0～0.15) m 的人流股数确定，并不少于两股人流。(0～0.15) m 为人流在行进中人体的摆幅，公共建筑人流众多的场所应取上限值。单股人流通行时楼梯段宽度应不小于 900mm，双股人流通行时为 1100～1400mm，三股人流通行时为 1650～2100mm，如图 2.6.5 所示。一般疏散楼梯段净宽不应小于 1100mm。6 层及以下的单元式住宅不应小于 1000mm，住宅套内楼梯段的净宽，当楼梯段一侧临空时，不应小于 750mm，当两侧都是墙时，不应小于 900mm。非主要通行的楼梯，应满足单人携带物品通过的需要。

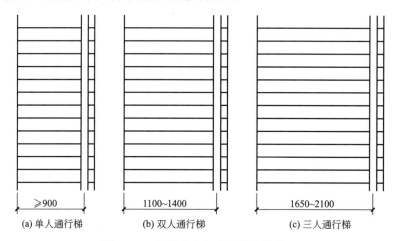

(a) 单人通行梯 (b) 双人通行梯 (c) 三人通行梯

图 2.6.5　梯段宽度与人流股数的关系

2. 休息平台

休息平台按平台所处的位置与标高，可分为楼层平台和中间平台。楼梯改变方向时，扶手转向端处的平台最小宽度不应小于梯段净宽，并不得小于 1.2m，见图 2.6.6。直跑楼梯的休息平台宽度不应小于 0.9m。

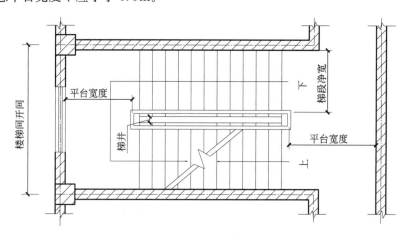

图 2.6.6　休息平台、梯段、梯井

3. 栏杆（栏板）

栏杆（或栏板）是布置在楼梯梯段和平台边缘处、有一定安全保障的围护构件，栏杆垂直杆件间距不应大于 110mm，见图 2.6.7（b）。

4. 扶手

扶手一般附设于栏杆顶部，也可附设于墙上。

室内楼梯扶手高度自踏步前缘线量起不宜小于 900mm，靠梯井一侧水平扶手超过 500mm 时，其扶手高度不应小于 1050mm，顶层平台处安全栏杆扶手高度也不应小于 1050mm，见图 2.6.7。

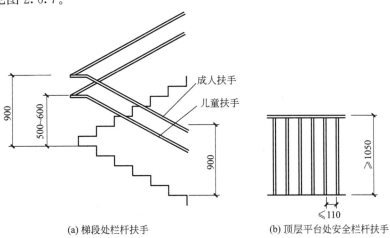

(a) 梯段处栏杆扶手　　　　(b) 顶层平台处安全栏杆扶手

图 2.6.7　楼梯扶手

5. 梯井

梯井为两个楼梯梯段之间的空隙（图 2.6.6）。公共建筑的梯井宽度不宜小于 150mm，住宅、小学、儿童机构的梯井宽度为 60～200mm。

6. 楼梯间净空

规范规定，梯段部位净高不应小于 2200mm，平台下净高应不小于 2000mm。梯段净高为自踏步（包括最低和最高一级踏步）前缘线以外 300mm 范围内量至上方突出物下缘间的垂直高度，见图 2.6.8。

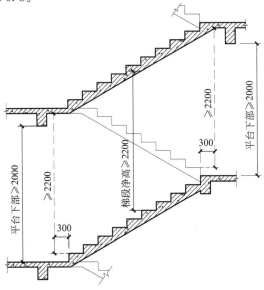

图 2.6.8　楼梯净空高度

基础能力训练

一、填空题

1. 楼梯主要由_____、_____、_____、_____和_____组成。

2. 楼梯按消防疏散要求分类可分为_____、_____和_____。

3. 楼梯平台按位置不同分_____平台和_____平台。

4. 楼梯段的踏步数不应超过_____级，且不应少于_____级。

5. 楼梯栏杆扶手的高度是指从_____至扶手上表面的垂直距离，一般室内楼梯的栏杆扶手高度不应小于_____mm。

6. 楼梯平台宽度不应小于_____净宽。

二、选择题

1. 在众多楼梯形式中，不宜用作疏散楼梯的是（　　）。

A. 直跑楼梯　　　　B. 双跑楼梯　　　　C. 剪刀楼梯　　　　D. 螺旋楼梯

2. 楼梯的坡度不宜超过（　　）。

A. 20°　　　　　　B. 38°　　　　　　C. 45°　　　　　　D. 60°

3. 当坡度小于（　　）时，采用台阶与坡道。

A. 20°　　　　　　B. 38°　　　　　　C. 45°　　　　　　D. 60°

4. 坡度大于（　　）的梯段称为爬梯。

A. 38°　　　　　　B. 45°　　　　　　C. 60°　　　　　　D. 73°

5. 下列说法中正确的有（　　）。

A. 坡道和爬梯是垂直交通设施

B. 一般认为38°左右是楼梯的适宜坡度

C. 楼梯平台的净宽度不应小于楼梯段的净宽，并且不小于1.5m

D. 住宅楼梯井宽度一般在100mm左右

E. 非主要通行的楼梯，应满足两个人相对通行

6. 公共楼梯每段楼梯的踏步数应在（　　）步。

A. 2～18　　　　　B. 3～24　　　　　C. 2～20　　　　　D. 3～18

7. 楼梯踏步高度不宜大于（　　）mm。

A. 150　　　　　　B. 175　　　　　　C. 200　　　　　　D. 250

8. 楼梯栏杆扶手的高度一般为（　　）mm，供儿童使用的楼梯应在（　　）mm高度增设扶手。

A. 1000，400　　　B. 900，500　　　C. 900，600　　　D. 900，400

9. 一般建筑楼梯到了顶层会有一段长度超过0.5m的水平段栏杆扶手（一侧临空），此扶手顶面距楼面净高不应小于（　　）mm。

A. 900　　　　　　B. 1000　　　　　　C. 1050　　　　　　D. 1200

10. 为了安全，平行双跑楼梯的梯井宽度一般以（　　）mm为宜。

A. 20～100　　　　B. 0～60　　　　　C. 60～200　　　　D. 100～260

11. 楼梯梯段部位的净高度不应小于（　　）mm。

A. 1900　　　　　B. 2000　　　　　C. 2100　　　　　D. 2200

12. 当楼梯平台下需要通行时，其净空高度不应小于（　　）mm。

A. 1900　　　　　B. 2000　　　　　C. 2100　　　　　D. 2200

2.7　台阶与坡道

2.7.1　台阶

室外台阶较楼梯平缓，适宜坡度为 10°～23°。台阶踏步高度一般为 100～150mm，不宜大于 150mm，且不宜小于 100mm，踏步的踏面宽度为 300～400mm，不宜小于 300mm，平台面应比门洞口每边至少宽出 500mm，并比室内地坪低 20～50mm，向外做出约 1% 的排水坡度。

室内台阶踏步数不宜小于 2 级，当高度不足 2 级时，宜按坡道设置。台阶高度超过 700mm 时，应在临空面采取防护设施。

台阶的形式有单面踏步式、两面踏步式、三面踏步式，见图 2.7.1。单面踏步式常带方形石、花池或与坡道结合。

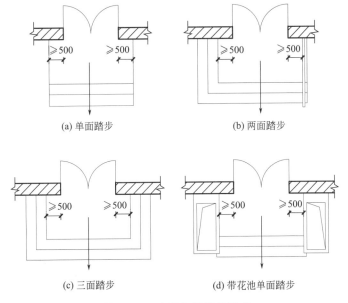

(a) 单面踏步　　　　　　　　　　(b) 两面踏步

(c) 三面踏步　　　　　　　　　　(d) 带花池单面踏步

图 2.7.1　台阶与坡道的形式

　　台阶应在建筑物主体工程完成后再进行施工，并与主体结构之间留出约 10mm 的沉降缝。台阶的构造与地面相似，由面层、垫层和基层等组成。基层只要挖去腐殖土即可，面层应采用水泥砂浆、混凝土、地砖和天然石材等耐气候作用的材料。在北方冰冻地区，室外台阶应考虑抗冻要求，面层选择抗冻、防滑的材料，并在垫层下设置非冻胀层或采用钢筋混凝土架空台阶。

2.7.2　坡道

　　坡道按照用途不同，可分为行车坡道和轮椅坡道两类。其中，行车坡道又分为普通行车坡道与回车坡道两种，如图 2.7.2 所示。普通行车坡道布置在有车辆进出的建筑入口处，如车库、库房等；回车坡道与台阶踏步组合在一起，可以减少使用者的行走距离，一般布置在某些大型公共建筑，如重要办公楼、旅馆、医院等的入口处。轮椅坡道是专供残疾人使用的坡道，在公共服务的建筑中均应设置轮椅坡道。

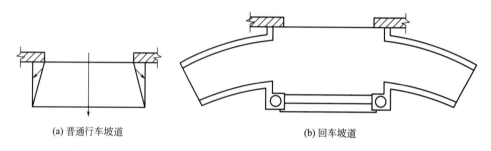

|(a) 普通行车坡道|(b) 回车坡道|

图 2.7.2　行车坡道

　　坡道的坡度一般为 1∶12～1∶6，面层光滑的坡道坡度不宜大于 1∶10，粗糙或设有防滑条的坡道，坡度稍大，但也不应大于 1∶6，锯齿形坡道的可加大到 1∶4。

2.7.3　无障碍设计

　　随着社会的发展和进步，无障碍设计通过规划、设计减少或消除残疾人、老年人等弱势群体在公共空间（包括建筑空间、城市环境）活动中行为不便的问题。无障碍楼梯应采用直线形式，如对折双跑楼梯、直角折行楼梯或直跑楼梯等，距踏步起点和终点 250～300mm 宜设提示盲道，如图 2.7.3 所示。

　　无障碍出入口的轮椅坡道及平坡出入口的坡道应符合下列规定：

　　（1）平坡出入口的地面坡度不应大于 1∶20，当场地条件比较好时，不宜大于 1∶30。

　　（2）供轮椅使用的坡道坡度不应大于 1∶12，困难地段不应大于 1∶10。

　　（3）同时设置台阶和轮椅坡道的出入口，轮椅坡道的净宽度不应小于 1.00m，无障碍出入口的轮椅坡道净宽度不应小于 1.20m。

　　（4）轮椅坡道起点、终点和中间休息平台的水平长度不应小于 1.50m。

　　（5）轮椅坡道的最大高度和水平长度应符合表 2.7.1 的规定。

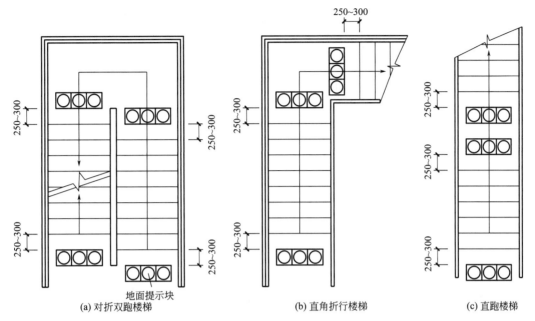

(a) 对折双跑楼梯　　　　　　　(b) 直角折行楼梯　　　　　　　(c) 直跑楼梯

图 2.7.3　无障碍楼梯形式

轮椅坡道的最大高度和水平长度　　　　　　　　　表 2.7.1

坡度	1：20	1：16	1：12	1：10	1：8
最大高度(m)	1.20	0.90	0.75	0.60	0.30
水平长度(m)	24.00	14.40	9.00	6.00	2.40

注：其他坡度可用插入法进行计算。

基 础 能 力 训 练

选择题

1. 回车坡道一般布置在（　　）入口处。

A. 住宅室内外高差较大时的　　　　　　　B. 大型公共建筑

C. 高层住宅　　　　　　　　　　　　　　D. 坡地建筑

2. 下列说法中正确的有（　　）。

A. 部分大型公共建筑经常把行车坡道与台阶合并成为一个构件，使车辆可以驶入建筑入口

B. 台阶坡度宜平缓些，并应用大理石地面

C. 公共建筑踏步的踏面宽度不应小于 150mm

D. 公共建筑的踢面高度应为 100～150mm

E. 室内台阶的踏步数不宜少于 2 个

3. 建筑入口台阶顶面标高通常比室内地坪（   ）。

A. 低 0.020m   B. 高 0.020m   C. 一样平   D. 不一定

4. 为使残疾人能平等地参与社会活动而设置（   ）。

A. 回车坡道   B. 台阶   C. 普通行车坡道   D. 轮椅坡道

5. 残疾人楼梯和坡道不宜使用（   ）型。

A. 折线   B. 直线   C. 双跑   D. 曲线

6. 无障碍设计中，平坡出入口是指坡度不大于（   ），且不设扶手的出入口。

A. 1：30   B. 1：25   C. 1：20   D. 1：16

7. 供残疾人使用的坡道水平长度超过 9m 时，应在中间设水平长度不小于（   ）m 的休息平台。

A. 1.0   B. 1.2   C. 1.5   D. 2.0

8. 无障碍出入口的轮椅坡道净宽度不应小于（   ）m。

A. 1.0   B. 1.2   C. 1.5   D. 2.0

9. 供轮椅使用的坡道坡度不应大于（   ），困难地段不应大于（   ）。

A. 1：12，1：10   B. 1：10，1：12   C. 1：20，1：30   D. 1：30，1：20

单元3

建筑施工图识读与绘制

Chapter 03

知识目标

1. 掌握建筑制图标准有关图幅、比例、图线、字体、尺寸标注等的规定；
2. 掌握建筑设计使用年限、建筑高度、建筑防火分类、建筑耐火等级、屋面防水等级等建筑设计相关概念及建筑设计总说明图示内容；
3. 掌握建筑总平面图的图例及图示内容；
4. 掌握建筑施工图中标高、索引、坡度、指北针等符号标注及图例；
5. 掌握建筑平面图的图示内容及读图方法；
6. 掌握建筑立面图的图示内容及读图方法；
7. 掌握建筑剖面图的图示内容及读图方法；
8. 掌握建筑详图的图示内容及读图方法。

能力目标

1. 能够熟练地识读建筑施工图；
2. 能够熟练地绘制建筑施工图；
3. 具备准确地把握建筑专业设计意图及施工要求，依照施工图纸开展相关岗位工作的职业能力。

素质目标

1. 具有自觉遵守国家、行业标准及规范的意识；
2. 具有家国情怀、爱岗奉献、大国工匠的职业精神。

建筑施工图是表达建筑物总体布局、外部造型、内部布置、细部构造、内外装修、固定设施和施工要求的图样，是指导建筑施工的指导性文件。本单元以一套完整的建筑施工图为载体，介绍建筑施工图中建筑设计总说明、总平面图、建筑平面图、建筑立面图、建筑剖面图及建筑详图的图示内容、图示方法及识读与绘制方法。

3.1 房屋施工图的产生及分类

3.1.1 房屋施工图的产生

房屋的建造一般需要经过设计和施工两个过程。设计时需要把想象中的建筑物用图形表示出来，这种图形统称为房屋施工图。伴随项目建设的过程，施工图的设计可分为以下三个阶段：

（1）初步设计阶段

初步设计的主要任务是根据建设单位提出的设计任务和要求，进行调查研究、搜集资料，提出设计方案，并进行初步设计，绘制房屋的初步设计图。初步设计的工程图和有关文件只是在提供研究方案和报上级审批时用，不能作为施工的依据，所以初步设计图也称为方案图。

（2）技术设计阶段

当初步设计经过征求意见、修改和审批后，就需要进行建筑、结构、设备各专业间的协调，计算、选用和设计各种构配件及其构造与做法，即技术设计阶段。

（3）施工图设计阶段

施工图设计的主要任务是按照建筑、结构、设备等专业分别详细地绘制所设计的全套房屋施工图，将施工中的具体要求都明确地反映到这套图纸中。其内容包括：指导工程施工的所有专业施工图、详图、说明书、计算书及整个工程的施工预算书等。全套施工图将为施工安装、编制预算、安排材料、设备和非标准构配件的制作提供完整、准确的图纸依据。

3.1.2 房屋施工图的分类

房屋建筑的施工建造过程主要包括：土建施工、水电暖安装施工和装饰施工。一套完整的、用于指导房屋建筑施工的施工图根据专业可分为建筑施工图、结构施工图、设备（水、暖、电）施工图和装饰施工图。

（1）建筑施工图（简称建施）

建筑施工图主要表达建筑物的外部形状、内部布置、装饰构造、施工要求等。建施包括：首页图、建筑总平面图、各层平面图、立面图、剖面图以及墙身、楼梯、门、窗详图等。

（2）结构施工图（简称结施）

结构施工图主要表达承重结构的构件类型、布置情况以及构造做法等。结施包括：基础平面图、基础详图、楼层及屋盖结构平面图、楼梯结构图和各构件（梁、柱、板）平面布置图及配筋详图等。

（3）设备施工图（简称设施）

设备施工图主要表达水、电、暖设备的布置和走向、安装要求等。设施包括：给水排水、采暖通风、电气照明等设备的平面布置图、系统图和施工详图。

（4）装饰施工图

装饰施工图是用于表达建筑物室内外装饰美化要求的施工图样。它是以透视效果图为主要依据，采用正投影等投影法反映建筑的装饰结构、装饰造型、饰面处理，以及反映家具、陈设、绿化等布置内容。

3.2　建筑制图标准的有关规定

在掌握了建筑形体投影图的绘制原理及绘制方法后，绘制工程图样，即依据国家制图标准的基本规定按照合适的比例将建筑形体投影图绘制在适当的图纸幅面上，并对图样进行必要的文字标注、尺寸标注及符号标注。

为了使工程图样统一规范，图面整洁、清晰，符合施工的要求，并便于进行技术交流，国家针对建筑工程图样的内容、格式、画法、尺寸标注、图例和符号等制定了统一的制图标准。建筑施工图中常用的制图标准有：《房屋建筑制图统一标准》GB/T 50001—2017、《总图制图标准》GB/T 50103—2010、《建筑制图标准》GB/T 50104—2010。

3.2.1　图纸幅面、图框、标题栏

图纸的幅面是指纸张的大小，图框线是指图纸上绘图区域的边界线，如图 3.2.1 所示，图纸的格式有横式和立式两种。

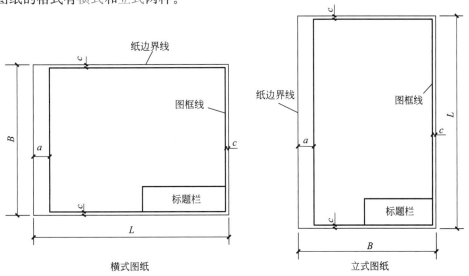

图 3.2.1　图纸幅面及格式

绘制建筑图样时，图纸应符合表 3.2.1 中规定的幅面尺寸。

幅面及图框尺寸（mm） 表 3.2.1

尺寸代号	幅面代号				
	A0	A1	A2	A3	A4
$B \times L$	841×1189	594×841	420×594	297×420	210×297
c	10			5	
a	25				

各种大小图纸的幅面尺寸关系如图 3.2.2 所示，每种大小的图纸沿长边对裁都可以裁成两张小一号的图纸。

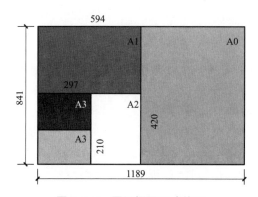

图 3.2.2 图纸幅面尺寸关系

图纸中的标题栏用来表达设计单位、工程名称、专业类别、相关设计人员会签、注册师签章、图名、图号等内容，如图 3.2.3 所示。各设计院的标题栏样式各不相同，但表达的基本信息一致。

<table>
<tr><td></td><td></td><td></td><td colspan="5">××××设计研究有限责任公司</td></tr>
<tr><td></td><td></td><td></td><td>核定</td><td></td><td></td><td>专业</td><td>建筑</td></tr>
<tr><td></td><td></td><td></td><td>审查</td><td></td><td></td><td>项目</td><td>××××小学</td></tr>
<tr><td>会签专业</td><td>会签者</td><td>日期</td><td>校核</td><td></td><td></td><td rowspan="2">图名</td><td rowspan="2">建筑设计说明</td></tr>
<tr><td>结构</td><td></td><td></td><td>设计</td><td></td><td></td></tr>
<tr><td>电气</td><td></td><td></td><td>绘图</td><td></td><td></td><td>图幅</td><td>A3</td></tr>
<tr><td>给水排水</td><td></td><td></td><td colspan="3">设计证号 ××××××</td><td>图号</td><td>01</td></tr>
</table>

图 3.2.3 标题栏实例

3.2.2 比例

比例，是指图形与实物相对应的线性尺寸的比值。建筑物尺寸较大，需要按照一定的比例缩小后绘制在图纸上。将实物按 1∶2 的比例，即缩小一倍绘制在图纸上的效果如图 3.2.4 所示。

比例的大小是指比值的大小，比值为 1 的比例，即 1 : 1，为原值比例，用 1 : 1 绘制的物体与实物一样大；比值大于 1 的比例称为放大比例，例如 2 : 1；比值小于 1 的比例称为缩小比例，例如 1 : 5。标注对象尺寸时，无论选用放大或缩小比例，都必须标注对象的实际长度，如图 3.2.4 所示。

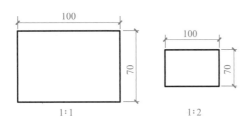

图 3.2.4　用不同比例绘制的同一物体

建筑专业制图选用的比例，应符合现行《房屋建筑制图统一标准》GB/T 50001—2017 中的有关规定，见表 3.2.2。

建筑制图比例　　　　　　　　　　　　　　　　　　表 3. 2. 2

图名	比例
建筑物或构筑物的平面图、立面图、剖面图	1 : 50、1 : 100、1 : 200
建筑物或构筑物的局部放大图	1 : 10、1 : 20、1 : 50
配件及构造详图	1 : 1、1 : 2、1 : 5、1 : 20、1 : 50

比例宜注写在图名的右侧，比例的字高比图名的字高小一号或者二号，字的基准线底部平齐，如图 3.2.5 所示。

图 3.2.5　图名、比例的注写

3.2.3　图线

建筑图样中的线统称为图线。绘制工程图样时，为了突出重点，分清层次，区别不同内容，需要采用不同的线型和线宽。《房屋建筑制图统一标准》GB/T 50001—2017 规定了建设制图中采用的各种图线及其作用，见表 3.2.3。

图线　　　　　　　　　　　　　　　　　　表 3. 2. 3

名称		线型	线宽	一般用途
实线	粗	———————	b	主要可见轮廓线
	中粗	———————	$0.7b$	可见轮廓线
	中	———————	$0.5b$	可见轮廓线、尺寸线、变更云线
	细	———————	$0.25b$	图例填充线、家具线

名称		线型	线宽	一般用途
虚线	粗	- - - - - - - - -	b	见各有关专业制图标准
	中粗	- - - - - - - -	$0.7b$	不可见轮廓线
	中	- - - - - - - -	$0.5b$	不可见轮廓线、图例线
	细	- - - - - - - - -	$0.25b$	图例填充线、家具线
单点长画线	粗	—— · —— · ——	b	见各有关专业制图标准
	中	—— · —— · ——	$0.5b$	见各有关专业制图标准
	细	—— · —— · ——	$0.25b$	中心线、对称线、轴线等
双点长画线	粗	—— ·· —— ·· ——	b	见各有关专业制图标准
	中	—— ·· —— ·· ——	$0.5b$	见各有关专业制图标准
	细	—— ·· —— ·· ——	$0.25b$	假想轮廓线、成型前原始轮廓线
折断线	细	———〜———	$0.25b$	断开界线
波浪线	细	〜〜〜	$0.25b$	断开界线

每个建筑图样的图线宽度应根据复杂程度及比例大小合理选择，首先选定基本线宽 b，再选用表 3.2.4 中相应的线宽组。

线宽组（mm）　　　　　　　　　表 3.2.4

线宽比	线宽组			
b	1.4	1.0	0.7	0.5
$0.7b$	1.0	0.7	0.5	0.35
$0.5b$	0.7	0.5	0.35	0.25
$0.25b$	0.35	0.25	0.18	0.13

图纸的图框线和标题栏的图线可选用表 3.2.5 所示的线宽。

图框线和标题栏的线宽　　　　　　　表 3.2.5

幅面代号	图框线	标题栏外框线	标题栏分格线
A0、A1	b	$0.5b$	$0.25b$
A2、A3、A4	b	$0.7b$	$0.35b$

3.2.4 字体

工程图纸中常用的文字有汉字、阿拉伯数字和拉丁字母。图纸上需要书写的文字、数字或符号等，均应笔画清晰、字体端正、排列整齐、标点符号清楚正确。图样及说明中的汉字宜优先选用宋体字型，采用矢量字体时应为长仿宋体字型，见图 3.2.6。图样及说明中的字母、数字，宜优先采用 True type 字体中的 Roman 字型。同一图纸字体种类不应超过两种。

长　仿　宋　体　长　仿　宋　体　长　仿　宋　体

图 3.2.6　长仿宋体示意

字体的大小为字号，字号就是字的高度，比如 5 号字的字高为 5mm。长仿宋体的宽高比为 $1/\sqrt{2}$（约为 0.7），其字高和字宽对照见表 3.2.6。字号不是任意的，上一字号的宽度为下一字号的高度。

长仿宋体字宽高关系（mm）　　　　　　　　表 3.2.6

字高	20	14	10	7	5	3.5
字宽	14	10	7	5	3.5	2.5

3.2.5　尺寸标注

图样除了要画出建筑物及其各部分的形状外，还必须准确、详尽和清晰地标注尺寸，以确定其大小，作为施工时的依据。

1. 尺寸标注四要素

图样上的尺寸由尺寸界线、尺寸线、尺寸起止符号和尺寸数字四个要素组成，见图 3.2.7。

（1）尺寸界线

尺寸界线应用细实线绘制，应与被标注长度垂直，且对准被标注长度的起始位置。尺寸界限一端应离开图样轮廓线不小于 2mm，另一端宜超出尺寸线 2～3mm，见图 3.2.8。

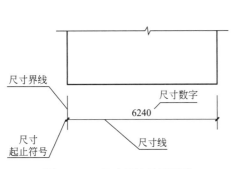

图 3.2.7　尺寸标注的四要素

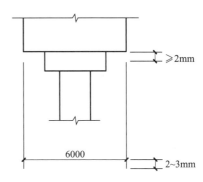

图 3.2.8　尺寸界线

（2）尺寸线

尺寸线应用细实线绘制，并与被标注长度平行，且垂直于尺寸界线。互相平行的尺寸线应从被注写的图样由近及远整齐排列，较小尺寸离轮廓线近，较大尺寸离轮廓线远。平行排列的尺寸线间距宜为 7～10mm，需排列均匀。尺寸线与图样轮廓线之间的距离不宜小于 10mm，如图 3.2.9 所示。

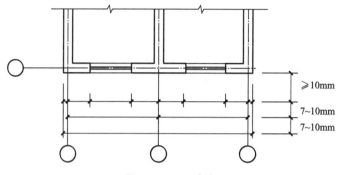

图 3.2.9　尺寸线

（3）尺寸起止符号

尺寸起止符号用中粗斜短线绘制，倾斜方向应与尺寸界线成 45°，长度宜为 2~3mm。

（4）尺寸数字

图样上的尺寸数字表示对象的实际长度，对象的实际长度应以尺寸数字为准，不得从图上直接量取。尺寸数字一般应注写在尺寸线上方中部，斜向尺寸按照逆时针方向进行旋转。尺寸宜标注在图样轮廓线以外，不宜与图线、文字及符号等相交或重叠。

尺寸除总平面图以米（m）为单位外，其余尺寸均以毫米（mm）为单位，图中尺寸无需注写单位。

2. 半径、直径的尺寸标注

圆弧和圆的半径和直径标注分别如图 3.2.10 和图 3.2.11 所示，半径标注前加注半径符号 R，直径标注前加注直径符号 ϕ。

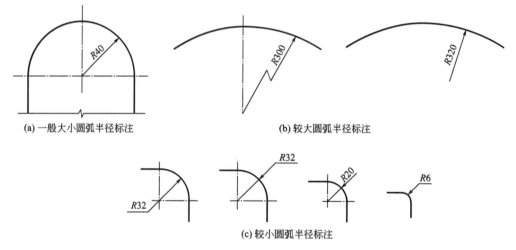

图 3.2.10　半径的标注方式

3. 角度的尺寸标注

角度的尺寸线为圆弧，该圆弧的圆心应是该角的顶点，角的两条边为尺寸界线。起止符号用箭头表示，如果没有足够位置画箭头，可用圆点代替，角度数字应沿尺寸线方向注写，如图 3.2.12 所示。

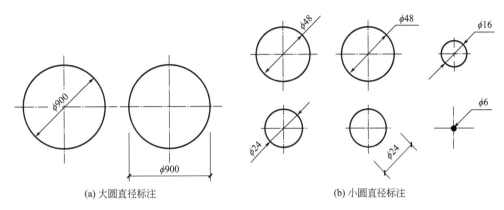

(a) 大圆直径标注　　　　　　　　　　　(b) 小圆直径标注

图 3.2.11　直径的标注方式

4. 相似构件表格标注

多个构配件，如果形状相同，仅仅部分尺寸不同时，这些有变化的尺寸数字可用拉丁字母注写在同一图样中，另单列表格注明具体尺寸，如图 3.2.13。

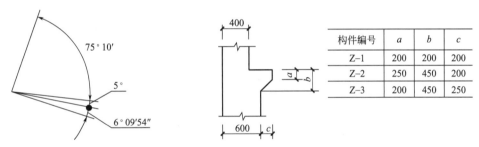

构件编号	a	b	c
Z-1	200	200	200
Z-2	250	450	200
Z-3	200	450	250

图 3.2.12　角度的标注方式　　　　　**图 3.2.13　相似构件表格标注方式**

3.3　建筑设计总说明识读

建筑设计总说明是建筑施工图的纲领性文件，反映工程的总体施工要求，用文字的形式集中表达图样中无法表达清楚且带有全局性的内容，主要包含设计依据、工程概况、建筑构造做法等。通常把图纸目录、建筑设计总说明、工程做法表及门窗表、节能构造措施等图纸称之为首页图。识读一套建筑施工图，应首先查看图纸目录，了解图纸构成，然后从建筑设计总说明开始逐一阅读。

3.3.1　建筑设计总说明的图示内容

建筑设计总说明中表达的主要内容，按照内容主次、识读顺序详见表 3.3.1。

建筑设计总说明图示内容 表 3.3.1

序号	类别	主要内容
1	设计依据	(1)项目立项与规划许可证等政府批文； (2)建筑设计依据的主要规范、标准、法规和图集； (3)地质勘测、水文气象等资料
2	工程概况	(1)工程名称、建设地点、建设单位； (2)建筑功能、建筑占地面积、建筑面积、建筑层数及建筑高度； (3)设计标准：设计使用年限、抗震设防烈度、建筑防火分类及耐火等级、屋面防水等级、地下室防水等级、人防类别和防护等级等
3	标高与尺寸标注	(1)相对标高与绝对标高的关系； (2)标高单位、尺寸单位
4	墙体工程	(1)外墙、内墙构造； (2)墙体细部构造要求
5	屋面工程	(1)屋面防水等级、防水层使用年限、构造做法等； (2)屋面保温层构造； (3)屋面排水构造及其他细部构造
6	门窗	(1)门窗材料； (2)外门窗抗风压性能、气密性能、保温性能、隔声性能、强度等； (3)门窗细部构造要求
7	防火设计	(1)耐火等级、防火分区； (2)建筑消防车道及安全疏散； (3)防火构造措施； (4)建筑构件燃烧性能及耐火极限
8	无障碍设计	(1)入口无障碍坡道构造； (2)无障碍卫生间设置； (3)无障碍电梯设置
9	节能设计	(1)外墙节能构造； (2)屋面节能构造； (3)门窗节能构造； (4)局部冷桥及其他节能构造
10	其他要求	(1)散水构造要求； (2)预埋件构造要求； (3)楼板预留洞封堵要求； (4)墙体与柱或两种材料墙体交界处构造要求； (5)验收要求、施工技术及材料要求、采用新技术新材料或有特殊要求的做法说明，以及图纸中不详之处的补充说明

3.3.2 建筑设计总说明中相关概念

1. 建筑设计使用年限

设计使用年限是设计规定的一个时期，在这一时期内，只需正常维修（不需大修）就能完成预定功能，即房屋建筑在正常设计、正常施工、正常使用和维护下所应达到的使用年限。

《建筑结构可靠性设计统一标准》GB 50068—2018 规定，建筑结构的设计使用年限应符合表 3.3.2 规定。

设计使用年限　　　　　　　　　　　　　　　　　　　　　　　表 3.3.2

类别	设计使用年限(年)	示例
1	5	临时性结构
2	25	易于替换的结构构件
3	50	普通房屋和构筑物
4	100	纪念性建筑和特别重要的建筑结构

2. 建筑高度

关于建筑高度，从规划和消防两个角度，可分为建筑规划高度及建筑消防高度两种。建筑设计总说明中给出的建筑高度一般为《建筑设计防火规范》GB 50016—2014（2018年版）规定的消防高度：

（1）建筑屋面为坡屋面时，应为建筑物室外设计地面至其檐口与屋脊的平均高度。

（2）建筑屋面为平屋面（包括有女儿墙的平屋面）时，应为建筑物室外设计地面至其屋面面层的高度。

（3）同一座建筑有多种屋面形式时，建筑高度应按上述方法分别计算后取其中最大值。

（4）对于台阶式地坪，当位于不同高程地坪上的同一建筑之间有防火墙分隔，各自有符合规范规定的安全出口，且可沿建筑的两个长边设贯通式或尽头式消防车道时，可分别计算各自的建筑高度。否则，应按其中建筑高度最大者确定该建筑的建筑高度。

（5）局部突出屋顶的瞭望塔、冷却塔、水箱间、微波天线间或设施、电梯机房、排风和排烟机房以及楼梯出口小间等辅助用房占房屋面积不大于 1/4 者，可不计入建筑高度。

（6）对于住宅建筑，设置在底部且室内高度不大于 2.2m 的自行车库、储藏室、敞开空间、室内外高差或建筑的地下室或半地下室的顶板面高出室外设计地面的高度不大于1.5m 的部分，可不计入建筑高度。

3. 建筑防火分类

《建筑设计防火规范》GB 50016—2014（2018 年版）规定，民用建筑根据其建筑高度和层数可分为单、多层民用建筑和高层民用建筑。高层民用建筑根据其建筑高度、使用功能和楼层的建筑面积可分为高层一类和高层二类。民用建筑的分类应符合表 3.3.3 的规定。

4. 建筑耐火等级

耐火等级是衡量建筑物耐火程度的标准，它是由组成建筑物的构件的燃烧性能和耐火极限的最低值决定的。建筑构件的耐火性能以楼板的耐火极限为基准，其他构件再根据其在建筑物中的重要性和耐火性能可能的目标值调整后确定。

民用建筑的分类 表3.3.3

名称	高层民用建筑		单、多层民用建筑
	一类	二类	
住宅建筑	建筑高度大于54m的住宅建筑（包括设置商业服务网点的住宅建筑）	建筑高度大于27m，但不大于54m的住宅建筑（包括设置商业服务网点的住宅建筑）	建筑高度不大于27m的住宅建筑（包括设置商业服务网点的住宅建筑）
公共建筑	1. 建筑高度大于50m的公共建筑； 2. 建筑高度24m以上部分任一楼层建筑面积大于1000m² 的商店、展览、电信、邮政、财贸金融和其他多种功能组合的建筑； 3. 医疗建筑、重要公共建筑、独立建造的老年人照料设施； 4. 省级以上的广播电视和防灾指挥调度建筑、网局级和省级电力调度建筑； 5. 藏书超过100万册的图书馆、书库	除一类高层公共建筑外的其他高层公共建筑	1. 建筑高度大于24m的单层公共建筑； 2. 建筑高度不大于24m的其他公共建筑

构件的燃烧性能等级划分为：不燃烧体 A、难燃烧体 B1、可燃烧体 B2 和易燃烧体 B3。不燃烧体是指用非燃烧材料做成的构件，如天然石材、人工石材、金属材料等。难燃烧体是指用不易燃烧的材料做成的构件，或者用燃烧材料做成，但用非燃烧材料作为保护层的构件，例如沥青混凝土构件、木板条抹灰的构件均属于难燃烧体。燃烧体是指用容易燃烧的材料做成的构件，如木材等。

耐火极限是指在标准耐火试验条件下，建筑构件、配件或结构从受到火的作用时起，至失去承载能力、完整性或隔热性时止所用时间，用小时表示（三个条件任何一个条件出现，即可确定是否达其耐火极限）。

《建筑设计防火规范》GB 50016—2014（2018 年版）将普通建筑的耐火等级划分为一、二、三、四级。民用建筑耐火等级应根据建筑高度、使用功能、重要性和火灾扑救难度等确定并符合下列规定：

（1）地下或半地下建筑（室）和一类高层建筑的耐火等级不应低于一级；

（2）单、多层重要公共建筑和二类高层建筑的耐火等级不应低于二级。

根据规范中规定的各级耐火等级建筑中构件的燃烧性能和耐火极限应达到的要求，可大致判定不同结构类型建筑物的耐火等级。一般来说：钢筋混凝土结构、钢筋混凝土砖石结构建筑可基本定为一、二级耐火等级；砖木结构建筑可基本定为三级耐火等级；以木柱、木屋架承重及以砖石等不燃烧或难燃烧材料为墙的建筑可定为四级耐火等级。

5. 屋面防水等级

设计人员在进行防水设计时，根据建筑物的性质、重要程度、使用功能等来确定建筑物屋面的防水等级，然后根据等级制定相应的合理使用年限，再根据耐用年限和设防要求选用适用的材料并进行构造设计。现行《屋面工程技术规范》GB 50345—2012 将屋面防水等级分为Ⅰ级和Ⅱ级，防水等级分类应符合表3.3.4 的要求。

屋面防水等级和设防要求　　　　　　　　　　　　　　表 3.3.4

防水等级	建筑类别	设防要求
Ⅰ级	重要建筑和高层建筑	两道防水设防
Ⅱ级	一般建筑	一道防水设防

3.3.3　建筑设计总说明的读图方法

建筑设计总说明是对建筑施工图纸的补充，说明中很多文字都是施工图中的图样无法表达的内容，需逐条认真阅读，并结合其他施工图纸加以全面理解。识读步骤如下：

（1）查看设计依据，了解设计依据性文件、批文及相关规范。

（2）查看工程概况，明确工程名称、建设地点、建设单位、建筑面积、建筑层数等。

（3）查看设计标准，明确本工程设计使用年限、耐火等级、屋面防水等级、抗震设防烈度等。

（4）看标高，明确本工程相对标高与绝对标高的关系。

（5）查看建筑构造做法，图纸中通常用工程做法表来表示，应逐条阅读，明确墙体、楼地面、屋面、门窗等构造做法的具体要求。

（6）查看消防设计及其他专项设计。

（7）查看其他要求及补充说明。

识 图 技 能 训 练

识读案例工程——某小学 1 号宿舍楼的建筑设计总说明，完成以下试题。

1. 本工程的结构类型为（　　　）。

A. 框架结构　　　B. 框架剪力墙结构　C. 砌体结构　　　　D. 钢筋混凝土结构

2. 本工程的设计使用年限为（　　　）年。

A. 15　　　　　　B. 25　　　　　　　C. 50　　　　　　　D. 70

3. 本工程的耐火等级为（　　　）。

A. 一级　　　　　B. 二级　　　　　　C. 三级　　　　　　D. 四级

4. 屋面的防水等级分为（　　　）个等级，本工程屋面的防水等级为（　　　）。

A. 两，Ⅰ级　　　B. 两，Ⅱ级　　　　C. 四，Ⅰ级　　　　D. 四，Ⅱ级

5. 除特别注明外，门垛距离墙边缘的长度均为（　　　）mm。

A. 100　　　　　　B. 120　　　　　　　C. 150　　　　　　　D. 180

6. 墙身防潮层一般设置在（　　　）60mm。

A. 室外地坪下　　B. 室内地坪下　　　C. 室外地坪上　　　D. 室内地坪上

7. 本工程屋面为（　　　），排水方式为（　　　）。

A. 上人屋面，有组织排水　　　　　　B. 上人屋面，无组织排水

C. 不上人屋面，有组织排水　　　　　D. 不上人屋面，无组织排水

8. 厨房、卫生间及阳台的楼地面比同层室内楼地面标高低（　　　）mm。

A. 20　　　　　　B. 30　　　　　　C. 40　　　　　　D. 50

9. 卫生间结构降板（　　）mm。

A. 20　　　　　　B. 50　　　　　　C. 100　　　　　　D. 500

10. 厨房、阳台结构降板（　　）mm。

A. 20　　　　　　B. 50　　　　　　C. 100　　　　　　D. 500

11. 本工程所有栏杆完成高度不得低于（　　　）mm。

A. 900　　　　　　B. 1100　　　　　　C. 1050　　　　　　D. 1200

12. 本工程共有（　　）种地面，（　　）种楼面。

A. 2，2　　　　　　B. 2，3　　　　　　C. 3，2　　　　　　D. 3，3

13. 关于厨房、卫生间楼、地面的防水做法正确的为（　　　）。

A. 底层厨房、卫生间地面防水做法为 C20 细石混凝土掺水泥用量 3% 防水剂

B. 二层厨房、卫生间楼面防水做法为 C20 细石混凝土掺水泥用量 3% 防水剂

C. 底层厨房、卫生间地面防水做法为 1∶2 水泥砂浆掺 3% 防水粉找 1% 坡，最薄处 30 厚

D. 二层厨房、卫生间楼面防水做法为 20 厚 1∶2 水泥砂浆分层压实抹光

14. 本工程瓦屋面使用的防水材料包括（　　　）。

A. 毛毡　　　　　　　　　　　　B. SBS 改性沥青卷材

C. 聚氨酯防水涂料　　　　　　　　D. 聚合物水泥

15. 本工程外墙使用的保温材料为（　　　）。

A. 模塑聚苯板　　　B. 挤塑聚苯板　　　C. 玻化保温浆料　　　D. 保温岩棉

16. 本工程 M3 类型为（　　　）。

A. 钢质防盗门　　　B. 木门　　　　　C. 铝合金门　　　　D. 塑钢门

3.4　建筑总平面图识读

　　建筑总平面图，是在新建房屋所在的建筑场地上空俯视，将场地周边及场地内的地貌和地物向水平投影面进行正投影得到的图样。

　　总平面图主要表达新建房屋所在的建筑场地的总体布局，包括新建建筑物的位置、朝向，新建建筑物与原有建筑物之间的位置关系，新建区域地形、地貌、高程、道路、绿化等方面的内容。建筑总平面图是新建房屋施工定位、土方施工以及其他专业（如水、暖、电、煤气等）管线总平面图设计的重要依据。

3.4.1　建筑总平面图的坐标网

1. 测量坐标网

总平面图一般画在有等高线和坐标网格的地形图上。地形图上的坐标称为测量坐标，

是用与总平面图相同比例画出的 50m×50m 或 100m×100m 的方格网，X 为南北方向轴线，Y 为东西方向轴线，测量坐标网用十字线（细线）绘制，见图 3.4.1，图中房屋采用三个角点的测量坐标值进行定位。

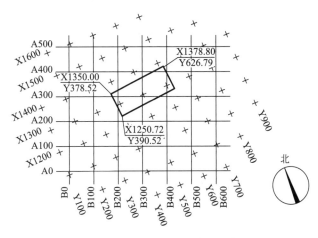

图 3.4.1　测量坐标网和施工坐标网

2. 建筑施工坐标网

测量坐标网的范围较大，且一般与规划的场地不平行。为了施工方便，可以根据场地形状或布局，制定场地范围内的施工坐标网。施工坐标网的 A 轴对应测量坐标中的 X 轴，B 轴对应测量坐标中的 Y 轴，选适当位置作为坐标原点。施工坐标网用细线画成网格通线，见图 3.4.1。

3.4.2　建筑总平面图的图示内容

建筑总平面图一般包括下列内容：

（1）图名、比例、指北针、风玫瑰图

由于建筑总平面图包括的区域较大，《总图制图标准》GB/T 50103—2010 规定，建筑总平面图一般采用 1：500、1：1000、1：2000 的比例。

（2）建筑红线、用地红线、地形地貌等

建设场地的地形地貌一般用等高线来表达。

《民用建筑设计统一标准》GB 50352—2019 规定：

道路红线：城市道路（含居住区级道路）用地的边界线。

用地红线：各类建筑工程项目用地使用权属范围的边界线。

建筑控制线（建筑红线）：规划行政主管部门在道路红线、建设用地边界内，另行划定的地面以上建（构）筑物主体不得超出的界线。

除地下室、窗井、建筑入口的台阶、坡道、雨篷等以外，建（构）筑物的主体不得突出建筑控制线建造。

（3）新建建筑物、原有建筑物、道路交通、绿化系统及管网的平面布局

新建房屋用粗实线框表示，并在线框内用数字或圆点表示建筑层数；原有建筑用细实

线框表示，并在线框内用数字表示建筑层数；拟建建筑用虚线框表示，拆除建筑物用细实线框表示，并在其细实线上打叉。各种建筑物以及其他道路、管网、地物等的图例见表 3.4.1。

总平面图常用图例   表 3.4.1

名称	图例	备注
新建建筑物		1. 新建建筑物用粗实线表示 ±0.000 处外墙外轮廓线； 2. 右上角用点数或数字表示层数，出入口有两种表示方法； 3. 新建地下建筑用粗虚线表示其外轮廓； 4. 地上外挑部分用细实线表示
原有建筑物		用细实线表示
拆除的建筑物		用细实线表示
新建道路		用细实线表示
原有道路		用细实线表示
填挖边坡		用细实线表示
围墙及大门		用细实线表示
室内地坪标高	±0.000=15.00	
室外地坪标高	15.00	
坐标	1. X=150.00 Y=165.65	测量坐标网
	2. A=150.00 B=165.65	施工坐标网

（4）新建建筑物定位

总平面图的主要任务是确定新建建筑物的位置，新建建筑物一般采用±0.000 高度处三个外墙墙角定位轴线的交点坐标来定位。如果建筑物、构筑物的外墙与坐标轴线平行，可用两个对角坐标来定位；如果建筑物的方位正南北向，则可用一个墙角坐标来定位。例如，图 3.4.1 中粗实线框示意的新建房屋采用三个角点的测量坐标定位。

新建建筑物还可以根据原有建筑物或道路中心线用尺寸来定位，建筑总平面图中除标注定位尺寸外，一般还需标注新建房屋的总长、总宽尺寸，如图 3.4.2 所示。

（5）新建建筑物首层地面的绝对标高、室外地坪绝对标高、道路绝对标高

我国把青岛附近黄海的平均海平面定为绝对标高的零点，其他各地的绝对标高都以此为基准。建筑物首层地面的相对标高为±0.000，总平面图中会表达建筑物首层地面的绝对标高。例如，图 3.4.2 中新建建筑物首层地面的绝对标高为 46.60m。总平面图中的尺寸和标高都以米（m）为单位，精确到小数点后 2 位。

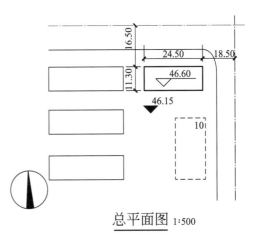

总平面图 1:500

图 3.4.2　总平面图示例

（6）主要技术经济指标

主要包括总用地面积、占地面积、建筑面积、建筑密度、容积率、绿化总面积、绿地率、停车位等。

占地面积：是指建筑物所占有或使用的土地水平投影面积，计算一般按底层建筑面积。

建筑面积：是指建筑物各层水平面积的总和，包括使用面积、辅助面积和结构面积。

使用面积：是指建筑物各层平面中直接为生产和生活使用的净面积。

辅助面积：是指建筑物各层平面中为辅助生产或生活所占的净面积，例如居住建筑物中的楼梯、走道、厕所、厨房的面积。

结构面积：是指建筑物各层平面中墙、柱等结构所占的面积。

建筑密度：是指在一定范围内，建筑物基底面积总和与总用地面积的比率（％）。

容积率：是指在一定范围内，建筑面积总和与用地面积的比值。

绿地率：是指一定范围内，各类绿地总面积占该用地总面积的比率（％）。

3.4.3　建筑总平面图的读图方法

识读建筑总平面图的步骤如下：

（1）看图名、比例、指北针、风玫瑰图。

（2）看主要技术经济指标，了解用地规模、建筑面积、容积率、建筑密度、绿化率等指标。

（3）看总体布局，明确用地范围内建筑、道路广场、绿化的布置情况。

（4）看新建工程，明确工程名称、平面规模、层数等。

（5）看周边环境，明确新建建筑与周边建筑的定位尺寸。

（6）看标高，明确场地四周道路的标高、地块内道路标高、建筑室内外标高、室内外高差等。

识图技能训练

识读案例工程——某小学 1 号宿舍楼的建筑总平面图，完成以下试题。

1. 主要用来确定新建房屋的位置、朝向以及与周边环境关系的图纸是_____。

2. 建筑总平面图中标注的尺寸是以_____为单位，一般保留小数点后_____位；标高以_____为单位，一般保留小数点后_____位。

3. 本建设项目场地采用的坐标网为_____。

4. 本建设项目场地内有_____栋新建建筑，分别为_____。

5. 本建设项目有_____个出入口。

6. 1 号宿舍楼的层数为_____层，门房的层数为_____层。

7. 建设场地的用地红线是指_____。

8. 本建设项目的用地面积为_____ m^2。

9. 场区南侧的道路名称为_____。

10. 1 号宿舍楼底层室内地坪的绝对标高为_____ m。

3.5 建筑平面图识读与绘制

3.5.1 建筑平面图的形成与作用

建筑平面图，是假想用一个水平剖切平面将房屋沿窗台以上、窗洞高度范围内剖开，移走剖切平面以上部分后向下投影得到的水平投影图，如图 3.5.1 所示。因此，各楼层的建筑平面图实质上是房屋各楼层的水平剖面图。

建筑平面图一般由底层平面图、各楼层平面图、屋顶平面图组成，主要反映房屋的平面形状、大小和房间布置，墙或柱的位置、尺寸，门窗的位置、开启方向等。建筑平面图可作为施工放线，砌筑墙、柱，门窗安装和室内装修及编制预算的重要依据。

3.5.2 建筑平面图的图示内容

从表达对象的角度来讲，房屋有几个楼层就有几个平面图。一般情况下，房屋建筑的中部通常有平面布置完全相同的楼层，这些相同的楼层可以用一个标准层平面图来表达。

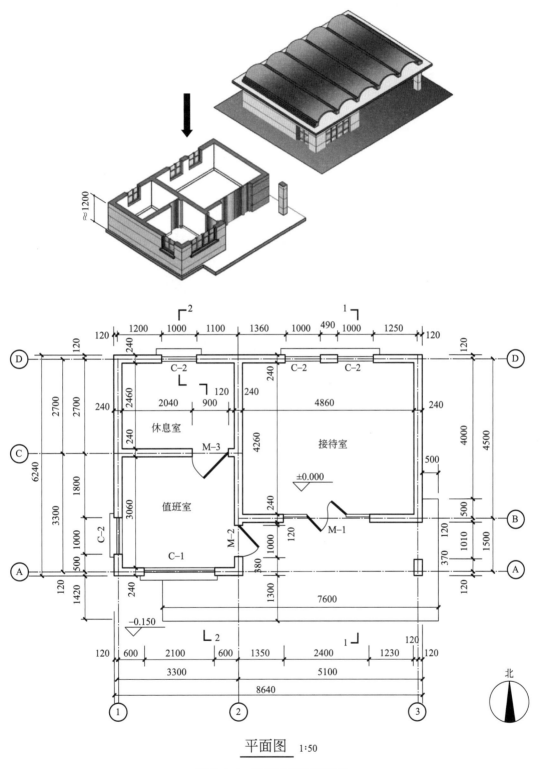

平面图　1:50

图 3.5.1　建筑平面图的形成

因此，建筑施工图中的平面图一般包括：底层平面图（或一层平面图）、二层平面图、标准层平面图、屋顶平面图。当房屋建筑带地下室时，建筑平面图还包括地下室平面图。

1. 图名、比例

图名和比例位于图形下方，建筑平面图一般采用 1：100 的比例进行绘制。绘制时，根据按 1：100 比例绘制的图形大小选择合适大小的图幅。

2. 定位轴线及其编号

定位轴线是建筑物中主要墙体、柱的定位线，凡是承重的墙、柱，都必须布定位轴线，方便施工时定位，如图 3.5.2 所示。

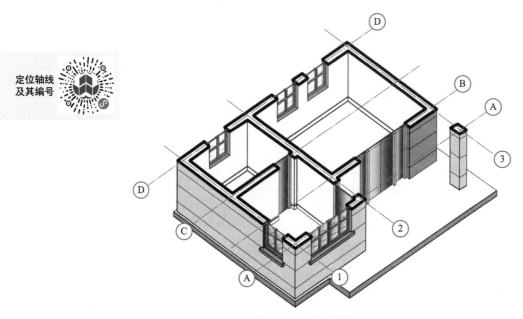

图 3.5.2 定位轴线的作用

定位轴线用细点画线绘制，并按顺序予以编号，编号注写在直径为 8～10mm 的圆内。横向编号采用数字按从左到右的顺序注写，纵向编号采用大写拉丁字母按从下至上的顺序注写。其中字母 I、O、Z 不得用作轴线编号，以免与阿拉伯数字 1、0、2 相混淆。

在标注次要隔墙时，可在两根主轴线之间附加轴线，附加轴线的编号用分数形式表示，分子为附加轴线的编号，分母为前一轴线编号。但当在第一根主轴线 1 轴或 A 轴前面附加轴线时，附加轴线前面没有主轴号，将附加轴线的分母注写为 01 或 0A，如图 3.5.3 所示。

通用详图中的定位轴线，应画圆，不注写轴线编号（见 3.8 节详图示例）。

3. 尺寸标注

建筑平面图中的尺寸包括内部细节尺寸和外部尺寸两种。其中，内部细节尺寸是房屋局部的定位尺寸。外部尺寸一般标注三道：最外一道，为房屋的总长度和总宽度尺寸；中间一道，为定位轴线尺寸，也称为房屋的"开间"和"进深"尺寸；最里面一道，为门窗洞口、墙厚、窗间墙的定位尺寸。

开间是指自然间宽度方向两面墙体定位轴线间的距离，进深是指自然间深度方向两面

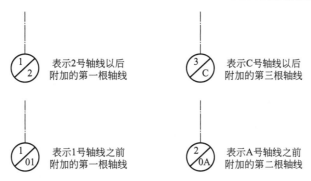

图 3.5.3　定位轴线的标注

墙体定位轴线间的距离。房间的开间和进深示意如图 3.5.4 所示。

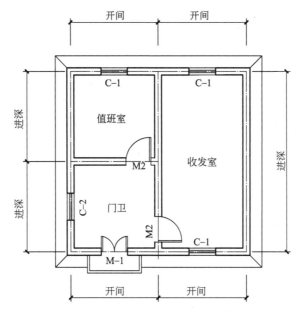

图 3.5.4　房间的开间和进深示意图

4. 朝向和平面布置

朝向是指建筑物主要入口所在方向，建筑施工图一般在底层平面图中用符号指北针来表明房屋的朝向。指北针用细实线绘制，圆的直径为 24mm，指北针尾部宽为 3mm，指针尖端指向北。

平面布置是指墙、柱定位，各种用途房间的布局，比如房间、走道、楼梯、卫生间等的大小和位置。

— 重要提示 —

建筑各层平面图的典型特征

底层平面图区别于其他楼层平面图，特有的对象有：指北针、入口台阶、坡道、散水、剖切符号等；二层平面图特有的对象为建筑入口处雨篷；屋顶平面图用来表达屋顶的形状、屋面排水方向、坡度、雨水管的位置及屋顶构造等。

5. 门窗的位置和编号

建筑施工图中，门的代号为 M，窗的代号为 C，代号后面的数字为门窗编号，编号相同的门窗表示构造和尺寸完全一样。施工图中的门窗均用相应的图例来表达，见表 3.5.1。建筑平面图中，窗户的图例为 4 条线，门的图例为门扇样式，表达了门扇数量及开启方向。

建筑平面图中门窗、楼梯的图例   表 3.5.1

名称	图例	说明	名称	图例	说明
楼梯	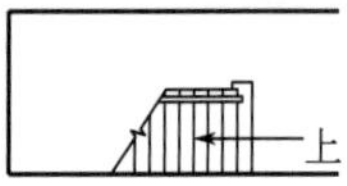 底层 中间层 顶层	1. 平面图； 2. 楼梯的形式和步数应按实际情况绘制	单扇门（包括平开式单面弹簧）	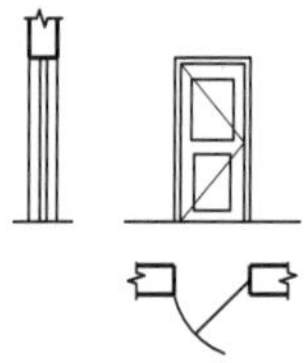	1. 门的名称代号用 M 表示； 2. 图例中剖面图左为外，右为内，平面图下为外，上为内； 3. 立面图上开启方向线交角的一侧安装合页，实线为外开，虚线为内开； 4. 平面图上门线 45°或 90°开启弧线宜绘出； 5. 立面图上的开启线在一般设计图中可不表示，在详图及室内设计图上应表示
单层固定窗		1. 窗的名称代号用 C 表示； 2. 立面图中的斜线表示窗的开启方向，实线为外开，虚线为内开；开启方向线交角的一侧安装合页； 3. 图例中，剖面图所示左为外、右为内，平面图所示下为外、上为内； 4. 平、剖面图上的虚线，仅说明开关方式，在设计图中不需要表示	双扇门		
单层外开上悬窗			单扇双面弹簧门		
单层外开平开窗	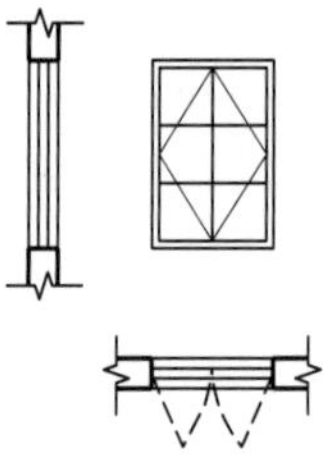		墙中单扇推拉门		
			双扇双面弹簧门		

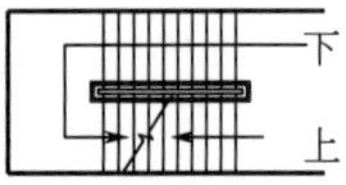

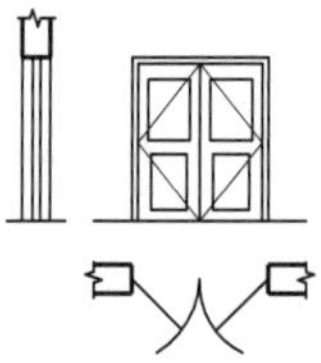

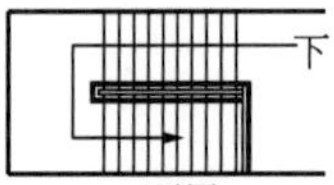

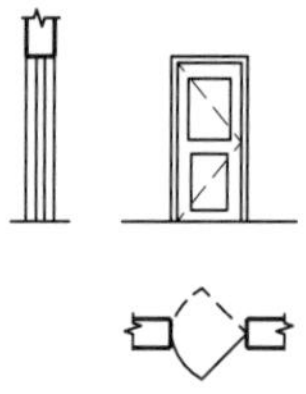

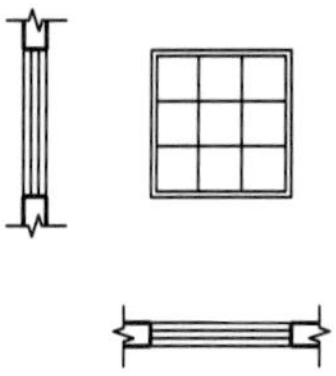

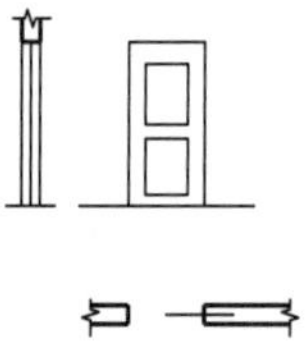

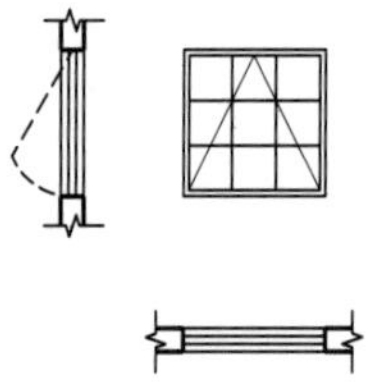

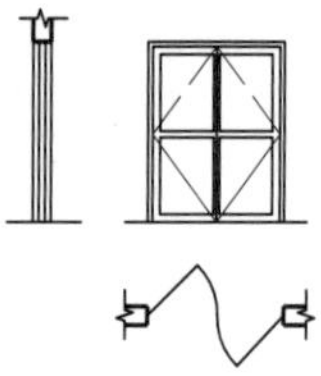

6. 其他构配件

其他构配件包括阳台、楼梯、台阶、坡道、散水、花池、雨篷、卫生器具、家具、预留孔洞等。

7. 索引符号和剖切符号

建筑剖面图的剖切符号一般都绘制在底层平面图中，如案例工程（1 号宿舍楼）一层平面图中 1-1 剖切符号，用来表达 1-1 剖面图的剖切部位。

由于大图比例较小，当大图中局部构造或构件尺寸表达不清楚时，需另外绘制放大比例的局部构造详图，并在大图中相应部位绘索引符号索引局部构造详图；而被索引的详图应标记与索引符号相对应的详图编号，即为详图符号（也是详图的图名）。索引符号中的详图编号与详图符号中的详图编号一致，二者相互对应，缺一不可。

索引符号以细实线绘制，圆的直径为 8～10mm，引出线应指向要索引的位置。当索引剖面详图时，应在被剖切位置用粗实线绘制剖切位置线，并用引出线引出索引符号，引出线所在的一侧应为剖视方向，圆内编号的含义见图 3.5.5。

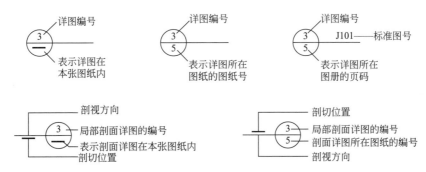

图 3.5.5　索引符号

详图符号应以粗实线绘制，直径为 14mm。当详图与被索引的图样在同一张图纸内时，详图符号见图 3.5.6（a）；当详图与被索引的图样不在同一张图纸内时，可用细实线在详图符号内画一水平直径，详图符号及圆内编号的含义见图 3.5.6（b）所示。

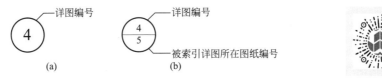

图 3.5.6　详图符号

8. 引出线

图样中某些部位由于图形较小，其具体内容或构造要求无法原位标注时，常用引出线引出来进行注写。引出线用细实线绘制，文字说明宜注写在水平线的上方或端部，见图 3.5.7（a）。索引详图的引出线应对准索引符号的圆心，见图 3.5.7（b）。同时引出几个相同部分的引出线，宜相互平行，见图 3.5.7（c）；也可画成集中于一点的放射线，见图 3.5.7（d）。

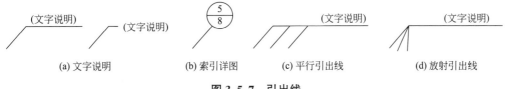

图 3.5.7　引出线

在房屋建筑中，有些部位是由多层材料或多层做法构成的，如屋面、地面、楼面以及墙体等，可以用多层构造引出线对多层构造部位加以说明。

引出线必须经过需引注的各层，其文字说明编排次序应与构造层次保持一致。当构造层次为横向排列时，从上往下注写的各层文字说明应与从左至右的构造层次对应，如图3.5.8所示。

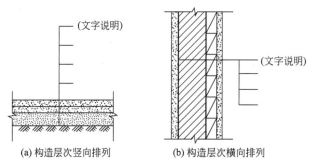

(a) 构造层次竖向排列　　　　(b) 构造层次横向排列

图 3.5.8　多层构造引出线

9. 标高

标高是标注建筑物各部位高度或地势高度的符号，分为绝对标高和相对标高两种。

绝对标高以我国青岛附近黄海的平均海平面为零点，总平面图中的标高为绝对标高。总平面图中的室外地坪标高符号宜用涂黑的等腰直角三角形表示，如图3.5.9所示。标高数字以 m 为单位，绝对标高精确到小数点后 2 位。

建筑施工图采用相对标高，所有房屋建筑的施工图都规定其底层室内地面为零点，零点的标高数字注写为±0.000，底层室内地面以下为负高程，以上为正高程。负高程数字前面注写"－"，正高程数字前不写"＋"号。标高数字以 m 为单位，相对标高精确到小数点后 3 位。

图 3.5.9　总平面图中的
标高符号

建筑施工图中的标高符号应按图3.5.10所示样式以细实线绘制，标高符号为等腰直角三角形，三角形的底边长为6mm、高度为3mm。

平面图上的标高主要用来表达楼、地面的高度位置，标高符号画在其所表达的楼、地面内任意位置；立面图和剖面图中标高符号的尖端必须落在所标注的高度位置上或落在所注部位的高度引出线上，标高数字可注写在标高符号的左侧或右侧，如图3.5.10所示。

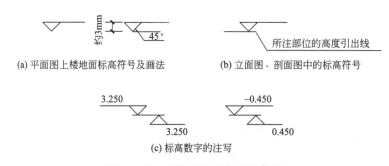

(a) 平面图上楼地面标高符号及画法　　(b) 立面图、剖面图中的标高符号

(c) 标高数字的注写

图 3.5.10　建筑施工图中的标高符号

　　房屋施工图中的相对标高又可以分为建筑标高和结构标高。建筑标高是指建筑地面或各层楼面装修完成后各部位表面的标高，结构标高是指建筑结构构件表面（基础、梁、板等）的标高，建筑标高与结构标高之间相差一个装修层厚度，如图 3.5.11 所示。

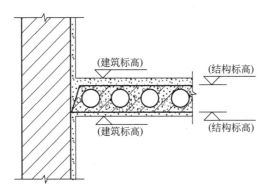

图 3.5.11　建筑标高与结构标高的区别

> 重要提示
>
> 　　通常情况下，在结构施工图中标注结构标高，在建筑施工图中标注建筑标高。但是建筑施工图中屋面的标高一般采用结构标高（未考虑屋面防水层、保温层等各种功能层及装修层的厚度）。

　　10. 坡度

　　在房屋施工图中，其倾斜部分通常加注坡度符号，一般用单面箭头或双面箭头表示。箭头应指向下坡方向，坡度的大小用数字注写在箭头上方，如图 3.5.12（a）、（b）所示。对于坡度较大的坡屋面、屋架等，可用直角三角形的形式标注坡度，如图 3.5.12（c）所示。

　　注：坡度＝高差/斜坡的水平投影长度

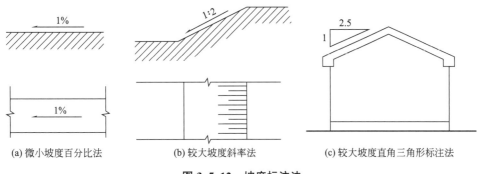

(a) 微小坡度百分比法　　　　　(b) 较大坡度斜率法　　　　　(c) 较大坡度直角三角形标注法

图 3.5.12　坡度标注法

3.5.3　建筑平面图的读图方法

　　建筑的楼层平面图反映楼层的平面布置情况，屋顶平面图主要反映屋顶的平面布置及屋面排水组织，识读步骤如下：

（1）查看图名、比例、指北针，明确建筑物朝向，并与建筑总平面图对照。

（2）查看定位轴线、编号、总尺寸、轴线间尺寸，了解建筑平面规模。

（3）查看墙、柱定位，走廊、楼梯位置，明确平面布局与交通疏散方向。

（4）查看房间名等文字标注，了解房间功能。

（5）结合外部第三道门窗定位尺寸，查看门窗位置及编号，明确门窗定位及门的开启疏散方向。

（6）查看台阶、散水，阳台、雨篷、预留孔洞等构配件及相应索引符号，了解建筑构配件位置、尺寸及索引的做法详图。例如：案例工程——某小学1号宿舍楼一层平面图中散水的索引符号表达的含义为：散水的做法详见图集98ZJ901第4页中4号详图；阳台栏杆的索引符号表达的含义为：阳台栏杆的做法详见本套建施第10号图纸中的1号详图。

（7）查看主要建筑设备和固定家具的位置及相关做法索引等。

（8）查看室外地面标高、室内地面标高、各层楼面标高等，特别注意有水的楼地面标高。

（9）查看底层平面图中的剖切符号，了解剖面图的剖切位置及投影方向。

（10）了解各层平面功能的变化及相互关系，例如一层平面图中有台阶、坡道、散水、指北针、剖切符号，二层平面图中有雨篷等。

（11）查看屋顶平面图，了解屋顶形式，屋顶标高、檐沟位置，屋顶排水方向及坡度，上人孔，女儿墙位置及屋顶的局部构造索引等，并结合建筑构造详图明确局部构造做法。

识图技能训练

识读案例工程——某小学1号宿舍楼的建筑平面图，完成以下识图试题。

1. 建筑平面图是用_____剖切面，将房屋沿_____位置切开，移走上面的部分，向下投影得到的_____投影图。

2. 建筑平面图主要表达_____。

3. 一栋多层房屋建筑至少需要_____个平面图，分别为_____。

4. 某房屋的总长度为50m，用1：100绘图时，图纸上绘制的长度为（　　）mm。

A. 5　　　　　　　　　B. 50　　　　　　　　　C. 500　　　　　　　　　D. 5000

5. 建筑施工图中，尺寸数字的单位为（　　）。

A. mm　　　　　　　　B. cm　　　　　　　　C. m　　　　　　　　D. km

6. 建筑施工图中标注的相对标高零点±0.000是指（　　）。

A. 黄海平均海平面高度　　　　　　　B. 室外地面标高

C. 室内首层地面标高　　　　　　　D. 室外平台标高

7. 关于标高，下列（　　）的说法是错误的。

A. 负标高应注"－"　　　　　　　B. 正标高应注"＋"

C. 正标高不注"＋"　　　　　　　D. 零标高应注"±"

8. 平面图中定位轴线的圆圈直径为（　　）mm。

A. 6～8　　　　　　　B. 8～10　　　　　　　C. 10～12　　　　　　　D. 12～14

9. 建筑施工图中索引符号的圆圈直径为（　　）mm。

A. 6~8　　　　　　　B. 8~10　　　　　　C. 10~12　　　　　　D. 12~14

10. 该建筑大门的朝向为（　　）。

A. 北　　　　　　　B. 南　　　　　　　C. 西北　　　　　　D. 东南

11. 读平面图的尺寸可知，该房屋总长为_____m，总宽为_____m；墙体厚度为_____mm；卧室的开间为_____mm，进深为_____mm；楼梯间的开间为_____mm，进深为_____mm。

12. 该房屋底层室外地面的标高为_____m，室内外高差为_____m。

13. 一层平面图中，有_____种门，_____种窗。其中，C2 的宽度为_____mm，M1 的宽度为_____mm。

14. 一层平面图中，1 轴上的阳台栏杆长度为_____mm，栏杆的具体做法详见__ _____号图纸中_____号详图。

15. 散水的宽度为_____mm。

16. 残疾人坡道的长度为_____mm，宽度为_____mm，坡度为_____。

17. 大门口台阶有_____级，台阶踏步宽度为_____mm，高度为__ _____mm。

18. M1 的开启方向为_____，M3 的开启方向为_____。

19. 该房屋有_____个烟道。

20. 1-1 剖面图剖切到的主要对象有_____。

21. 一层平面图中，$\dfrac{\text{阳台栏杆}\ \textcircled{1}}{10}$ 表达的含义为_____。

22. 一层平面图中，$\dfrac{\textcircled{4}\ \text{台阶踏步}}{10\ \ \ 98ZJ901}$ 表达的含义为_____。

23. 关于本房屋入口处雨篷，说法正确的是（　　）。

A. 雨篷的宽度为 500mm　　　　　　B. 雨篷的悬挑长度为 2800mm
C. 雨篷在二层和三层都有　　　　　　D. 雨篷仅在二层有

24. 该房屋坡屋面的坡度为_____，烟道出屋面的尺寸为_____。

25. 屋脊的中心线偏离 C 轴的距离为_____。

3.5.4　建筑平面图的绘制

下面以案例工程——某小学 1 号宿舍楼的一层平面图为例，演示绘制建筑平面图的方法和主要步骤：

（1）根据房屋的总长和总宽定图纸幅面为 A3，绘图框、标题栏，布图。

（2）根据开间和进深尺寸，用点画线绘制定位轴线（图 3.5.13）。

（3）根据墙厚尺寸画出内外墙身的基本轮廓线，绘构造柱（图 3.5.14）。

（4）绘制门窗图例及编号（图 3.5.15）。

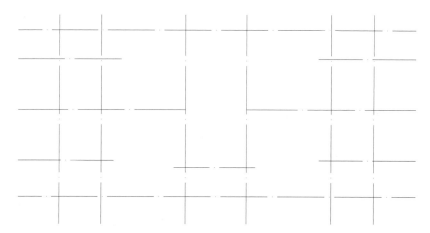

图 3.5.13　绘制定位轴线

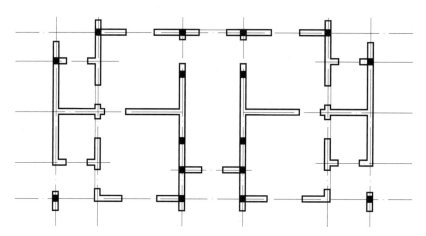

图 3.5.14　绘制墙、构造柱

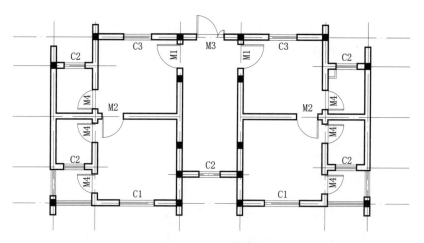

图 3.5.15　绘制门窗

（5）根据细节尺寸绘制散水、台阶、坡道、花池等；根据楼梯详图绘制楼梯梯段及梯段两端 4 个构造柱（图 3.5.16）。

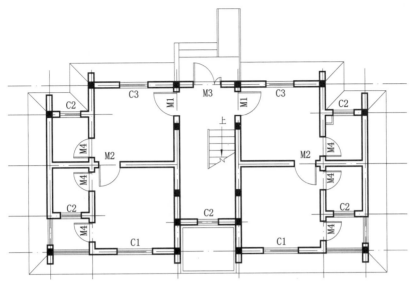

图 3.5.16　绘制楼梯、散水、台阶、坡道、花池等

（6）检查无误后，擦去多余的作图线，描深，标注尺寸、轴号，注写文字说明、索引符号、剖切符号、指北针、图名、比例等，完成图见附图中一层平面图，房间中的家具、设施等不需绘制。

绘图技能训练

抄绘案例工程——某小学 1 号宿舍楼的一层平面图，绘图比例 1∶100。

3.6　建筑立面图识读与绘制

3.6.1　建筑立面图的形成及作用

将房屋建筑的各个立面向与各立面平行的投影面上作正投影得到的投影图，称为建筑立面图，如图 3.6.1 所示。建筑立面图主要反映房屋的体型和外貌、建筑层数、层高、门窗样式和位置、墙面装修及构造做法、建筑构配件标高及必要尺寸等，是施工的重要依据。

房屋建筑有 4 个主要的立面，因此，建筑立面图一般有 4 个。建筑立面图可按房屋的主要入口来命名，如正立面、背立面、左侧立面、右侧立面；也可按房屋的朝向来命名，

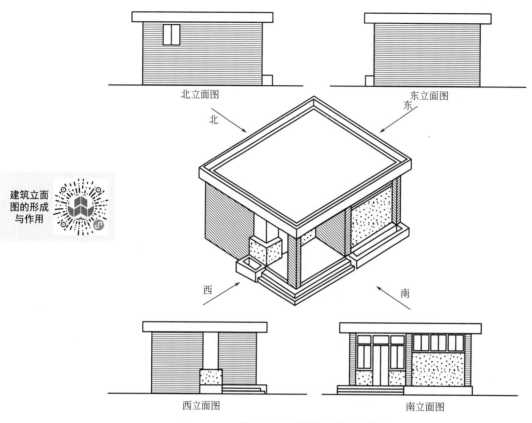

北立面图

北

东立面图

东

建筑立面
图的形成
与作用

西

南

西立面图

南立面图

图 3.6.1　建筑立面图的形成

如南立面图、北立面图、西立面图、东立面图；也可按立面起止轴线的轴号来命名，如
①～⑥立面图、⑥～①立面图、Ⓐ～Ⓔ立面图、Ⓔ～Ⓐ立面图。

3.6.2　建筑立面图的图示内容

建筑立面图用来表达房屋的外立面效果，主要内容详见表 3.6.1。

建筑立面图的图示内容　　　　　　　　　　　　　　　　表 3.6.1

序号	类别	主要内容
1	图名、比例	比例一般为 1∶100
2	两端起始轴线及轴号	用起止轴号对应房屋的其中一个立面
3	房屋室外地坪线以上全貌	(1)立面形状； (2)门窗、台阶、阳台、雨篷等主要建筑构配件的形状和位置。 需特别注意：门窗的开启方式由开启线决定，开启线有实线和虚线之分，实线表示外开，虚线表示内开，开启线相交的一侧表示安装铰链处，见表 3.5.1
4	尺寸标注	(1)左右两侧三道外部尺寸：由内到外，第一道尺寸定位施工时预留的洞口尺寸，第二道尺寸标注室内外高差、建筑层高，第三道尺寸标注建筑的总高度；

续表

序号	类别	主要内容
4	尺寸标注	(2)细部尺寸。 **特别注意**:立面图一般不需标注水平方向的尺寸,立面图上所有对象的水平位置按平面图上的尺寸定位
5	标高标注	室内外地坪标高、楼面标高、屋顶或檐口标高、女儿墙标高及其他构配件标高。 **特别注意**:在立面图中,标高符号的三角形顶点必须落在所标注的高度线上,不能上下移动,可水平移动
6	墙面装饰做法	用引出线注写各部位墙面装饰材料、颜色等,需结合建筑设计总说明中工程做法表确定构造做法要求

3.6.3　建筑立面图的读图方法

识读建筑立面图的主要步骤如下:

（1）看图名、比例及起始轴号,明确是建筑哪个面的立面图,并与建筑平面图进行对照。

建筑立面图的图示内容及读图方法

（2）看立面图外轮廓及屋顶造型,并对照平面图了解建筑立面凹凸的总体造型。

（3）看建筑细部构件,对应平面图,明确细部构件的形状及位置,比如勒脚、门窗、阳台、雨篷、檐口、造型线条等。

（4）看尺寸和标高,了解室内外高差、层高、窗台高、女儿墙高度、建筑总高等,进一步明确细部构件的尺寸和位置。

（5）看索引符号及文字说明,并结合建筑设计总说明的工程构造做法要求,明确外立面装饰材料、颜色、做法。

── 重要提示 ──

建筑层高

《民用建筑设计统一标准》GB 50352—2019 规定,建筑层高为建筑物上下各层之间以楼、地面面层（装修完成面）计算的垂直距离;屋顶层层高为由顶层楼面面层至平屋面的结构面层或至坡屋顶的结构面层与外墙外皮延长线的交点计算的垂直距离。

识图技能训练

识读案例工程——某小学 1 号宿舍楼的建筑立面图,完成以下识图试题。

1. 本工程立面图按（　　）方式命名。

A. 朝向　　　　　　B. 起始轴号　　　　C. 主出入口　　　　D. 投影方向

2. 本工程的建筑高度为（　　）m。

A. 10.050　　　　　B. 10.450　　　　　C. 10.500　　　　　D. 10.700

3. 关于建筑物的层高,说法正确的是（　　）。

A. 相邻两层楼面高差减去楼板厚

B. 室外地坪到屋顶的高度

C. 相邻两层楼面高差

D. 相邻两层楼面高差加楼板厚

4. 本工程首层层高为_____，第三层层高为_____。

5. 立面图中，标高 8.700 指向_____部位。

6. 该建筑勒脚高度为_____，勒脚的面层装饰做法为_____。

7. 该建筑外墙装饰做法一共有_____种，分别为_____。

8. 该建筑窗套宽度为_____，厚度为_____。

9. 卧室的窗台离地高度为_____，卫生间的窗台离地高度为_____。

10. 阳台栏杆的离地高度为_____，楼梯间窗户高度为_____。

3.6.4　建筑立面图的绘制

下面以案例工程①～⑥立面图为例，演示绘制建筑立面图的基本思路和步骤：

（1）根据房屋的总长和总高定图纸幅面为 A3，绘图框、标题栏，布图。

（2）绘制室外地坪线、起始定位轴线、楼面线、屋顶线（图 3.6.2）。

图 3.6.2　绘制室外地坪线、起始定位轴线、楼面线、屋顶线

（3）绘制墙体、屋面主要轮廓线（图 3.6.3）。其中，马头墙、线脚尺寸见详图；楼梯间区域坡屋面最低处的高度位置应根据屋面坡度、屋脊标高及屋顶平面图中坡屋面底部外伸的水平尺寸计算确定。

（4）绘制各层门窗洞口线（图 3.6.4）。绘制立面图时所有对象的水平定位尺寸见平面图。

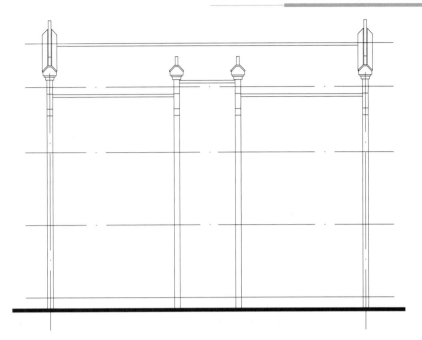

图 3.6.3　绘制墙体、屋面主要轮廓线

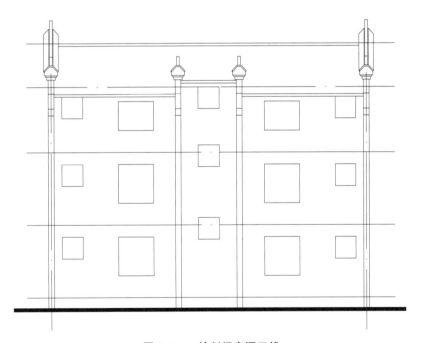

图 3.6.4　绘制门窗洞口线

（5）绘制门窗分格线及窗套、阳台、阳台栏杆等细部轮廓线（图 3.6.5），阳台栏杆的细节尺寸见阳台栏杆详图。

（6）绘制墙面、屋面图案填充，删除辅助线并对外边缘轮廓线进行加粗（图 3.6.6）。

（7）注写尺寸标注、标高标注和文字标注，包括图名、比例、起始轴线编号、外墙装修做法等说明。完成图见附图①～⑥立面图。

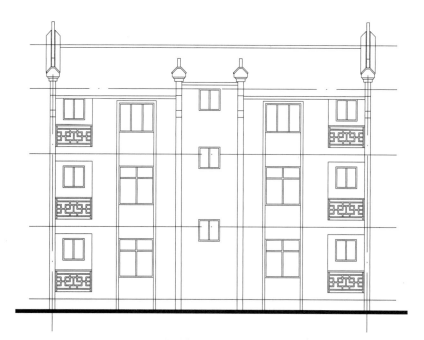

图 3.6.5　绘制门窗分格线、窗套、阳台等细部轮廓线

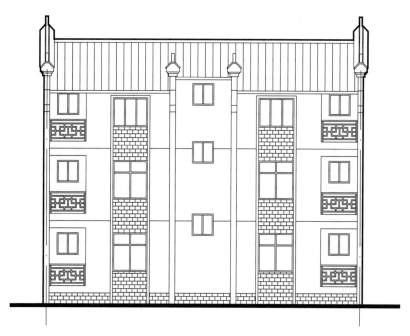

图 3.6.6　绘制图案填充等

绘图技能训练

抄绘案例工程——某小学 1 号宿舍楼的①～⑥立面图，绘图比例 1∶100。

3.7　建筑剖面图识读与绘制

3.7.1　建筑剖面图的形成及作用

假想用一个铅垂面将房屋从上往下切开，移走靠近观察者的部分，将剩下的部分向与剖切平面平行的投影面作正投影所得到的投影图称为建筑剖面图，如图 3.7.1 所示。

建筑剖面图的形成与作用

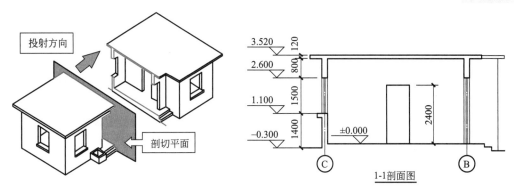

图 3.7.1　建筑剖面图的形成

剖面图主要用来表达房屋内部的垂直结构，包括内部分层情况、楼梯间竖向构造、内部垂直高度、门窗洞口高度位置、屋顶构造等。剖切位置应选在能反映房屋全貌、构造特征，以及有代表性的部位，比如层高变化、层数变化、内外空间分隔或造型复杂处，并经过门窗洞口、楼梯间。

一幢房屋需要画几个剖面图，应根据房屋的复杂程度和施工需要而定。在施工过程中，建筑剖面图是进行分层，砌筑内墙，铺设楼板、屋面板和楼梯、内部装修等工作的依据。建筑剖面图应与建筑平面图和建筑立面图相互配合，由外到内表达房屋的全局。

3.7.2　建筑剖面图的图示内容

建筑剖面图的外部三道尺寸及标高标注与立面图一致，其表达的主要内容详见表 3.7.1。

建筑剖面图的图示内容　　　　　　　　　　　　　　　　　　表 3.7.1

序号	类别	主要内容
1	图名、比例	比例一般为 1：100
2	剖切到的墙体定位轴线及编号	起止轴号对应剖面图的投影方向

序号	类别	主要内容
3	剖切到的构件	剖切到的墙体、地坪、楼板、屋顶、门窗、楼梯、台阶、雨篷等构配件。 注意：剖切到的墙体和门窗分别绘双粗线和四线（细线）图例，剖切到的结构构件绘粗线并填充图例
4	投影方向上可见的对象	未剖切到但投影方向可见的门窗及其他对象的投影轮廓线
5	尺寸	(1)左右两侧三道外部尺寸：门窗洞口尺寸、层高、总高度尺寸（同立面图）； (2)细部尺寸
6	标高	室外地面标高、室内地坪标高、楼面标高、屋顶或檐口标高、女儿墙顶等主要部位标高（同立面图）

3.7.3 建筑剖面图的读图方法

建筑剖面图用来表达房屋的内部分层情况、层高以及楼地面、屋面与各构配件在高度方向上的相互关系，具体识读步骤如下：

(1) 看图名和比例，并结合底层平面图中剖切符号，明确剖切位置及投影方向。

(2) 将剖面图每个楼层的内部房间布置与各层建筑平面图剖切到的对应部位联系起来，建立起建筑内部的三维空间。

(3) 细看剖切到的地面、楼板、屋顶，重点识读室内外高差、层高、楼梯间竖向构造、屋顶构造等。

(4) 细看剖切到的墙体、门窗，并结合轴线间尺寸、高度方向的细部尺寸及建筑平面图，明确其定位。

(5) 细看剖切到的台阶、雨篷等，并结合标注的尺寸和标高，明确其定位。

(6) 结合屋顶平面图细读屋面造型。

(7) 细看投影方向上可见的门窗及其他对象的轮廓线，结合建筑平面图，进一步理解建筑空间关系。

(8) 细看索引符号索引的标准图集或详图，明确大图中不能表达清楚的细部构造做法。

重要提示

读懂剖面图的关键

① 在底层平面图中找到剖切符号的位置，重点关注该部位被切到的对象，然后关注投影方向上其他可见的对象。

② 将剖面图与各层平面图的对应剖切部位联系起来，逐层分析剖到哪些对象，投影看到哪些对象，以便弄清楚剖面图中每条线的含义，进而结合建筑平面图和立面图构造建筑三维形体。

识图技能训练

识读案例工程——某小学 1 号宿舍楼的建筑剖面图，完成以下识图试题。

1. 1-1 剖面图的剖切符号画在_____层平面图中。

2. 1-1 剖面图中楼层休息平台处的门编号为_____，门高度为_____。

3. 楼梯间窗户高度为_____，窗台离地高度为_____。

4. 门窗洞口上方切到的构件为_____。

5. 1-1 剖面图中，花池、台阶、栏杆细节尺寸详见_____图，雨篷细节尺寸详见_____号图纸中_____号详图。

6. 屋脊顶部标高为_____，屋脊中心离 A 轴的距离为_____，屋脊宽度为_____。

7. E 轴墙体外皮轮廓线与屋面板面层的交点标高为_____。

8. 1-1 剖面图中，右侧边缘墙体轮廓线离 A 轴距离为_____，墙体定位尺寸详见_____图。

9. 屋顶线脚的细节尺寸详见_____号图纸中_____号详图。

10. 剖切到的屋面板从外墙外边缘挑出的水平长度为_____。

3.7.4　建筑剖面图的绘制

下面以案例工程 1-1 剖面图为例，演示剖面图的绘制方法和步骤：

（1）根据房屋的总长和总高定图纸幅面为 A3，绘图框、标题栏，布图。

（2）画起始定位轴线、梯段定位线、室外地坪线、室内地面线、各层楼面线、屋面线（图 3.7.2）。

（3）画剖切到的地面、台阶、花池、墙身、门窗、过梁、楼层梁、梯梁、平台板、屋面梁、屋面板等轮廓线。建筑剖面图中，梁、板等结构构件的尺寸待定，按屋面板厚 120mm，平台板、梯板厚 100mm，过梁高 200mm，平台梁高 350mm，楼层梁高 400mm 或伸到窗洞顶部进行绘制，如图 3.7.3 所示。

（4）画楼梯踏步，被切到的梯段填充材料图例（图 3.7.4）。

（5）画投影方向上可见的门、楼梯扶手、台阶扶手、雨篷、墙体、屋面等可见的构配件（图 3.7.5）。屋面的可见轮廓线详见马头墙、线脚详图。

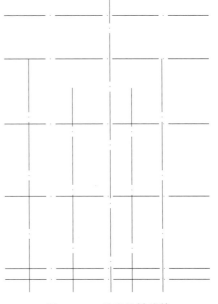

图 3.7.2　绘定位轴线等

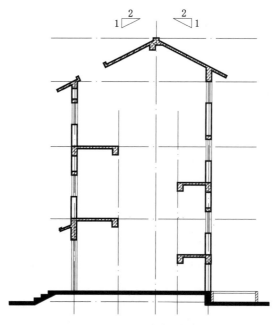

图 3.7.3　绘剖切到的对象

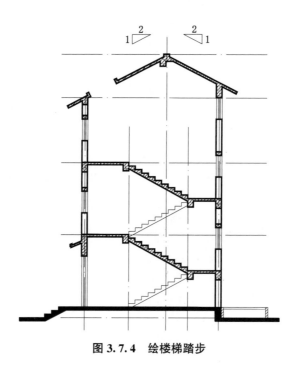

图 3.7.4　绘楼梯踏步

（6）绘屋面瓦、填充花池，擦除多余的辅助线，检查无误后描深（图 3.7.6）。

（7）标注尺寸、标高、索引符号，绘制起始轴号、注写图名和比例。完成图见附图中 1-1 剖面图。

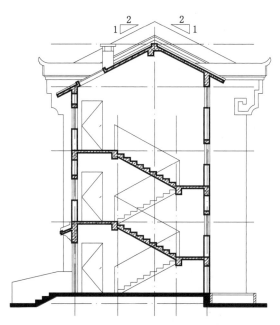

图 3.7.5 绘投影方向上可见的轮廓线

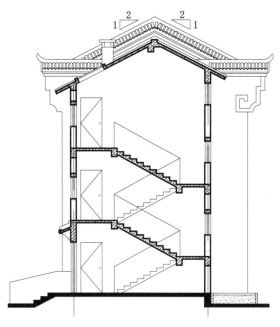

图 3.7.6 绘屋面瓦、填充花池

绘图技能训练

抄绘案例工程——某小学 1 号宿舍楼的 1-1 剖面图，绘图比例 1：100。

3.8 建筑详图识读

3.8.1 建筑详图的形成及作用

建筑平、立、剖面图一般采用1：100的比例进行绘制，无法将房屋局部的形状、尺寸、构造层次、材料做法等完全表达清楚。因此，在房屋施工图的设计过程中，常常根据表达对象的实际需要，用较大的比例将建筑物的细部构造层次、尺寸、材料、做法等绘制成详图。同时，在建筑平、立、剖面图中相应部位绘制索引符号索引节点详图。

建筑的节点详图根据节点的尺寸大小不同，常用的比例有：1：50、1：30、1：25、1：20、1：15、1：10、1：5，实际尺寸越小的节点选用的绘图比例越大。

建筑详图一般有两类：一类为局部放大图样，如图3.8.1为建筑平面图中阳台、飘窗部位的放大图样，在大图中用详图索引符号进行索引。

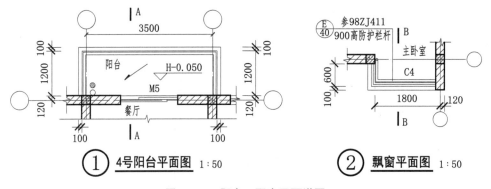

图3.8.1 阳台、飘窗平面详图

另一类为节点剖切详图，在大图中用剖切索引符号进行索引。如外墙身大样图、槽沟详图、女儿墙详图、雨篷详图、阳台栏杆详图等，如图3.8.2为檐口、阳台栏杆的节点剖切详图。

3.8.2 墙身详图

墙身详图实际上是墙身纵剖面的局部放大图，详尽地表达墙身从地坪、窗台、楼层到屋顶的各个主要节点的构造和做法。画图时可将各节点剖切详图连在一起，中间用折断线断开（见图3.8.3中①②③），也可以分开绘制。图3.8.3墙身详图主要表达了飘窗及空调外机部位墙身的构造尺寸及做法。

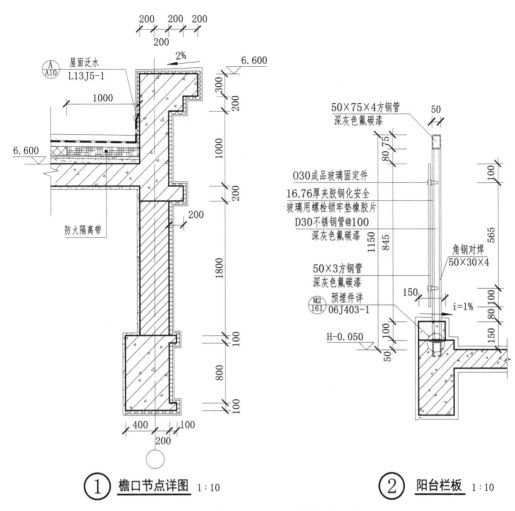

图 3.8.2　檐口、阳台栏杆节点剖切详图

3.8.3　楼梯详图

楼梯构造比较复杂，需要绘制详图表达楼梯的类型、结构形式、各部位的尺寸及装修做法等。楼梯详图包括楼梯平面图、楼梯剖面图以及楼梯踏步、栏杆、扶手等节点详图。

1. 楼梯平面图

楼梯平面图是建筑平面图中楼梯间的放大图样，因此，楼梯间的剖切位置与建筑平面图的剖切位置相同，位于窗台上方的水平剖切面剖切到各层楼梯第一跑上行梯段中部。

楼梯平面图主要反映楼梯的开间和进深，梯板、梯井、休息平台、门窗等的平面尺寸，以及楼层平台和休息平台的标高。楼梯平面图与楼层平面图类似，一般情况下至少应绘制三张，即楼梯底层平面图、中间层平面图和顶层平面图，见图 3.8.4。

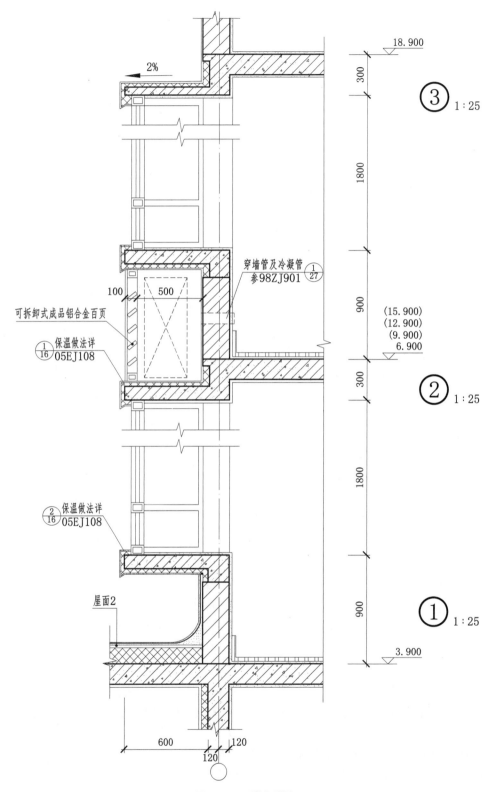

图 3.8.3 墙身详图

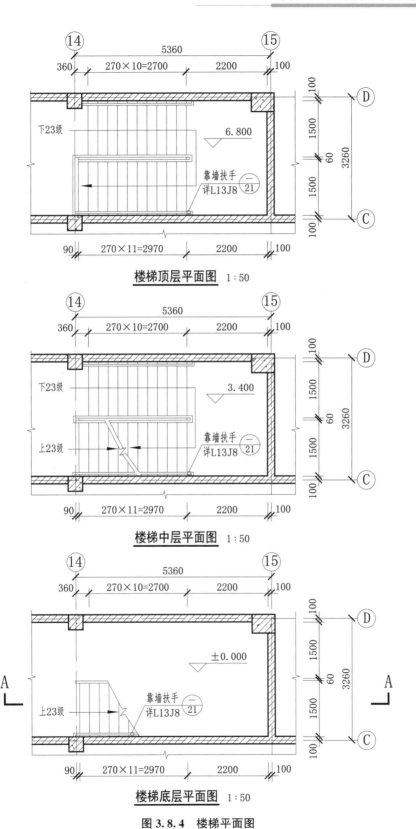

楼梯顶层平面图 1:50

楼梯中层平面图 1:50

楼梯底层平面图 1:50

图 3.8.4 楼梯平面图

特别注意

无地下室时，楼梯底层平面图中只画半个上行梯段，画 45°折断线截断。楼梯中间层平面图中除剖切留下的半个上行梯段外，俯视时可以看见 1.5 跑下行梯段，上、下行梯段分别用 45°折断线截断。楼梯顶层平面图中无上行梯段，俯视时可以看见 2 跑下行梯段，平面图中无折断线。

---

2. 楼梯剖面图

楼梯剖面图主要表达梯段样式及级数、踏步高度及宽度、平台宽度、栏杆及索引节点详图等，见图 3.8.5。楼梯剖面图的剖切符号绘制在楼梯底层平面图中，见图 3.8.4 中 A-A。剖面图需特别注意楼梯起跑的位置，明确剖切到的梯段是各楼层的第一跑还是第二跑，剖面图中被切到的梯段及与梯段斜板相连的平台板、梁应填充材料图例。

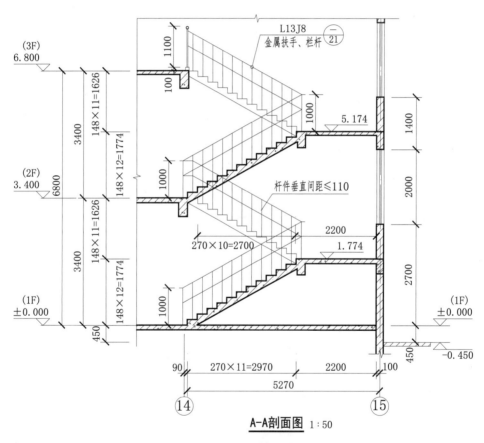

图 3.8.5 楼梯剖面图

3. 节点详图

楼梯的节点详图用来表达踏步、栏杆等构造做法。对于套用标准图集的节点，只需要通过绘制索引符号来注明所套用图集的名称、编号或页次，不必再另画详图，见图 3.8.5。

图 3.8.6 为某楼梯的栏杆节点详图。图中可见梯段是由梯梁和梯段斜板组成的现浇钢筋混凝土板式楼梯，踏步高度为 150mm，宽度为 300mm；栏杆和扶手分别用 φ16 和 φ50 圆钢管焊成，扶手高度为 900mm。

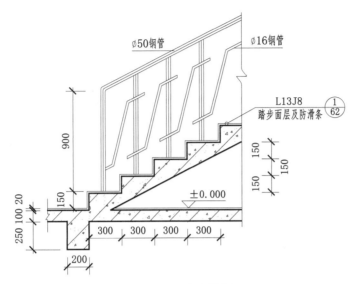

图 3.8.6　节点详图

楼梯详图的识读步骤如下：

（1）先看图名，明确楼梯编号，再查看楼梯平面图中的轴号，并结合建筑平面图，明确本详图表达的楼梯在建筑平面中的位置，以及楼梯间周边的平面布局。

（2）查看底层楼梯平面图，明确起跑方向和定位。

（3）查看其他楼层楼梯平面图，明确梯段及休息平台起始位置、梯井宽度，并结合楼梯剖面图确定各梯段的踏步级数、踏步宽度、踏步高度。

（4）查看踏步、栏杆等构造节点详图，明确踏步防滑、栏杆等细部构造做法。

识图技能训练

识读案例工程——某小学 1 号宿舍楼的建筑详图，完成以下识图试题。

1. 楼梯详图一般由_____、_____、_____三部分组成。

2. 该房屋各层为_____跑楼梯，每个梯段的踏步级数为_____，踏面数为____；踏步宽度为_____，踏步高度为_____。

3. 楼梯扶手的高度为_____，楼层休息平台宽度为_____，中间休息平台宽度为_____。

4. 楼梯间各层平面图的剖切位置位于（　　　）。

A. 各层楼梯下行段第一跑中部　　　　B. 各层楼梯下行段第二跑中部

C. 各层楼梯上行段第一跑中部　　　　D. 各层楼梯上行段第二跑中部

5. 楼梯平面图中，"上"和"下"的箭头以（　　　）为起点。

A. 都以室内首层地面为起点　　　　　B. 都以室外地面为起点

C. 都以该层楼层休息平台为起点　　　D. 都以该层中间休息平台为起点

6. 楼梯的踏面数与踏步级数的关系为（　　）。

A. 踏面数＝踏步级数　　　　　　　　B. 踏面数＝踏步级数＋1

C. 踏面数＝踏步级数－1　　　　　　　D. 踏面数＝踏步级数－2

7. 在楼梯间二层平面图上，不可能看到（　　）。

A. 二层上行梯段　　　　　　　　　　B. 二层下行梯段

C. 一层下行梯段　　　　　　　　　　D. 一层上行梯段

8. 该房屋楼梯踏步的起跑距离为（　　）mm。

A. 560　　　　　　B. 1560　　　　　　C. 1860　　　　　　D. 1150

9. 该房屋楼梯井宽度为（　　）mm。

A. 60　　　　　　　B. 80　　　　　　　C. 100　　　　　　　D. 120

10. 详图符号的圆圈直径为（　　）mm。

A. 8　　　　　　　　B. 10　　　　　　　C. 12　　　　　　　　D. 14

11. 阳台的排水坡度为（　　）。

A. 1％　　　　　　　B. 2％　　　　　　C. 0.5％　　　　　　D. 1.5％

12. 厨房、卫生间的排水坡度为（　　）。

A. 1％　　　　　　　B. 2％　　　　　　C. 0.5％　　　　　　D. 1.5％

13. 烟囱洞口的净尺寸为（　　）。

A. 390mm×420mm　　　　　　　　B. 270mm×300mm

C. 330mm×420mm　　　　　　　　D. 330mm×300mm

附图

案例工程建筑施工图
——某小学1号宿舍楼

图纸目录

工程名称:××小学1号宿舍楼 　　　　　　　　　　 图　别：　建筑

图纸编号	图 纸 名 称	张 数	图 幅	备 注
01	建筑设计总说明	1	A3	
02	建筑装修做法表	1	A3	
03	门窗表	1	A3	
04	建筑总平面图	1	A3	
05	一层平面图	1	A3	
06	二、三层平面图	1	A3	
07	屋顶平面图	1	A3	
08	①～⑥立面图	1	A3	
09	⑥～①立面图	1	A3	
10	Ⓔ～Ⓐ立面图	1	A3	
11	Ⓐ～Ⓔ立面图	1	A3	
12	1-1剖面图	1	A3	
13	楼梯详图	1	A3	

审 核		校 对		设 计		日 期	

建筑设计总说明

一、设计依据

1. 业主提供的设计委托书及审批后的设计方案及相关资料。
2. 国家现行有关的设计规范、规程（不限于以下，以有效版本为准）：
   - 《民用建筑设计统一标准》GB 50352-2019
   - 《建筑设计防火规范》GB 50016-2014（2018年版）
   - 《住宅设计规范》GB 50096-2011
   - 《住宅建筑规范》GB 50368-2005
   - 《湖北省居住建筑节能设计标准》DB 42/301-2005
   - 《05ZJ中南建筑图集合订本》
   - 《建筑工程设计文件编制深度规定》（2016年版）

二、工程概况

本工程位于××省××市××镇，为××小学宿舍楼，建筑面积为258.3m²，建筑高度为10.050m。

三、设计标准

1. 耐火等级：二级。
2. 设计使用年限：50年。
3. 屋面防水等级：Ⅱ级，15年。
4. 抗震设防烈度：7度。

四、总平面、设计标高及设计尺寸

1. 本工程位置见宿舍楼定位图。
2. 平面尺寸以mm为单位，标高以m为单位，±0.000相对标高由业主根据现场情况确定。
3. 各标注标高为及完成面标高（建筑标高），屋面标高为结构标高。

五、墙体

1. 除特别注明外，墙体均为240mm，墙厚均为240mm，门垛均为180mm。
2. 墙体外刷白色涂料与贴灰色面砖（部位见立面），线脚、窗套部分用灰色涂料涂装。
3. 墙身防潮层：20厚1:2水泥砂浆加3%~5%防水剂，做在室内地坪下60mm处。
4. 在室内各阳角处，如门窗边、柱边、墙体转角等处，均用20厚1:2水泥砂浆护角，表面做法同内墙。（角边宽50mm，门窗口内粉刷到洞项，内墙阳角粉到2000高），表面做二次装饰之粉刷层。

六、油漆

1. 楼梯栏杆及其他外露金属件作红丹防锈漆打底，面刷刮子一遍，外刷灰色醇酸漆二道。
2. 木扶手均做深色清漆二道（98ZJ001-56-涤6）。
3. 木门窗米黄色聚酯漆二道（98ZJ001-55-涤1）。
4. 所有木料件均刷防腐防虫漆二道。

七、屋面

1. 屋面为钢筋混凝土现浇不上人屋面，面层为机制瓦，马头墙及雨瓦为筒瓦。
2. 屋面排水为无组织排水，管道出屋面做法参05ZJ211⑤。

八、内装修

1. 厨房仅做初步装修，提供混凝土灶台方便使用即可。
2. 卫生间提供蹲便器、面盆及简易用水设备。
3. 其他房间均为初步装修。

九、门窗工程

1. 门窗玻璃的选用应遵照《建筑玻璃应用技术规程》JGJ 113-2015和《建筑安全玻璃管理规定》（发改运行[2003]2116号）及地方主管部门有关规定。
2. 门窗立面均表示洞口尺寸，门窗加工之门窗洞口要按照装修标准图规定配置，见结施图。
3. 门窗小五金：凡选用标准图集及现浇，预制楼面均为现浇，部分门窗过梁为现场预制或现浇，见结施图。

十、有关注意事项

1. 预埋铁件、露明木件须做防腐防锈处理，露明铁件均须做防锈处理。
2. 管道穿越墙施工完成后，孔隙应用防火材料填塞，两种材料墙体交接处，饰面前包审包商订包阳子以调整。
3. 室内外排水、泛水及防水，应严格按照操作规程施工，防止渗水，漏水及堵塞现象发生。
4. 各工种预留孔洞、管道走向、设备安装等，不得任意改动图纸，应立即与设计人员联系解决，不得任意更改图纸。
5. 凡涉及颜色、规格等材料，均应在施工前提供样件或样板或成样样板，经业主、监理审定后方可实施。
6. 厨房、卫生间阳台比同层楼地面低20mm，卫生间降板500mm，阳台、厨房降板50mm。
7. 楼梯栏杆、阳台、露台栏杆高度保证不低于1100mm，雨水口预埋管在结束装修板时配合建筑图施工。
8. 所有栏杆施工完成后其高度保证不低于1100mm。
9. 滴水：所有需要做滴水部位均做水泥砂浆滴水，做法98ZJ901留洞27页，空调洞预管Y2，φ80，贴在边或挑墙边200mm，中心距地200mm。住宅空调管留洞参98ZJ901-23-A。
98ZJ901留洞第27页，选用甲方发。门门均为塑钢窗，窗户均为塑钢窗，空调洞预留φ80所示洞尺寸与洞尺寸，中心距地2200mm。
10. 窗户均为塑钢窗，选用甲方发。门门均为塑钢，窗户均为塑钢窗，据现场实际尺寸校对无误后再订货。
11. 本工程根据业主要求只做初步装修，施工单位必须按装修高施工精度，不得增加设计之粉刷刷及投平层厚度，确保二次装饰之必要水量。
12. 引用图集采用现行有效配件及建筑配件图集中相关说明及要求。
13. 凡本说明及施工图中未详尽之处，均应按国家现行有关规范及验收规范施工亦可。

设计		图号	01
校对		图名	建筑设计总说明
审核		图别	建筑
审定		工程名称	××小学1号宿舍楼

建筑装修做法表

编号	名称	做法	备注
屋1	机制瓦屋面	· 机制瓦 · 10厚氯丁橡胶防水镶贴 · 15厚氯丁橡胶防水砂浆 · 1.5厚聚酯防水涂料面粘黄砂 · 5~6厚抗裂防水涂料面分一次抹灰 · 3~4厚抗裂镀锌钢丝网（用∅7塑料栓锚固双向@500锚固） · 40厚玻化微珠保温浆料保温层分层抹灰（每次厚度不超过20mm） · 钢筋混凝土坡屋面板	坡屋面
地1	水泥砂浆地面	· 20厚1:2水泥砂浆分层压实抹光 · 素水泥浆结合层一道 · 60厚C20混凝土 · 素土夯实	除地2外
地2	水泥砂浆地面	· C20细混凝土掺入水泥用量3%防水剂，找1%坡，坡向地漏，最薄处不小于30厚，分层压实抹光 · 素水泥浆结合层一道 · 60厚C15混凝土 · 素土夯实	一层卫生间、厨房
楼1	水泥砂浆楼面	· 20厚1:2水泥砂浆分层压实抹光 · 素水泥浆结合层一道 · 钢筋混凝土楼面	除楼2外
楼2	水泥砂浆楼面	· 1:2水泥砂浆3%防水粉找1%坡向地漏处，最薄处，抹30厚面层，分层压实抹光 · 素水泥浆结合层一道 · 钢筋混凝土楼面板，板面清扫干净	厨房、卫生间、阳台（卫生间用砂建筑回填）
内墙1	水泥砂浆墙面	· 5厚1:3水泥砂浆抹光 · 5厚1:2水泥砂浆	厨房、卫生间
内墙2	乳胶漆墙面	· 15厚1:1:6水泥石灰砂浆 · 5厚1:0.5:3水泥石灰砂浆 · 满刮腻子一遍 · 白色乳胶漆底漆一道，面漆二道	除内墙1外

续表

编号	名称	做法	备注
外墙1	涂料水泥砂浆外墙面	· 刷界面砂浆一道 · 40厚玻化微珠保温浆料保温层分层抹灰（每次厚度不超过20mm） · 3~4厚抗裂镀锌钢丝网（用∅7塑料栓锚固双向@500锚固） · 5~6厚抗裂防水涂料面分一次抹灰 · 抗裂柔性耐水腻子刮平 · 白色外墙涂料一底两面	除外墙2外
外墙2	面砖墙面	· 刷界面砂浆一道 · 40厚玻化微珠保温浆料保温层分层抹灰（每次厚度不超过20mm） · 3~4厚抗裂镀锌钢丝网（用∅7塑料栓锚固双向@500锚固） · 5~6厚抗裂防水涂料面分一次抹灰 · 抗裂柔性耐水砂浆粘结面砖 · 面砖粘结砂浆粘贴面砖	见立面
顶棚1	混合砂浆涂料顶棚	· 钢筋混凝土板底清理干净 · 7厚1:1:4水泥石灰砂浆 · 5厚1:0.5:3水泥石灰砂浆 · 白色乳胶底漆一道面漆二道	除顶棚2、3外
顶棚2	混合砂浆涂料顶棚（带保温）	· 钢筋混凝土板底面清理干净 · 40厚玻化微珠保温浆料保温层分层抹灰（每次厚度不超过20mm） · 3~4厚抗裂镀锌钢丝网（用∅7塑料栓锚固双向@500锚固） · 5~6厚抗裂防水涂料面分一次抹灰 · 抗裂柔性耐水腻子刮平 · 白色乳胶底漆一道面漆一道	起居室、卧室
顶棚3	水泥砂浆顶棚	· 钢筋混凝土板底面清理干净 · 7厚1:3水泥砂浆抹光 · 5厚1:2水泥砂浆	卫生间、厨房
踢1	水泥砂浆踢脚	· 15厚1:3水泥砂浆抹光 · 10厚1:2水泥砂浆抹面压光	所有室内（不含厨房、卫生间）

| 工程名称 | ××小学1号宿舍楼 | 图别 | 建筑 | 图号 | 02 |
| 图名 | 建筑装修做法表 | | | | |

审核　　校对　　设计

门 窗 表

编 号	类 型	数 量	洞口尺寸(宽×高)	选 用 图 集	备 注
M1	成品钢质防盗门	6	1000×2100	防盗门选用厂家标准产品	门垛带门套
M2	成品木门	6	900×2100		门垛带门套
M3	成品钢质防盗门	1	1200×2100	一层防盗门选用厂家标准产品	
M4	成品木门	18	800×2100		见详图
C1	塑钢窗	4	1500×1600		见详图（卫生间窗采用毛玻璃）
C2	塑钢窗	17	900×900		见详图
C3	塑钢窗	4	1200×1600		见详图
C4	塑钢窗	2	1200×1200		见详图
C5	塑钢窗	2	1500×1200		见详图

注：1. 塑钢玻璃窗采用80系列白色塑钢框，玻璃为5+9A+5无色透明
　　2.屋面窗采用木窗框，玻璃为夹胶钢化玻璃

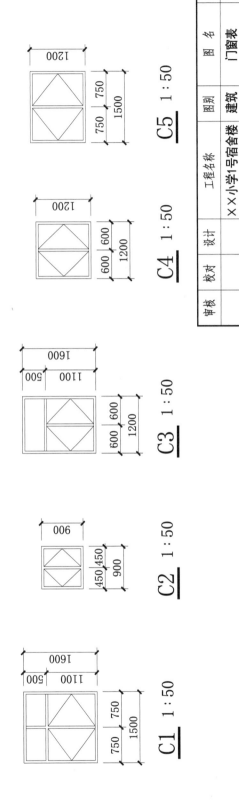

C1 1:50

C2 1:50

C3 1:50

C4 1:50

C5 1:50

| 审核 | | 校对 | | 设计 | | 工程名称 | ××小学1号宿舍楼 | 图别 | 建筑 | 图名 | 门窗表 | 图号 | 03 |

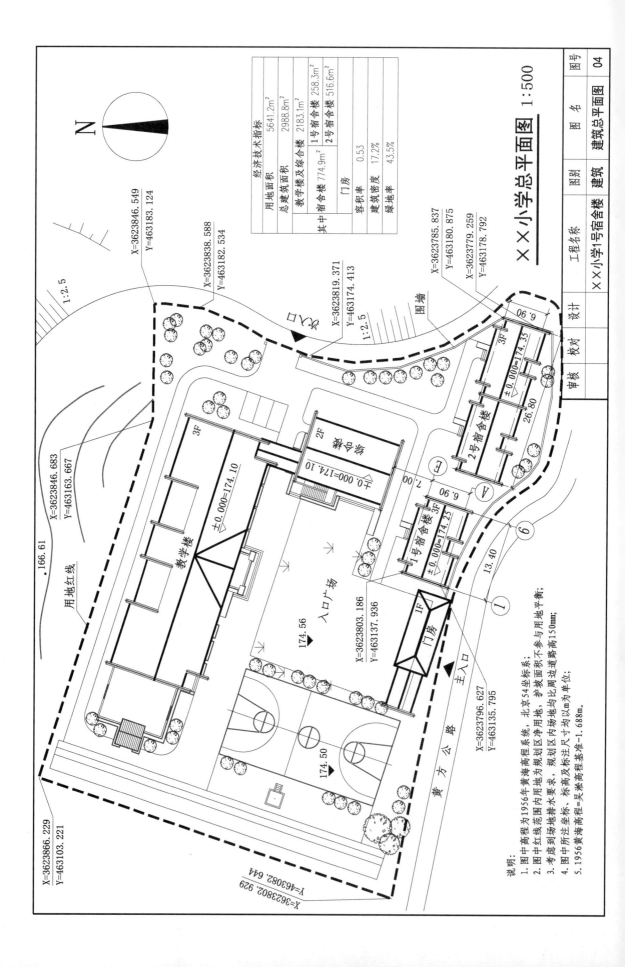

×××小学总平面图 1:500

经济技术指标		
用地面积	5641.2m²	
总建筑面积	2988.8m²	
教学楼及综合楼	2183.1m²	
其中	宿舍楼 774.9m²	1号宿舍楼 258.3m²
		2号宿舍楼 516.6m²
	门房	
容积率	0.53	
建筑密度	17.2%	
绿地率	43.5%	

X=3623846.549
Y=463183.124

X=3623838.588
Y=463182.534

X=3623819.371
Y=463174.413

X=3623785.837
Y=463180.875

X=3623779.259
Y=463178.792

X=3623846.683
Y=463163.667

X=3623866.229
Y=463103.221

X=3623802.929
Y=463082.644

X=3623803.186
Y=463137.936

X=3623796.627
Y=463135.795

.166.61

用地红线

1:2.5

1:2.5

围墙

入口

3F 2号宿舍楼 ±0.000=174.35

26.80

6.90

3F

7.00

6.90

3F 1号宿舍楼 ±0.000=174.25

13.40

1F 门房

± 0.000=174.10 教学楼

2F 综合楼 ±0.000=174.10

174.56 入口广场

174.50

黄方公路 主入口

说明:
1. 图中高程为1956年黄海高程系,北京54坐标系;
2. 图中红线范围内用地为规划区净用地,护坡面积不参与用地平衡;
3. 考虑到场地排水要求,规划区内场地均比周边道路高150mm;
4. 图中所注坐标、标高及标注尺寸均以m为单位;
5. 1956黄海高程=吴淞高程基准-1.688m。

工程名称	×××小学1号宿舍楼	图别	建筑	图名	建筑总平面图	图号	04
设计		校对					
		审核					

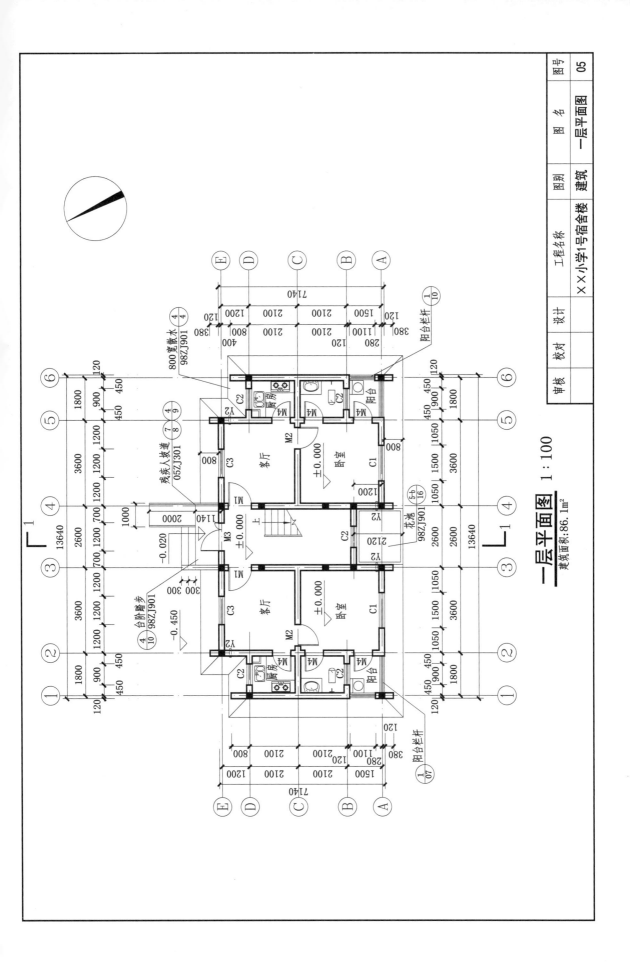

一层平面图 1:100
建筑面积:86.1m²

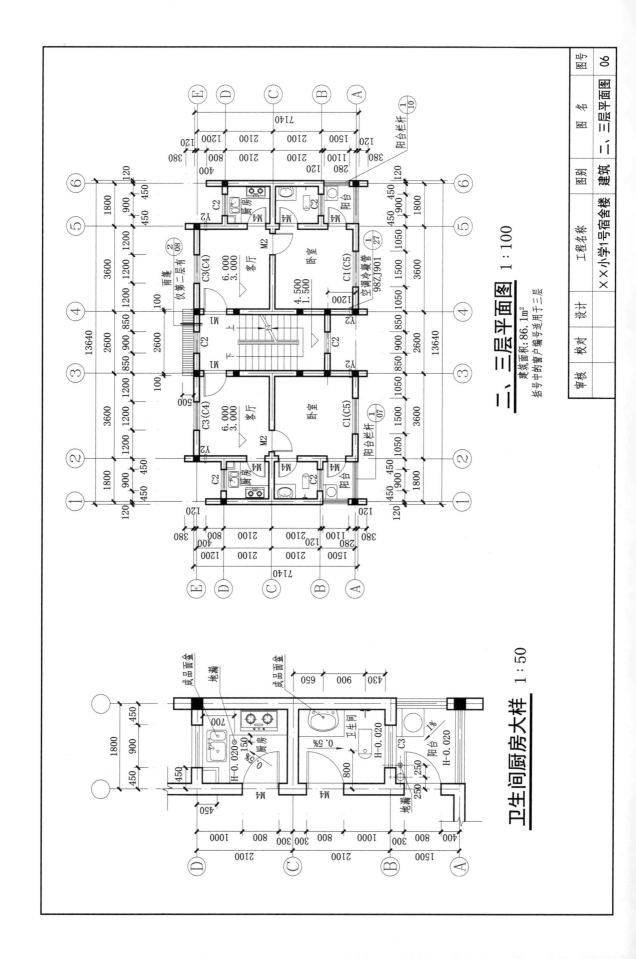

二、三层平面图 1:100

建筑面积:86.1m²
括号中的窗户编号适用于三层

卫生间厨房大样 1:50

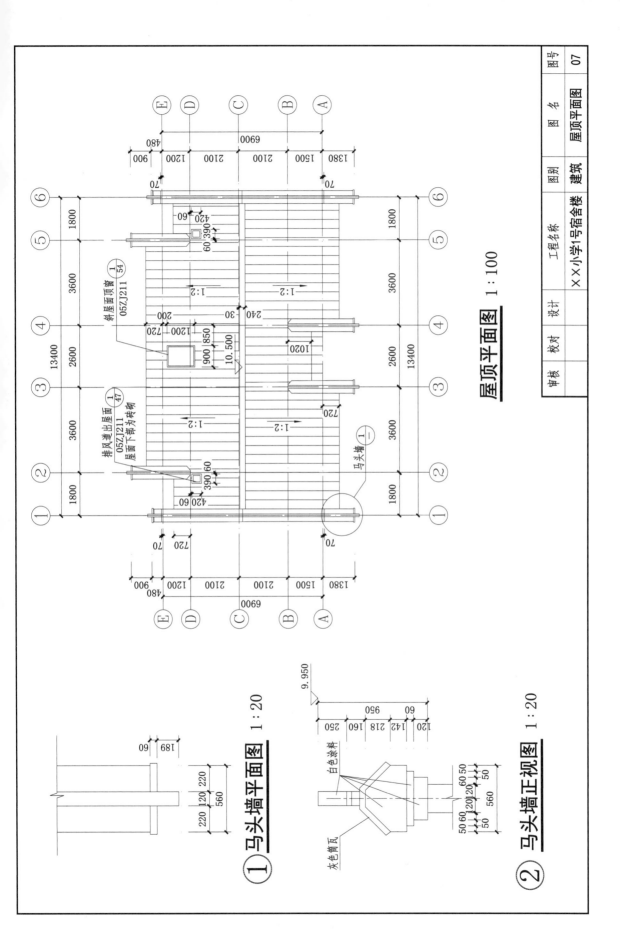

屋顶平面图 1:100

马头墙平面图 1:20

马头墙正视图 1:20

斜屋面顶窗 05ZJ211 54

排风道出屋面 05ZJ211 47
屋面下部为砖砌物

马头墙 一

白色涂料

灰色筒瓦

图号		07
图 名	屋顶平面图	
图别	建筑	
工程名称	××小学1号宿舍楼	
设计		
校对		
审核		

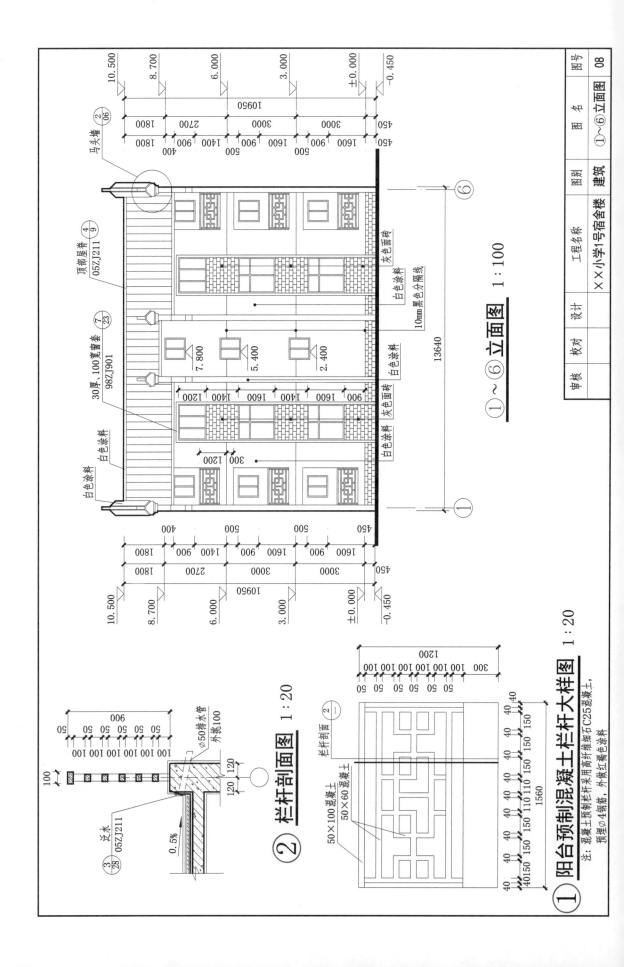

①～⑥ 立面图 1:100

马头墙 ②/06

顶部屋脊 ④/9 05ZJ211

30厚,100宽窗套 ⑦/23 98ZJ901

白色涂料

灰色面砖

白色涂料

10mm黑色分隔线

白色涂料

灰色面砖

白色涂料

10.500
8.700
6.000
3.000
±0.000
-0.450

7.800
5.400
2.400

13640

10950
450 1800 2700 3000 3000 450
1800 900 1400 900 1600 900 1600
400 500 500

1200 1400 1600 1400
900 1600

300 1200

② 栏杆剖面图 1:20

Ø50排水管 外挑100

泛水 ③/28 05ZJ211

0.5%

50×100混凝土
50×60混凝土

100

120 120

900
50 50 50 50
100 100 100 100 100 100

栏杆侧面 ①

1200
300 100 100 100 100 100 100
50 50 50 50

① 阳台预制混凝土栏杆大样图 1:20

注：混凝土顶制栏杆采用高纤维细石C25混凝土，预埋Ø4钢筋，外侧红褐色涂料

40 40
150 150 110 110 110 150 150

1560

40 40
40150 150 150 150 40

图号 08

图 名 ①～⑥立面图

图 别 建筑

工程名称 ××小学1号宿舍楼

设计
校对

审核

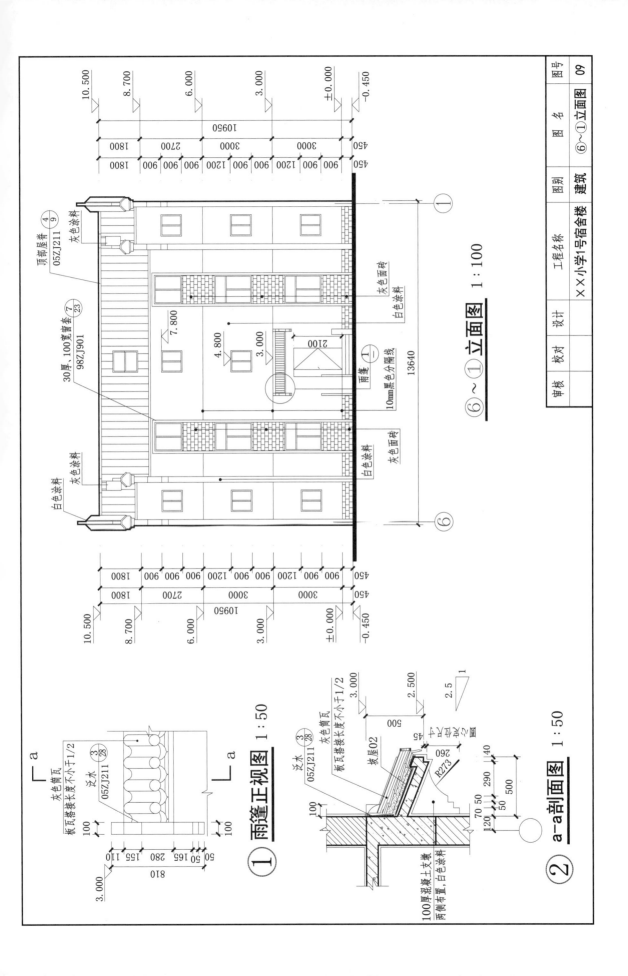

⑥~① 立面图 1:100

雨篷正视图 1:50 ①

a-a剖面图 1:50 ②

图号	09
图 名	⑥~①立面图
图别	建筑
工程名称	××小学1号宿舍楼
设计	
校对	
审核	

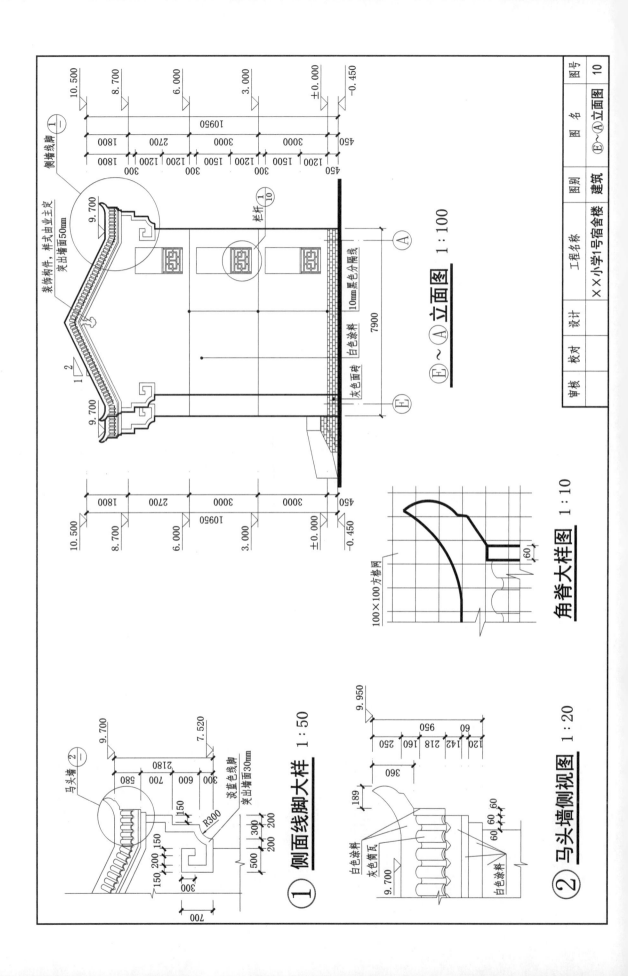

侧墙线脚 (一)

表饰构件，样式由业主定
突出墙面50mm

9.700

10.500
8.700
6.000
3.000
±0.000
-0.450

10950
450 1800 2700 3000 3000
450 1800 1200 1500 1200 300 1500 1200 300 1500 1200 300

栏杆 1/10

7900

10mm黑色分隔线
白色涂料
灰色面砖

E～A立面图 1:100

9.700

1
2
9.700

侧面线脚大样 1:50

9.700
7.520

2180
580 700 600 300 300

150
R300

突出墙面30mm
波萱色线脚

500 300 200
150 200 150
300
700

① 侧面线脚大样 1:50

角脊大样图 1:10

100×100方格网
60

9.950

950
120 142 218 160 250 60

360
189

白色涂料
灰色筒瓦
9.700

60 60 60

白色涂料

② 马头墙侧视图 1:20

| 审核 | | 校对 | | 设计 | | 工程名称 | ××小学1号宿舍楼 | 图别 | 建筑 | 图名 | E～A立面图 | 图号 | 10 |

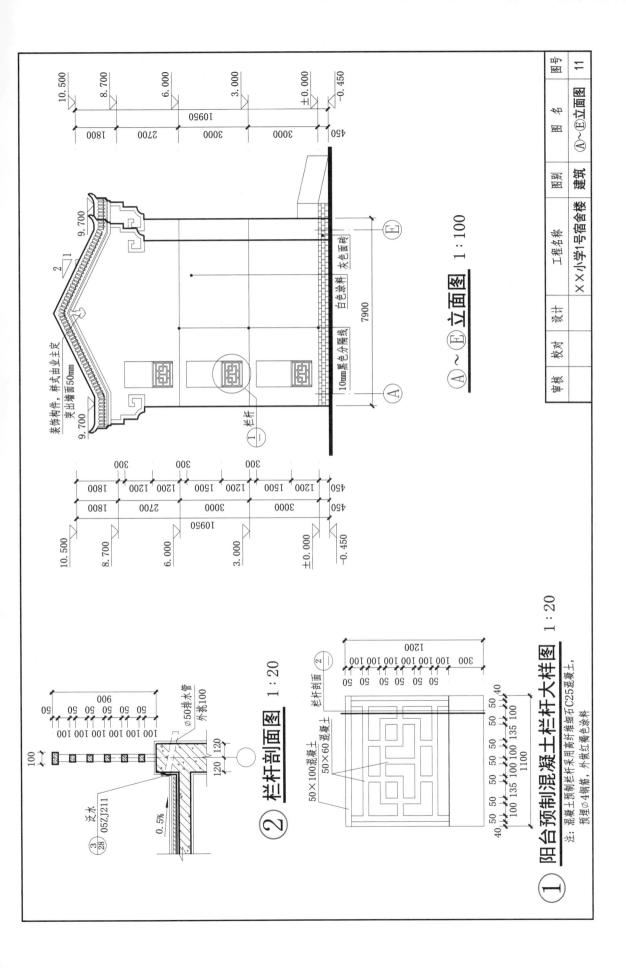

○A ~ ○E 立面图 1:100

② 栏杆剖面图 1:20

① 阳台预制混凝土栏杆大样图 1:20

注：混凝土预制栏杆采用高纤维细石C25混凝土，预埋φ4钢筋，外做红褐色涂料

审核		校对		设计		图别	图 名	图号
						建筑	○A~○E立面图	11
	工程名称		××小学1号宿舍楼					

表饰构件，样式由业主定
突出墙面50mm

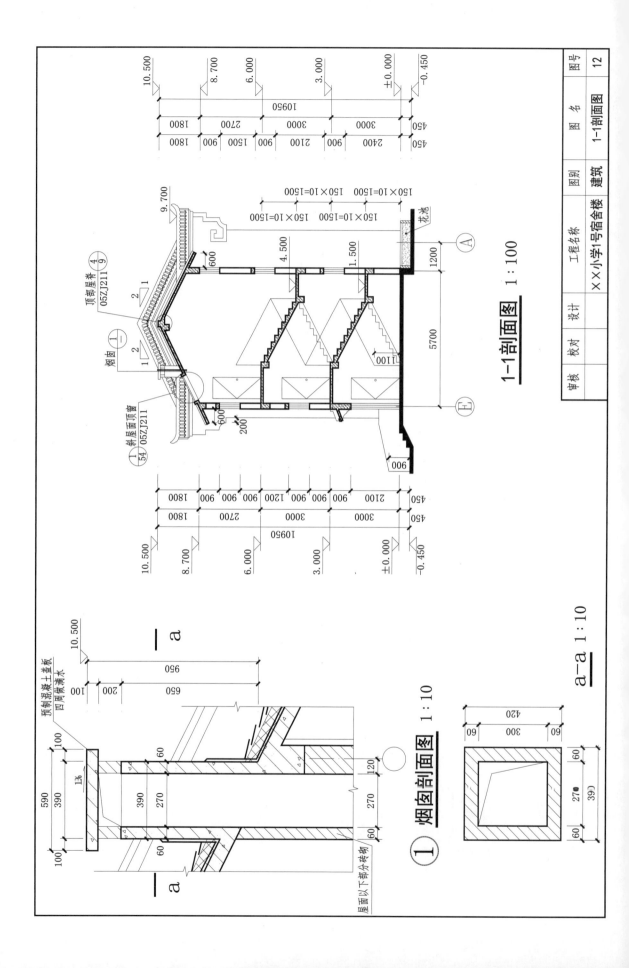

1-1剖面图 1:100

烟囱剖面图 1:10

a-a 1:10

审核	校对	设计	图别	图名	图号
			建筑	1-1剖面图	12

工程名称 ××小学1号宿舍楼

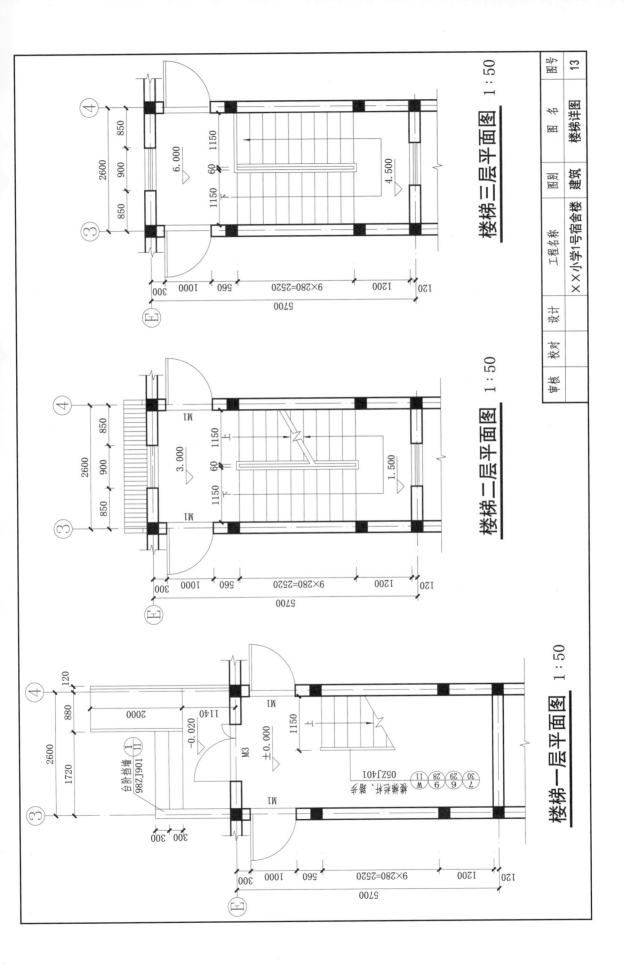

楼梯三层平面图　1：50

6.000

4.500

5700

2600

楼梯二层平面图　1：50

3.000

1.500

5700

2600

楼梯一层平面图　1：50

2000

-0.020

±0.000

M3

台阶挡墙 ①
28GZJ106

05ZJ401

5700

2600

| 工程名称 | ××小学1号宿舍楼 | 图别 | 建筑 | 图名 | 楼梯详图 | 图号 | 13 |
| 设计 | 校对 | 审核 | | | | | |

结构施工图识读

知识目标

1. 掌握房屋结构类型、结构材料、保护层厚度、建筑抗震设防、上部结构嵌固部位等结构设计相关概念；
2. 掌握钢筋类型、钢筋图例、钢筋注写等制图规则；
3. 理解柱、梁、板三大类结构构件的受力变形状态及配筋原理；
4. 掌握钢筋的连接和锚固构造要求；
5. 掌握基础、框架柱、梁、板、楼梯等各类结构构件的平法制图规则；
6. 掌握基础、框架柱、梁、板、楼梯等各类结构构件的标准构造要求；
7. 掌握基础、框架柱、梁、板、楼梯等各类结构构件平法施工图的读图方法。

能力目标

1. 能够根据平法制图规则准确读取平法施工图中基础、柱、剪力墙、梁、板、楼梯等各类构件的位置、截面尺寸及配筋信息；
2. 能够根据标准构造要求准确地计算钢筋的锚固长度、搭接长度，并正确绘制结构构件的节点配筋详图；
3. 具备在熟练识读建筑施工图基础上进行结构施工图综合识图的能力，具备准确把握结构专业设计意图及施工要求、依照施工图纸开展相关岗位工作的职业能力。

素质目标

1. 牢固树立安全意识和责任意识；
2. 具备自觉遵守国家、行业标准和规范的意识；
3. 具有团队协作、优势互补的职业素养；
4. 具有脚踏实地、责任担当、锐意进取的职业精神。

4.1 结构施工图的一般规定

4.1.1　结构施工图的组成

结构施工图是用来表达房屋建筑的结构类型、选用的结构材料以及结构构件（基础、柱、墙、梁、板）的平面布置、截面尺寸、配筋、构造及施工等要求的图样，简称"结施"。

一套完整的结构施工图一般按照施工顺序进行编排，依次为：图纸目录、结构设计总说明、基础施工图、柱施工图、剪力墙施工图、梁施工图、板施工图、节点配筋详图、楼梯详图等。

4.1.2　平法施工图

"平法"是混凝土结构施工图平面整体表示方法的简称。概括来讲，"平法"就是将结构构件的尺寸和配筋等信息，按照平法图集中平面整体表示方法制图规则，直接表达在各类构件的结构平面布置图上，再与图集中标准构造详图相配合，构成一套完整的结构设计施工图纸。例如，梁平法施工图只需按照平法图集中梁的平法制图规则表达其截面及配筋信息，而施工中梁的纵筋及箍筋构造要求必须参照平法图集中的标准构造详图才能确定。

知识拓展

"平法"于1995年由山东大学陈青来教授首先提出，1996年，建设部颁布（建设〔1996〕605号）文件，正式批准《混凝土结构施工图平面整体表示方法制图规则和构造详图》96G101向全国出版发行，G101系列图集自此应运而生。之后，配合全文强制性工程建设规范的发布实施以及设计、施工所依据的相关标准的修订改版，中国建筑标准设计研究院有限公司充分结合工程实践反馈意见和技术发展现状，对G101系列图集进行多次修编，目前最新的版本为22G101。平法打破陈规，突破传统设计将构件从结构平面布置图中索引出来，再逐一绘制配筋详图的烦琐方法，大幅降低工程师的重复劳动，提高了设计效率，节省了约70%图纸量。作为我国建筑结构领域影响面最广、应用最普遍、作用最显著的国家建筑标准设计图集，《混凝土结构施工图平面整体表示方法制图规则和构造详图》G101系列图集是我国工程建设领域的一次重大创新，是工程技术人员必不可少的重要标准化文件。

4.1.3　房屋结构类型

建造房屋要先搭建房屋的结构框架，再通过装修给房屋披上美丽的外衣。房屋应根据其类型、功能、高度等选择合适的结构类型，房屋建筑的结构类型按承重构件的使用材料不同可分为：砌体结构、钢筋混凝土结构、钢结构、木结构（图4.1.1）。

(a) 砌体结构房屋

(b) 钢筋混凝土结构房屋

(c) 钢结构房屋

(d) 木结构房屋

图 4.1.1 房屋的结构类型

砌体结构（砖混结构）是指建筑物中竖向承重结构的墙、柱等采用砖或者砌块砌筑，横向承重的梁、楼板、屋面板等采用钢筋混凝土结构，即以小部分钢筋混凝土及大部分砌体墙承重的结构。适用于建造低层或多层建筑，目前在城市中的应用逐渐减少。

钢筋混凝土结构是指房屋的主要承重构件（如柱、梁、板、楼梯）都用钢筋混凝土制作，填充墙等用砌块或其他材料建造。钢筋混凝土结构适应性强、抗震性能好，整体性强，耐火性、耐久性、抗腐蚀性强，在住宅建筑中应用最广。

钢结构是指承重的主要结构用钢材建造，钢结构房屋强度高、自重轻、刚度大，密封耐热性好，适用于建造大跨度建筑，如厂房、大型体育场等。但其不耐火、耐腐蚀性差，而且成本较高。

木结构是以木材为主制作的结构，但受自然条件限制，我国木材相当缺乏，在山区、林区和农村有一定采用。

4.1.4　混凝土结构类型

混凝土结构是目前建筑工程中应用最为普遍的结构形式。根据承重体系的不同，混凝土结构可分为框架结构、框架-抗震墙结构、抗震墙结构、部分框支抗震墙结构、框架-核心筒结构、筒中筒结构、板柱-抗震墙结构等。

混凝土
结构类型

1. 框架结构

框架是由梁和柱刚性连接形成的骨架结构，其建筑平面布置灵活，可以获得较大的使用空间。但框架结构体系由于梁、柱截面尺寸较小，抗侧移能力较差，主要用于建造 10 层以下的工业与民用建筑。

2. 框架-抗震墙结构

将框架结构中的部分框架柱用抗侧移刚度较大的钢筋混凝土剪力墙替代，让框架以负担竖向荷载为主，剪力墙负担绝大部分水平作用，这样的结构形式即为框架-抗震墙结构，简称"框剪结构"。框架-抗震墙结构继承了框架平面布置灵活、能获得较大空间的优点，同时也因剪力墙抵抗水平作用而具有了较大的抗侧移能力，广泛用于建造 16～25 层的民用建筑。

3. 抗震墙结构

框架柱全部被取消，纵向抗侧力体系全部为纵、横方向的钢筋混凝土剪力墙，这样的结构体系比框架-抗震墙结构具有更好的抗侧移能力，可用于建造较高的建筑物。但墙体的布置极大地限制了房屋的使用空间，因此，抗震墙结构适用于建造较小开间的建筑，广泛应用于高层住宅、公寓及旅馆等。

4. 部分框支抗震墙结构

部分框支抗震墙结构是指首层或底部两层为框支层，上部为剪力墙的结构体系，主要用于建造底部需要大空间的高层建筑，比如商住楼。

5. 框架-核心筒结构

框架-核心筒结构是指周边稀柱框架与核心筒组成的结构，由剪力墙围成的核心筒比普通抗震墙具有更好的抗侧移能力。

4.1.5　钢筋类型及表达方式

1. 钢筋类型

现行《混凝土结构设计规范》GB 50010—2010（2015 年版）规定钢筋的类别、牌号、符号、强度等如表 4.1.1 所示。目前，在民用建筑中使用最广泛的受力钢筋类型为 HRB400，分布筋类型为 HPB300。

钢筋　　　　　　　　　　　　　　　　　　　　　　　　表 4.1.1

类别	牌号	符号	公称直径 d（mm）	屈服强度标准值 f_{yk}（N/mm²）	极限强度标准值 f_{stk}（N/mm²）
普通热轧光圆钢筋	HPB300	ϕ	6～14	300	420
普通热轧带肋钢筋	HRB400	ϕ	6～50	400	540
细精粒热轧带肋钢筋	HRBF400	ϕ^F			
余热处理钢筋	RRB400	ϕ^R			
普通热轧带肋钢筋	HRB500	Φ	6～50	500	630
细精粒热轧带肋钢筋	HRBF500	Φ^F			

HPB300 为光圆钢筋，表面没有肋纹图（图 4.1.2a）；其他牌号的钢筋为变形钢筋，表面带肋纹（图 4.1.2b、c、d）。

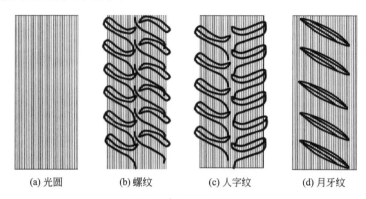

(a) 光圆　　　(b) 螺纹　　　(c) 人字纹　　　(d) 月牙纹

图 4.1.2　钢筋表面

2. 钢筋图例

（1）钢筋弯钩

为了增强钢筋与混凝土之间的粘结力，使钢筋与混凝土之间不发生相对滑动，常将光圆钢筋的两端做成 180°弯钩增强锚固。根据构造需要，钢筋还可能加工成 45°、90°、135°弯起的形式。图 4.1.3 为几种常见弯钩的尺寸。

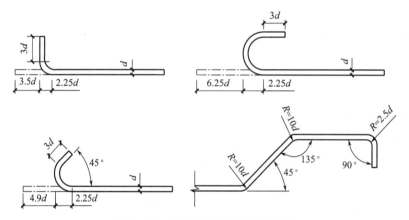

图 4.1.3　钢筋的弯钩形式示意图

（2）钢筋常用图例

在结构施工图中，各种构件的配筋详图都需要绘制钢筋，钢筋的常用图例见表 4.1.2。配筋图中被切到的钢筋用"黑点"表示；端部带弯钩的钢筋直接画出弯钩的样式，例如表 4.1.2 中，序号 3、4、7、8 中弯钩为 180°或 90°弯钩；当端部无弯钩的长、短钢筋投影重叠时，画 45°斜线表示短钢筋的截断点，45°斜线朝向短钢筋一侧倾斜，例如表 4.1.2 中，序号 2 和 6 中 45°斜线并不代表 135°弯钩，此时钢筋端部并无弯钩。

> **重要提示**
>
> 一般情况下，钢筋投影线中部的 45°斜线均表示钢筋的断点，并非 135°弯钩。

钢筋的常用图例　　　　　　　　　　　　　　　　表 4.1.2

序号	名称	图例	说明
1	钢筋横断面	●	
2	无弯钩的钢筋端部		下图表示长、短钢筋投影重叠时，短钢筋的端部用 45°斜画线表示断点
3	带半圆形弯钩的钢筋端部		
4	带直钩的钢筋端部		
5	带丝扣的钢筋端部		
6	无弯钩的钢筋搭接		
7	带半圆弯钩的钢筋搭接		
8	带直钩的钢筋搭接		
9	花篮螺丝钢筋接头		
10	机械连接的钢筋接头		用文字说明机械连接的方式（或冷挤压或锥螺纹等）

3. 钢筋的注写方式

在结构施工图中，钢筋一般有两种注写方式：注写根数或注写间距。图 4.1.4 中框架柱纵筋注写根数，柱箍筋注写间距，两种钢筋注写方式中符号文字的具体含义见图 4.1.5。

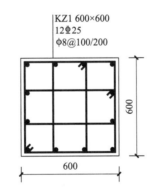

图 4.1.4　框架柱的钢筋标注示意

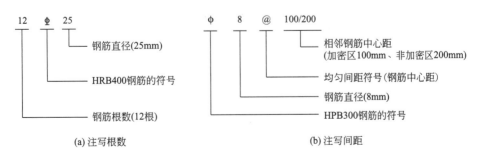

图 4.1.5　钢筋注写方式

4.1.6 构件中钢筋的分类及作用

梁、柱、板等基本结构构件中的钢筋类型如图4.1.6所示。根据钢筋在构件中所起的作用不同，钢筋可分为：

（1）受力钢筋

在构件中主要用来承受拉力，有时也承受压力和剪力。

（2）箍筋

用于梁、柱构件中，主要用来承受剪力，并固定钢筋，使钢筋形成坚固的钢筋骨架。

（3）分布钢筋

多用于板中，与受力钢筋垂直布置，形成钢筋网，将所受外力均匀地传给受力钢筋，并固定受力钢筋的位置。

（4）构造钢筋

因构件构造要求或施工安装需要配置的钢筋，如梁中架立筋、侧面构造纵筋、吊筋、锚筋及施工中常用的支撑等。

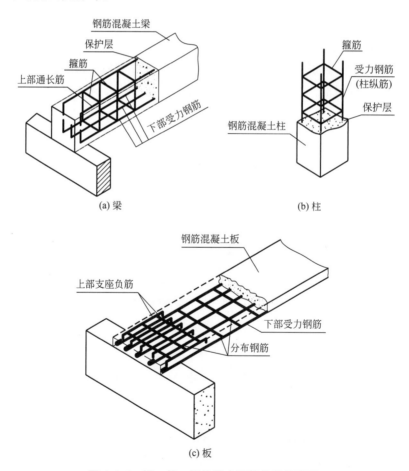

图 4.1.6 梁、柱、板构件中钢筋分类示意图

4.1.7　混凝土材料

混凝土是指由胶凝材料将骨料胶结形成的工程复合材料的统称。广泛应用于土木工程的"混凝土"是指用水泥作胶凝材料，砂、石作骨料，与水（可含外加剂和掺合料）按一定比例配合，经过搅拌后得到的水泥混凝土，也称普通混凝土。

混凝土强度等级应按立方体抗压强度标准值确定。立方体抗压强度标准值是指按标准方法制作、养护的边长为 150mm 的立方体试件，在 28d 或设计规定龄期以标准试验方法测得的具有 95％保证率的抗压强度值。

混凝土的强度等级符号见表 4.1.3。现行《混凝土结构通用规范》GB 55008—2021 规定：素混凝土结构的混凝土强度等级不应低于 C20；钢筋混凝土结构的混凝土强度等级不应低于 C25；采用强度等级 500MPa 及以上的钢筋时，混凝土强度等级不应低于 C30。

混凝土的强度等级符号　　　　　　　　　　　　　　　　　　　　表 4.1.3

混凝土强度等级符号												
C20	C25	C30	C35	C40	C45	C50	C55	C60	C65	C70	C75	C80

在实际工程中，基础垫层一般采用素混凝土，基础垫层按规范最新规定最低应采用 C20 混凝土。

基础能力训练

1. 房屋建筑按主要承重构件的使用材料不同可分为（　　）。

A. 砌体结构　　　　　　　　　　　　B. 钢筋混凝土结构

C. 框架结构　　　　　　　　　　　　D. 钢结构

E. 木结构

2. 钢筋混凝土结构的类型包括（　　）。

A. 框架结构　　　　　　　　　　　　B. 框架-抗震墙结构

C. 抗震墙结构　　　　　　　　　　　D. 部分框支抗震墙结构

E. 框架-核心筒结构

3. 结构的承重部分为梁柱体系，墙体只起围护和分隔作用，此种建筑结构称为（　　）。

A. 框架结构　　　　　　　　　　　　B. 抗震墙结构

C. 钢筋混凝土结构　　　　　　　　　D. 钢结构

4. 框架结构适合建造下列（　　）的房屋。

A. 8 层　　　　　　B. 24 层　　　　　　C. 32 层　　　　　　D. 44 层

5. 18 层的房屋优先选用（　　）体系。

A. 框架结构　　　　　　　　　　　　B. 框架-抗震墙结构

C. 抗震墙结构　　　　　　　　　　　D. 部分框支抗震墙结构

6. 32 层的房屋优先选用（　　）体系。

A. 框架结构　　　　　　　　　　　　B. 框架-抗震墙结构

C. 抗震墙结构　　　　　　　　　　D. 部分框支抗震墙结构

7. 根据《混凝土结构设计规范》GB 50010—2010（2015 年版）规定，"φ"表示的钢筋为（　　　）。

A. HPB235　　　　B. HPB300　　　　C. HRB400　　　　D. HRB500

8. 目前，在房屋建筑中应用最广的受力钢筋类型为（　　　）。

A. HPB235　　　　B. HPB300　　　　C. HRB400　　　　D. HRB500

9. 钢筋标注φ8@200 中，以下说法错误的是（　　　）。

A. φ为 HRB400 钢筋符号　　　　　　B. 钢筋直径为 8mm

C. @为间距符号　　　　　　　　　　D. 钢筋间距为 200mm

10. 结施中@是钢筋的间距代号，其含义为（　　　）。

A. 钢筋相等中心距离　　　　　　　　B. 钢筋外皮至外皮

C. 钢筋内皮至内皮　　　　　　　　　D. 钢筋外皮至内皮

11. 钢筋常见的弯钩形式有（　　　）。

A. 45°钩　　　　B. 135°钩　　　　C. 180°钩　　　　D. 90°钩

E. 60°钩

12. ⌐————图中钢筋弯起角度为（　　　）。

A. 45°　　　　B. 90°　　　　C. 135°　　　　D. 180°

13. ————图中弯钩表示（　　　）。

A. 无弯钩的搭接　　　　　　　　　　B. 带 45°弯钩的搭接

C. 带 135°弯钩的搭接　　　　　　　　D. 带 180°弯钩的搭接

14. ————图中弯钩表示（　　　）。

A. 短钢筋的端部，无弯钩　　　　　　B. 短钢筋的端部，45°弯钩

C. 短钢筋的端部，135°弯钩　　　　　D. 左右两段钢筋的端部

15. 混凝土强度等级是按混凝土的（　　　）确定的。

A. 立方体抗压强度标准值　　　　　　B. 立方体抗压强度设计值

C. 轴心抗压强度标准值　　　　　　　D. 轴心抗拉强度标准值

16. 表示商品混凝土强度等级的两项内容为（　　　）。

A. 抗压强度　　　　　　　　　　　　B. 符号 C

C. 立方体抗压强度标准值　　　　　　D. 立方体抗压强度设计值

17. 混凝土立方体抗压强度标准试件尺寸（mm）为（　　　）。

A. 70×70×70　　　　　　　　　　　B. 100×100×100

C. 150×150×150　　　　　　　　　　D. 200×200×200

18. 普通商品混凝土的强度等级是以具有 95% 保证率的（　　　）d 的标准尺寸立方体抗压强度代表值来确定的。

A. 3　　　　B. 7　　　　C. 20　　　　D. 28

19. 素混凝土结构的混凝土强度等级不应低于（　　　）。

A. C10　　　　B. C15　　　　C. C20　　　　D. C25

4.2　结构设计总说明识读

4.2.1　建筑抗震设防

1. 抗震设防烈度和设计基本地震加速度

《建筑抗震设计规范》GB 50011—2010（2016 年版）采用的是 50 年内超越概率为 10% 的地震烈度作为抗震设防烈度。也就是说，50 年之内，发生比这个设防烈度还大的地震烈度的可能性为 10%。折算下来，就是俗称的 475 年一遇的地震。

地震烈度是指地震时，某一地区的地面和各类建筑物遭受地震影响的强弱程度。地震烈度关联的是某地区地震的破坏程度，比如，1976 年唐山大地震，震中唐山的烈度为 11 度，天津为 8 度，北京为 6 度，石家庄为 5 度。通常情况下，越靠近震中，地震烈度越大；越远离震中，地震烈度越小。

设计基本地震加速度与抗震设防烈度一一对应（表 4.2.1），地震波的加速度是地震作用的量化指标，一般情况下，加速度越大，破坏性越大。

抗震设防烈度和设计基本地震加速度值的对应关系　　　　　表 4.2.1

抗震设防烈度	6	7	8	9
设计基本地震加速度值	0.05g	0.10g（0.15g）	0.20g（0.30g）	0.40g

例如：依据《建筑抗震设计规范》GB 50011—2010（2016 年版）附录 A，湖北省武汉市的建筑工程抗震设计时所采用的抗震设防烈度、设计基本地震加速度值和所属的设计地震分组如表 4.2.2 所示。

湖北省武汉市抗震设防烈度、设计基本地震加速度值和所属的设计地震分组　表 4.2.2

	烈度	加速度	分组	县级及县级以上城镇
武汉市	7 度	0.10g	第一组	新洲区
	6 度	0.05g	第一组	江岸区、江汉区、硚口区、汉阳区、武昌区、青山区、洪山区、东西湖区、汉南区、蔡甸区、江夏区、黄陂区

2. 设计地震分组

依据《建筑抗震设计规范》GB 50011—2010（2016 年版）中条文说明，设计地震分组是用来表征地震震级及震中距影响的一个参量，用来代替原来老规范中的"设计近震和远震"，全国各地的地震分组在"中国地震反应谱特征周期区划图"已有明确规定。

计算地震作用时，由设计地震分组和场地类别共同确定场地特征周期（表 4.2.3），场地特征周期不同，计算的地震作用效应不同，一般情况下，特征周期越长，地震作用效应越大。

场地特征周期值（s） 表 4.2.3

设计地震分组	场地类别				
	I₀	I₁	II	III	IV
第一组	0.20	0.25	0.35	0.45	0.65
第二组	0.25	0.30	0.40	0.55	0.75
第三组	0.30	0.35	0.45	0.65	0.90

3. 抗震设防类别及相应抗震设防标准

《建筑工程抗震设防分类标准》GB 50223—2008 规定，建筑工程应分为如表 4.2.4 所示四个抗震设防类别。

抗震设防类别及设防标准 表 4.2.4

序号	抗震设防类别	简称	适用于	抗震设防标准
1	特殊设防类	甲类	使用上有特殊设施，涉及国家公共安全的重大建筑工程和地震时可能发生严重次生灾害等特别重大灾害后果，需要进行特殊设防的建筑	应按本地区抗震设防烈度确定其抗震措施和地震作用，达到在遭遇高于当地抗震设防烈度的预估罕遇地震影响时不致倒塌或发生危及生命安全的严重破坏的抗震设防目标
2	重点设防类	乙类	地震时使用功能不能中断或需尽快恢复的生命线相关建筑，以及地震时可能导致大量人员伤亡等重大灾害后果，需要提高设防标准的建筑	应按高于本地区抗震设防烈度一度的要求加强其抗震措施；但抗震设防烈度为 9 度时应按比 9 度更高的要求采取抗震措施；地基基础的抗震措施，应符合有关规定。同时，应按本地区抗震设防烈度确定其地震作用
3	标准设防类	丙类	大量的除 1、2、4 款以外按标准要求进行设防的建筑	应按高于本地区抗震设防烈度提高一度的要求加强其抗震措施；但抗震设防烈度为 9 度时应按比 9 度更高的要求采取抗震措施。同时，应按批准的地震安全性评价的结果且高于本地区抗震设防烈度的要求确定其地震作用
4	适度设防类	丁类	使用上人员稀少且震损不致产生次生灾害，允许在一定条件下适度降低要求的建筑	允许比本地区抗震设防烈度的要求适当降低其抗震措施，但抗震设防烈度为 6 度时不应降低。一般情况下，仍应按本地区抗震设防烈度确定其地震作用

4. 结构抗震等级

《建筑抗震设计规范》GB 50011—2010（2016 年版）规定，钢筋混凝土房屋应根据设防类别、烈度、结构类型和房屋高度采用不同的抗震等级，并应符合相应的计算和构造措施要求。丙类建筑的抗震等级应按表 4.2.5 确定，甲、乙、丁类建筑按照现行《建筑工程抗震设防分类标准》GB 50223 要求调整后的烈度确定抗震等级。抗震等级越高，抗震设计的计算要求和构造要求越高。

丙类建筑的抗震等级　　　　　　　　　　　　　表 4.2.5

结构类型		设防烈度			
		6	7	8	9
框架结构	高度(m)	≤24 / >24	≤24 / >24	≤24 / >24	≤24
	框架	四 / 三	三 / 二	二 / 一	一
	大跨度框架	三	二	一	一
框架-抗震墙结构	高度(m)	≤60 / >60	≤24 / 25~60 / >60	≤24 / 25~60 / >60	≤24 / 25~50
	框架	四 / 三	四 / 三 / 二	三 / 二 / 一	二 / 一
	抗震墙	三	三 / 二	二 / 一	一
抗震墙结构	高度(m)	≤80 / >80	≤24 / 25~80 / >80	≤24 / 25~80 / >80	≤24 / 25~60
	抗震墙	四 / 三	四 / 三 / 二	三 / 二 / 一	二 / 一
部分框支抗震墙结构	高度(m)	≤80 / >80	≤24 / 25~80 / >80	≤24 / 25~80	
	抗震墙 一般部位	四 / 三	四 / 三 / 二	三 / 二	
	抗震墙 加强部位	三 / 二	三 / 二 / 一	二 / 一	
	框支层框架	二	二 / 一	一	
框架-核心筒结构	框架	三	二	一	
	核心筒	二	二	一	
筒中筒结构	内筒	三	二	一	
	外筒	三	二	一	
板柱-抗震墙结构	高度(m)	≤35 / >35	≤35 / >35	≤35 / >35	
	框架、板柱的柱	三 / 二	二 / 二	二 / 一	
	抗震墙	二 / 二	二 / 一	二 / 一	

注：1. 建筑场地为Ⅰ类时，除6度外应允许按表内降低一度所对应的抗震等级采取抗震构造措施，但相应的计算要求不应降低；

2. 接近或等于高度分界时，应允许结合房屋不规则程度及场地、地基条件确定抗震等级；

3. 大跨度框架指跨度不小于 18m 的框架；

4. 高度不超过 60m 的框架-核心筒结构按框架-抗震墙的要求设计时，应按表中框架-抗震墙结构的规定确定其抗震等级。

4.2.2　结构设计总说明的图示内容

结构设计总说明是按照现行规范的要求，结合工程结构的实际情况，将设计依据、材料要求、选用标准图集及施工要求等，用以文字为主、结构构造详图为辅的方式进行表达的设计文件。结构设计总说明是结构施工图的纲领性文件，内容虽然较多，但不同工程项目的结构设计总说明规定的基本内容大体相同，主要内容详见表 4.2.6。

结构设计总说明的图示内容 表 4.2.6

序号	类别	主要内容
1	工程概况	(1)工程名称、建设地点、建设单位; (2)结构层数、结构类型、基础类型; (3)建筑结构安全等级、设计使用年限、抗震设防类别、抗震等级、地基基础设计等级、人防工程类别和防护等级、建筑防火分类和耐火等级、砌体施工质量控制等级等
2	设计依据	(1)结构设计依据的主要规范、标准、法规、图集等; (2)工程地质勘测报告; (3)结构设计计算软件、结构计算模型等
3	自然条件	(1)风荷载条件:基本风压、地面粗糙度; (2)地震条件:抗震设防烈度、设计基本地震加速度、设计地震分组、场地类别; (3)混凝土结构的使用环境类别
4	主要荷载取值	(1)楼屋面活荷载、楼梯间活荷载、阳台活荷载等; (2)栏杆荷载、雪荷载等其他荷载
5	主要结构材料	(1)钢筋的种类及性能要求; (2)混凝土强度等级、抗震等级、耐久性要求、预拌混凝土要求; (3)砌体中块体和砂浆的种类及等级要求、预拌砂浆要求; (4)钢材、焊条、预埋件、螺栓要求; (5)装配式结构连接材料的种类及要求
6	地基基础	(1)基础形式、基础持力层、检测要求; (2)不良地基的处理措施及技术要求; (3)地下室抗浮措施、降水要求; (4)基坑回填要求、大体积混凝土的施工要求; (5)采用桩基时,明确桩型、桩径、桩长、桩端持力层及进入深度、设计单桩承载力特征值(抗压、抗拔)、试桩及检测要求
7	结构构造要求	(1)混凝土构件的保护层厚度; (2)钢筋锚固长度、连接方式及要求; (3)梁、柱、剪力墙、板等各类构件的构造要求; (4)非结构构件(填充墙等)的构造要求; (5)装配式连接节点构造要求
8	其他施工要求	(1)预埋件、预埋孔洞等统一要求; (2)后浇带、施工缝、起拱、拆模等施工要求; (3)预埋构件、装配式等施工要求; (4)其他要求

4.2.3 结构构造基本要求

1. 混凝土结构的环境类别

混凝土结构随着时间的发展,表面可能出现酥裂、粉化、锈胀裂缝等材料劣化现象,进一步发展还会引起构件承载力问题,甚至发生破坏,因此混凝土结构设计应满足耐久性要求。不同环境条件下，混凝土的耐久性要求及构件中钢筋的混凝土保护层厚度要求均有所不同，依据《混凝土结构设计规范》GB 50010—2010（2015 年版），混凝土结构暴露的环境（混凝土结构表面所处的环境）类别应按表 4.2.7 进行划分。表中"室内潮湿环境"是指构件表面经常处于结露或湿润状态的环境，结构设计人员通常在结构设计总说明中明确工程的环境类别。

混凝土结构的环境类别　　　　　　　　　　　　　　　　　表 4.2.7

环境类别	条件
一	室内干燥环境； 无侵蚀性静水浸没环境
二 a	室内潮湿环境； 非严寒和非寒冷地区的露天环境； 非严寒和非寒冷地区与无侵蚀性的水或土壤直接接触的环境； 严寒和寒冷地区的冰冻线以下与无侵蚀性的水或土壤直接接触的环境
二 b	干湿交替环境； 水位频繁变动环境； 严寒和寒冷地区的露天环境； 严寒和寒冷地区冰冻线以上与无侵蚀性的水或土壤直接接触的环境
三 a	严寒和寒冷地区冬季水位变动区环境； 受除冰盐影响环境； 海风环境
三 b	盐渍土环境； 受除冰盐作用环境； 海岸环境
四	海水环境
五	受人为或自然的侵蚀性物质影响的环境

2. 混凝土保护层厚度

混凝土保护层是指混凝土结构构件中，最外层钢筋外边缘至混凝土表面之间的混凝土层，简称保护层（图 4.2.1）。钢筋裸露在大气或者其他介质中，容易受蚀生锈，使得钢筋的有效截面减小，影响结构受力，因此需要根据结构的耐久性要求，规定各类结构构件在不同使用环境下的混凝土保护层最小厚度，以保证构件在设计使用年限内钢筋不发生降低结构可靠度的锈蚀。

依据《混凝土结构设计规范》GB 50010—2010（2015 年版），各类结构构件的混凝土保护层最小厚度取决于其所处的环境类别（表 4.2.8）。表 4.2.8 中混凝土保护层厚度是指构件中最外层钢筋（包括箍筋、构造筋、分布筋）外边缘至混凝

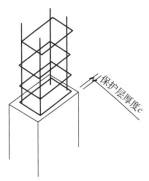

图 4.2.1　钢筋混凝土构件保护层示意

土表面的距离，比如，"一类环境中梁、柱的混凝土保护层最小厚度为 20"表示：一类环境中，梁、柱的箍筋外边缘至混凝土表面的距离最小为 20mm。

混凝土保护层的最小厚度（mm）　　　　　　表 4.2.8

环境类别	板、墙	梁、柱
一	15	20
二 a	20	25
二 b	25	35
三 a	30	40
三 b	40	50

注：1. 适用于设计工作年限为 50 年的混凝土结构。

2. 构件中受力钢筋的保护层厚度不应小于钢筋的公称直径 d。

3. 混凝土强度等级为 C25 时，表中保护层厚度数值应增加 5mm。

4. 基础底面钢筋的保护层厚度，有混凝土垫层时应从垫层顶面算起，且不应小于 40mm。

3. 钢筋的锚固长度

受拉钢筋依靠其表面与混凝土的粘结作用或端部构造的挤压作用而达到能承受设计拉应力所需的长度，称为锚固长度。锚固长度不满足要求时，受拉钢筋可能拉脱，导致构件破坏，威胁整个结构安全。

（1）当计算中充分利用钢筋抗拉强度时，受拉钢筋的基本锚固长度 l_{ab} 按表 4.2.9 选用，抗震设计时受拉钢筋基本锚固长度 l_{abE} 按表 4.2.10 选用。

受拉钢筋基本锚固长度 l_{ab}　　　　　　表 4.2.9

钢筋种类	混凝土强度等级							
	C25	C30	C35	C40	C45	C50	C55	≥C60
HPB300	34d	30d	28d	25d	24d	23d	22d	21d
HRB400、HRBF400、RRB400	40d	35d	32d	29d	28d	27d	26d	25d
HRB500、HRBF500	48d	43d	39d	36d	34d	32d	31d	30d

抗震设计时受拉钢筋基本锚固长度 l_{abE}　　　　　　表 4.2.10

钢筋种类	抗震等级	混凝土强度等级							
		C25	C30	C35	C40	C45	C50	C55	≥C60
HPB300	一、二级	39d	35d	32d	29d	28d	26d	25d	24d
	三级	36d	32d	29d	26d	25d	24d	23d	22d
HRB400、HRBF400	一、二级	46d	40d	37d	33d	32d	31d	30d	29d
	三级	42d	37d	34d	30d	29d	28d	27d	26d
HRB500、HRBF500	一、二级	55d	49d	45d	41d	39d	37d	36d	35d
	三级	50d	45d	41d	38d	36d	34d	33d	32d

注：1. 四级抗震时，$l_{abE}=l_{ab}$。

2. 混凝土强度等级应取锚固区的混凝土强度等级。

3. 当锚固钢筋的保护层厚度不大于 $5d$ 时，锚固钢筋长度范围内应设置横向构造钢筋，其直径不应小于 $d/4$（d 为锚固钢筋的最大直径）；对梁、柱等构件间距不应大于 $5d$，对板、墙等构件间距不应大于 $10d$，且均不应大于 100mm（d 为锚固钢筋的最小直径）。

（2）受拉钢筋的锚固长度 l_a 按表 4.2.11 选用，受拉钢筋抗震锚固长度 l_{aE} 按表 4.2.12 选用。

受拉钢筋锚固长度 l_a　　　　　　　　　　　　　表 4.2.11

钢筋种类	混凝土强度等级															
	C25		C30		C35		C40		C45		C50		C55		≥C60	
	$d\leqslant$25mm	$d>$25mm	$d\leqslant$25mm	$d>$25mm	$d\leqslant$25mm	$d>$25mm	$d\leqslant$25mm	$d>$25mm	$d\leqslant$25mm	$d>$25mm	$d\leqslant$25mm	$d>$25mm	$d\leqslant$25mm	$d>$25mm	$d\leqslant$25mm	$d>$25mm
HPB300	34d	—	30d	—	28d	—	25d	—	24d	—	23d	—	22d	—	21d	—
HRB400 HRBF400 RRB400	40d	44d	35d	39d	32d	35d	29d	32d	28d	31d	27d	30d	26d	29d	25d	28d
HRB500 HRBF500	48d	53d	43d	47d	39d	43d	36d	40d	34d	37d	32d	35d	31d	34d	30d	33d

抗震设计时受拉钢筋锚固长度 l_{aE}　　　　　　　　　表 4.2.12

钢筋种类	抗震等级	混凝土强度等级															
		C25		C30		C35		C40		C45		C50		C55		≥C60	
		$d\leqslant$25mm	$d>$25mm	$d\leqslant$25mm	$d>$25mm	$d\leqslant$25mm	$d>$25mm	$d\leqslant$25mm	$d>$25mm	$d\leqslant$25mm	$d>$25mm	$d\leqslant$25mm	$d>$25mm	$d\leqslant$25mm	$d>$25mm	$d\leqslant$25mm	$d>$25mm
HPB300	一、二级	39d	—	35d	—	32d	—	29d	—	28d	—	26d	—	25d	—	24d	—
	三级	36d	—	32d	—	29d	—	26d	—	25d	—	24d	—	23d	—	22d	—
HRB400 HRBF400	一、二级	46d	51d	40d	45d	37d	40d	33d	37d	32d	36d	31d	35d	30d	33d	29d	32d
	三级	42d	46d	37d	41d	34d	37d	30d	34d	29d	33d	28d	32d	27d	30d	26d	29d
HRB500 HRBF500	一、二级	55d	61d	49d	54d	45d	49d	41d	46d	39d	43d	37d	40d	36d	39d	35d	38d
	三级	50d	56d	45d	49d	41d	45d	38d	42d	36d	40d	34d	37d	33d	36d	32d	35d

注：1. 当为环氧树脂涂层带肋钢筋时，表中数据尚应乘以 1.25。

2. 当纵向受拉钢筋在施工过程中易受扰动时，表中数据尚应乘以 1.1。

3. 受拉钢筋的锚固长度 l_a、l_{aE} 计算值不应小于 200mm。

4. 四级抗震时，$l_{aE}=l_a$。

5. 当锚固钢筋的保护层厚度不大于 $5d$ 时，锚固钢筋长度范围内应设置横向构造钢筋，其直径不应小于 $d/4$（d 为锚固钢筋的最大直径）；对梁、柱等构件间距不应大于 $5d$，对板、墙等构件间距不应大于 $10d$，且均不应大于 100mm（d 为锚固钢筋的最小直径）。

6. HPB300 钢筋末端应做 180°弯钩。

7. 混凝土强度等级应取锚固区的混凝土强度等级。

4. 钢筋的连接

钢筋常见的供货长度为 9m 和 12m，当构件的长度大于钢筋长度时，需要将钢筋连接接长。钢筋连接的基本原则：连接接头宜设置在受力较小处，在同一根受力钢筋上宜少设接头；避开梁端、柱端箍筋加密区等结构关键受力部位，必须在此连接时，应采用机械连接或焊接；同一连接区段内限制接头面积百分率。

（1）连接方式

① 绑扎搭接

绑扎搭接施工操作简单，但连接强度较低，不适合大直径钢筋连接，常见于楼板钢筋、剪力墙分布筋的连接。当受拉钢筋直径大于 25mm 及受压钢筋直径大于 28mm 时，不宜采用绑扎搭接；轴心受拉及小偏心受拉构件中纵向受力钢筋不应采用绑扎搭接。

绑扎搭接的工作原理是通过钢筋与混凝土之间的粘结力来传递内力，为保证受力钢筋的传力性能，纵向受拉钢筋绑扎搭接接头应有一定的搭接长度，纵向受拉钢筋的搭接长度 l_l 按表 4.2.13 选用，纵向受拉钢筋抗震搭接长度 l_{lE} 按表 4.2.14 选用。

纵向受拉钢筋搭接长度 l_l 表 4.2.13

钢筋种类及同一区段内搭接钢筋面积百分率		混凝土强度等级														
		C25		C30		C35		C40		C45		C50		C55		≥C60	
		d≤25mm	d>25mm	d≤25mm	d>25mm	d≤25mm	d>25mm	d≤25mm	d>25mm	d≤25mm	d>25mm	d≤25mm	d>25mm	d≤25mm	d>25mm	d≤25mm	d>25mm
HPB300	≤25%	41d	—	36d	—	34d	—	30d	—	29d	—	28d	—	26d	—	25d	—
	50%	48d	—	42d	—	39d	—	35d	—	34d	—	32d	—	31d	—	29d	—
	100%	54d	—	48d	—	45d	—	40d	—	38d	—	37d	—	35d	—	34d	—
HRB400 HRBF400	≤25%	48d	53d	42d	47d	38d	42d	35d	38d	34d	37d	32d	36d	31d	35d	30d	34d
	50%	56d	62d	49d	55d	45d	49d	41d	45d	39d	43d	38d	42d	36d	41d	35d	39d
	100%	64d	70d	56d	62d	51d	56d	46d	51d	45d	50d	43d	48d	42d	46d	40d	45d
HRB500 HRBF500	≤25%	58d	64d	52d	56d	47d	52d	43d	48d	41d	44d	38d	42d	37d	41d	36d	40d
	50%	67d	74d	60d	66d	55d	60d	50d	56d	48d	52d	45d	49d	43d	48d	42d	46d
	100%	77d	85d	69d	75d	62d	69d	58d	64d	54d	59d	51d	56d	50d	54d	48d	53d

抗震设计时纵向受拉钢筋搭接长度 l_{lE} 表 4.2.14

抗震等级	钢筋种类及同一区段内搭接钢筋面积百分率		混凝土强度等级														
			C25		C30		C35		C40		C45		C50		C55		≥C60	
			d≤25mm	d>25mm	d≤25mm	d>25mm	d≤25mm	d>25mm	d≤25mm	d>25mm	d≤25mm	d>25mm	d≤25mm	d>25mm	d≤25mm	d>25mm	d≤25mm	d>25mm
一、二级	HPB300	≤25%	47d	—	42d	—	38d	—	35d	—	34d	—	31d	—	30d	—	29d	—
		50%	55d	—	49d	—	45d	—	41d	—	39d	—	36d	—	35d	—	34d	—
	HRB400 HRBF400	≤25%	55d	61d	48d	54d	44d	48d	40d	44d	38d	43d	37d	42d	36d	40d	35d	38d
		50%	64d	71d	56d	63d	52d	56d	46d	52d	45d	50d	43d	49d	42d	46d	41d	45d
	HRB500 HRBF500	≤25%	66d	73d	59d	65d	54d	59d	49d	55d	47d	52d	44d	48d	43d	47d	42d	46d
		50%	77d	85d	69d	76d	63d	69d	57d	64d	55d	60d	52d	56d	50d	55d	49d	53d
三级	HPB300	≤25%	43d	—	38d	—	35d	—	31d	—	30d	—	29d	—	28d	—	26d	—
		50%	50d	—	45d	—	41d	—	36d	—	35d	—	34d	—	32d	—	31d	—

续表

抗震等级	钢筋种类及同一区段内搭接钢筋面积百分率	混凝土强度等级														
		C25		C30		C35		C40		C45		C50		C55		≥C60
		$d\leqslant$ 25mm	$d>$ 25mm	$d\leqslant$ 25mm	$d>$ 25mm	$d\leqslant$ 25mm	$d>$ 25mm	$d\leqslant$ 25mm	$d>$ 25mm	$d\leqslant$ 25mm	$d>$ 25mm	$d\leqslant$ 25mm	$d>$ 25mm	$d\leqslant$ 25mm	$d>$ 25mm	$d\leqslant$ 25mm $d>$ 25mm
三级	HRB400 HRBF400 ≤25%	$50d$	$55d$	$44d$	$49d$	$41d$	$44d$	$36d$	$41d$	$35d$	$40d$	$34d$	$38d$	$32d$	$36d$	$31d$ $35d$
	50%	$59d$	$64d$	$52d$	$57d$	$48d$	$52d$	$42d$	$48d$	$41d$	$46d$	$39d$	$45d$	$38d$	$42d$	$36d$ $41d$
	HRB500 HRBF500 ≤25%	$60d$	$67d$	$54d$	$59d$	$49d$	$54d$	$46d$	$50d$	$43d$	$47d$	$41d$	$44d$	$40d$	$43d$	$38d$ $42d$
	50%	$70d$	$78d$	$63d$	$69d$	$57d$	$63d$	$53d$	$59d$	$50d$	$55d$	$48d$	$52d$	$46d$	$50d$	$45d$ $49d$

注：1. 表中数值为纵向受拉钢筋绑扎搭接接头的搭接长度。

2. 两根不同直径钢筋搭接时，表中 d 取钢筋较小直径。

3. 当为环氧树脂涂层带肋钢筋时，表中数据尚应乘以 1.25。

4. 当纵向受拉钢筋在施工过程中易受扰动时，表中数据尚应乘以 1.1。

5. 当位于同一连接区段内的钢筋搭接接头面积百分率为 100% 时，$l_{lE}=1.6l_{aE}$。

6. 任何情况下，搭接长度不应小于 300mm。

7. 四级抗震等级时 $l_{lE}=l_l$。

8. HPB300 级钢筋末端应做成 180°弯钩。

② 机械连接

纵向受力钢筋机械连接的接头形式有套筒挤压连接接头、直螺纹套筒连接接头和锥螺纹套筒连接接头。机械连接受力可靠，但机械连接接头连接件的混凝土保护层及连接件间的横向净距将减小。机械连接套筒的横向净距不宜小于 25mm。

③ 焊接连接

焊接连接是利用热熔融金属实现钢筋连接，纵向受力钢筋焊接连接的方法有闪光对焊、电渣压力焊等。焊接成本低，但连接质量对施工要求高，稳定性差。电渣压力焊只能用于柱、墙等竖向构件纵筋的连接，不得用于梁、板等水平构件的纵筋连接。

（2）连接区段及接头面积百分率

同一连接区段内纵向钢筋的连接接头面积百分率，为该区段内有连接接头的纵向受力钢筋截面面积与全部纵向钢筋截面面积的比值。当直径相同时，图 4.2.2 和图 4.2.3 所示②和③接头中心均位于同一连接区段内，该区段内连接接头面积百分率为 50%（4 根钢筋中 2 根有接头），其他区段内连接接头面积百分率为 25%（4 根钢筋中 1 根有接头）。

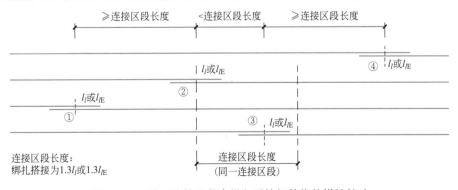

图 4.2.2 同一连接区段内纵向受拉钢筋绑扎搭接接头

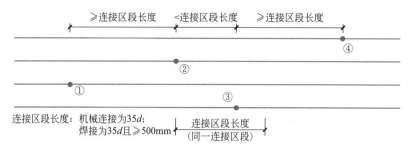

图 4.2.3　同一连接区段内纵向受拉钢筋机械连接、焊接接头

重要提示

①接头中点位于连接区段长度内的接头属同一连接区段；②d 为相互连接两根钢筋中较小直径。

4.2.4　识读案例

读 1 号宿舍楼的结构设计总说明（图 4.2.4～图 4.2.6）：

1. 工程概况

工程概况包括项目地址、工程名称、房屋类型、结构类型、层数、基础类型等工程基本信息。

2. 建筑结构的安全等级和设计使用年限

该项主要包括建筑结构的安全等级、设计使用年限、抗震设防类别、地基基础设计等级以及施工质量控制等级等。

3. 自然条件

本工程所处的自然条件主要指基本风压、地面粗糙度、地震作用信息及本工程不同部位的混凝土结构所处的环境类别。混凝土结构的使用环境类别是确定混凝土保护层厚度的必要条件，其中，卫生间、阳台等属于室内潮湿环境，屋面属于露天环境。

4. 设计依据

设计依据包括结构设计依据的主要标准与法规、工程地质报告等。

5. 所采用的计算程序

本工程采用 PKPM 软件进行结构的计算分析，模型的嵌固端位于基础表面。

6. 设计均布活荷载

均布活荷载主要指楼（屋）面的使用荷载，房屋建筑中不同功能房间的活荷载取值不同。房屋建筑的楼、屋面的使用活荷载确定后，后期不能随意改变使用功能。

7. 地基基础

明确基础开挖要求、沉降观测要求，基底超挖处理方法、基础墙体材料及施工要求等。

8. 主要结构材料

明确本工程不同部位、不同构件使用的主要结构材料的类型及要求，如钢筋的种类、混凝土的强度等级、结构混凝土的耐久性要求、墙体材料、钢材、焊条等。

结构设计总说明(一)

一、工程概况

本工程位于××省××市××镇，为某小学宿舍楼，三层砌体结构房屋，基础类型为墙下混凝土条基。

二、建筑结构的安全等级及设计使用年限

建筑结构的安全等级：	二级
设计使用年限：	50年
建筑抗震设防类别：	丙类
地基基础设计等级：	丙级
砌体施工质量控制等级：	B级

三、自然条件

1. 基本风压：	w_0=0.35kN/m^2
地面粗糙度：	B类
2. 抗震设防烈度：	6度
设计基本地震加速度：	0.10g
设计地震分组：	第一组
场地类别：	Ⅱ类

3. 混凝土结构的使用环境类别及其对应位置：

环境类别	环境条件	适用部位
一	室内正常环境	卧室、餐厅、客厅
二a	室内潮湿环境：非严寒和非寒冷地区的露天环境，与无侵蚀性的水或土壤直接接触的环境	厨房、卫生间、阳台
二b	严寒和寒冷地区的露天环境，与无侵蚀性的水或土壤直接接触的环境	屋面板

四、本工程设计遵循的标准、规范、规程（不限于以下）

1.《建筑结构制图标准》GB/T 50105-2010
2.《建筑结构可靠性设计统一标准》GB 50068-2018
3.《建筑工程抗震设防分类标准》GB 50223-2008
4.《建筑结构荷载规范》GB 50009-2012
5.《建筑抗震设计规范》GB 50011-2010(2016年版)
6.《建筑地基基础设计规范》GB 50007-2011
7.《砌体结构设计规范》GB 50003-2011
8.《混凝土结构设计规范》GB 50010-2010（2015年版）
9.《混凝土结构工程施工质量验收规范》GB 50204-2015
10.《砌体结构工程施工质量验收规范》GB 50203-2011
11.《混凝土结构施工图平面整体表示方法制图规则和构造详图》22G101系列
12. 其他现行有关规范、法规及文件

五、本工程设计计算所采用的计算程序

本工程采用PKPM软件进行结构整体分析，上部结构的嵌固部位为基础顶面。

六、设计采用的均布活荷载标准值

工程建成后，未经技术鉴定或设计许可不得擅自改变房屋用途和使用环境。

部位	活荷载（kN/m^2）	组合值系数	频遇值系数	准永久值系数
不上人屋面	0.5	0.7	0.5	0
卧室、卫生间	2.0	0.7	0.5	0.4
厨房	2.0	0.7	0.6	0.5
楼梯间	2.0	0.7	0.5	0.3
挑出阳台	2.5	0.7	0.5	0.5

七、地基基础

基础位于回填土上，压实系数不小于0.95。墙下条基基底标高为-1.200m，要求地基作强夯处理，强夯后地基承载力特征值不小于180kPa；基槽开挖至基底标高以上200mm时，应进行普遍钎探，并通知地勘、监理、设计等单位共同验槽方可进行下一道工序。若验槽承载力达不到设计要求，应及时通知设计单位作相应调整。

八、主要结构材料(注：所有工程原材料均应具有出厂合格证)

1. 钢筋：

HPB300级(ф，f_y=270N/mm^2)

HRB400级(ф，f_y=360N/mm^2)

2. 混凝土：

构件部位	混凝土强度等级	备注
梁、板	C30	
基础垫层	C20	
素混凝土条基、圈梁、构造柱、过梁	C25	
标准构件		按标准图要求

3. 结构使用年限为50年的结构混凝土耐久性的基本要求：

环境类别	最大水灰比	最小水泥用量(kg/m^3)	最低混凝土强度等级	最大氯离子含量占水泥用量百分率(%)	最大碱含量(kg/m^3)
一	0.65	225	C20	1.0	不限制
二a	0.60	250	C25	0.3	3.0
二b	0.55	275	C30	0.2	3.0

注：当使用非碱活性骨料时，混凝土中的碱含量不限制。

4. 墙体：采用MU10黏土空心砖，±0.000以下M10水泥砂浆砌筑；±0.000以上M7.5混合砂浆砌筑。
5. 型钢、钢板、钢管：Q235-B
6. 焊条：E43(HPB235)，不同强度钢材采用低强度对应焊材。

九、结构统一构造

（一）钢筋的连接

1. 纵向受拉钢筋的最小锚固长度应按国标图集《22G101-1》第59页选用。
2. 纵向钢筋的搭接长度应按国标图集《22G101-1》第61、62页选用。

审核	校对	设计	工程名称	图别	图名	图号
			××小学1号宿舍楼	结构	结构设计总说明（一）	01

图 4.2.4　1号宿舍楼结构设计说明（一）

结构设计总说明（二）

（二）钢筋接头形式及要求

1. 接头位置宜设置在受力较小处，在同一根钢筋上宜少设接头。

2. 受力钢筋接头的位置应相互错开，当采用机械接头时，在任意35d区段内，和采用绑扎搭接接头时，在任意1.3倍搭接长度的区段内，有接头的受力钢筋截面面积占受力钢筋总截面面积的百分率不超过50%。

（三）钢筋的保护层

1. 纵向受力钢筋的混凝土保护层厚度（从钢筋外边缘到混凝土外边缘的距离）不应小于钢筋的公称直径，且应符合下表规定：

构件类别 混凝土强度等级 环境类别	板、墙、壳	梁	柱
	C25、C30	C25、C30	C25、C30
室内正常环境及不与土壤接触等一类环境	15	25	30
室内潮湿、露天及与土壤接触等二类环境	20	30	30

2. 对有防火要求的建筑物，其保护层应符合图4.1。

（四）现浇钢筋混凝土板

除具体施工图中有特别规定者外，现浇钢筋混凝土板的施工应符合以下要求：

1. 楼板孔洞加强钢筋见图4.1。

2. 双向板之板底钢筋应沿长向的放于短向钢筋之上。楼、屋面板之板面钢筋，施工时严禁踩踏，以确保负筋的有效高度。

3. 楼、屋面板面双向钢筋，横向应每隔1000mm加设Φ10骑马凳，纵向以确保板面钢筋的有效高度。

4. 跨度不小于3m的单向或双向现浇板（双向板按短向），跨中上部未设置纵筋暨板的区域，设双向Φ6@200温度钢筋网，与四周支座（非受力钢筋）锚固搭接300mm。

5. 所有板筋（受力或非受力钢筋）当用搭接接长时，其搭接长度≥la，且不宜小于300mm。在钢筋一断面的搭接接头面积不宜超过钢筋总截面面积的25%。

6. 跨度大于4m的板，要求板跨中起拱L/400。

7. 上下水管道及设备孔洞均需按平面图示位置及大小预留，不得后凿。

8. 除水管井、电缆井及排烟井道外，其余管井的封板钢筋均为二次浇板，施工时预留板筋。

9. 管道安装完毕并补浆被截断的钢筋后，方可灌注混凝土。

（五）钢筋混凝土梁

1. 梁内箍筋除单肢箍外，其余采用135°弯钩封闭形式。纵向钢筋为多排筋时，应增加弯钩直线段，在两排或三排钢筋以下弯折。

2. 梁内第一根箍筋距柱边或墙边50mm起。

3. 主次梁作次梁两侧各附加3组箍筋，箍筋规置通布置，直径同梁纵筋，间距50mm。

4. 主次梁相交处若无梁情况，次梁纵向正（负）筋应分别放在主梁正负筋之上（下）。

5. 梁的纵向钢筋需要设置接头时，上部纵向接头应在跨中1/3跨度座范围内接头，下部纵向接头应在跨端1/3跨度范围内接头。同一接头范围内钢筋接头数量不应超过总钢筋数量50%。

6. 支承梁跨度大于或等于4m，悬臂梁悬臂长度大于或等于2m，应按施工规范要求起拱，且起拱高度不小于20mm。

7. 由于设备需要在梁上开洞或留洞，位置和孔洞大小须经设计前经检查符合设计要求后，方可浇混凝土，预留孔不得后凿。

8. 梁侧面腰筋和拉筋构造参照国标图集《22G101-1》第95页大样施工，未注明时腰筋为2Φ14。

9. 附加箍筋和附加吊筋构造参照《22G101-1》第97页大样施工，主次梁相交处未注明时吊筋为2Φ14。

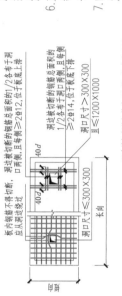

图4.1 楼板孔洞加强钢筋

洞边被切断的钢筋面积1/2各布于洞口两侧，且每侧下排≥2Φ14，位于板底下排
洞口尺寸≤300×300
板内钢筋遇洞不得切断，洞边被切断的钢筋面积1/2各布于洞口两侧，且每侧下排≥2Φ14，位于板底下排
40d
洞口尺寸＜1200×1000

洞边被切断的钢筋面积1/2各布于洞口面侧，且每侧底上排≥2Φ12，位于板底上排
洞口尺寸≤300×300
洞边被切断的钢筋面积1/2各布于洞口面侧，且每侧底下排≥2Φ14，位于板底下排
洞口尺寸＜1200×1000
长向　短向

	工程名称	××小学1号宿舍楼	图名	结构设计总说明（二）	图号	02
审核	校对	设计	图别	结构		

图4.2.5　1号宿舍楼结构设计说明（二）

结构设计总说明（三）

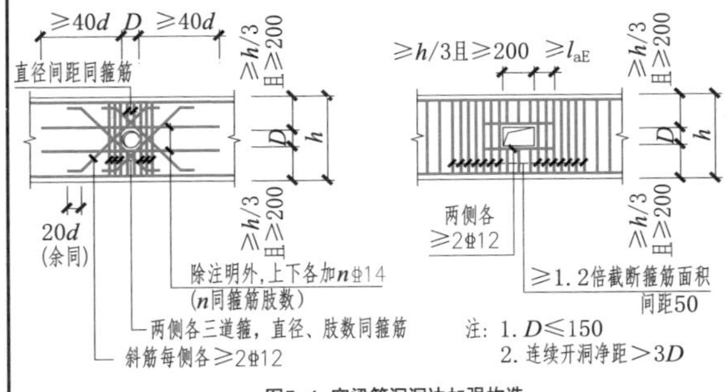

5. 圈梁须浇现浇。圈梁由于楼面高差或设置洞口被截断且：

上，下圈高差不大于300mm时，可按图6.2施工；当
上，下圈高差大于300mm时，应上置设构造柱。
上，下圈梁搭接长度不小于1000mm且不小于2倍高差
值。
时，应在圈口两边设构造柱并在洞顶和洞底设附加圈梁，
形成封闭圈梁，圈梁钢筋应可靠锚入洞口两边构造柱。

6. 同墙设置栏杆时，需设置钢筋混凝土上顶，并捷捷顶
留栏杆预埋件，压顶详见图6.3。

7. 对跨度大于或等于4.2m的梁应在支承处砌体上设置梁
垫，并与圈梁浇成整体，梁垫高180mm，长240mm，
宽500mm，上下双6φ6(短边)，6φ6（长边）。

8. 过梁

a.门窗过梁的位置及标示见建施图，断面详见图6.4，过
梁混凝土等级C25，构造要求如下表：

l_0	≤1000	1100~1500	1600~2000	2100~2500	2600~3000	300
h	120	180	180	240		
①	2φ6	2φ8	2φ8	2φ10	2φ10	
②	2φ10	2φ12	2φ14	2φ16	2φ16	3φ16
③	φ6@200	φ6@200	φ6@200	φ6@200	φ6@200	φ6@150

b.当门顶距楼面高差或设置洞口截断面目
落低代替过梁；

c.当窗顶与楼面梁底标高一致时，楼面梁取代窗过梁。

d.当门洞一侧为混凝土柱时，应在相应柱面预留钢筋
或埋件，以便与过梁焊接。

（七）其他

1. 本结构施工图与建筑、电气、给排水、通风、空调
等专业的施工图密切配合，及时铺设各类管线及套管
并核对预留洞孔及预埋件的位置是否准确，避免日后打凿
主体结构，设备基础传设备到位，经校核无误后方可
施工。

2. 混凝土控制拆模时间，悬挑构件及板应待混凝土强度达到100%后方可拆
模，其他构件应待混凝土强度达到75%后方可拆模，跨
度大于3.6m的板的混凝土强度达到75%后方可拆模。

3. 其余未说明之处按现行设计、验收规范现行。

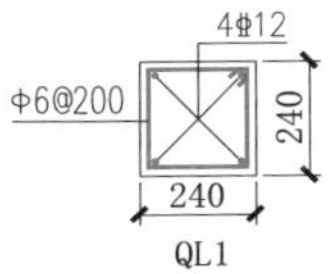

图6.4　过梁底构造

图6.5　过梁底构造

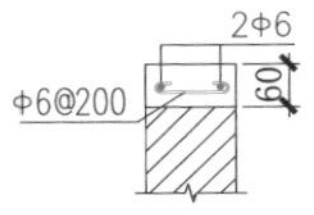

图6.3　窗台压顶大样

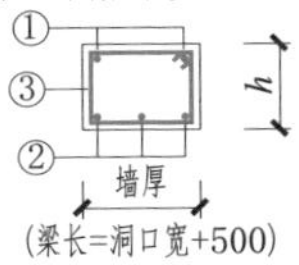

（六）砌体工程

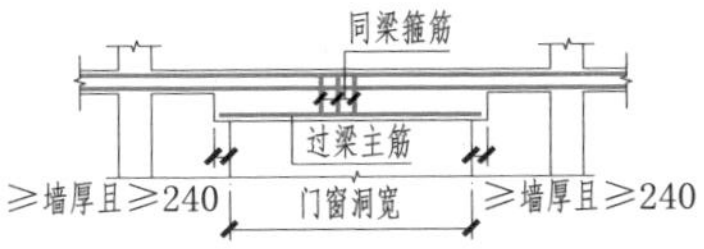

1. 墙平面位置、标高、墙厚、墙梁、门窗洞口等尺寸，均以建
施图为准。

2. 构造柱对正墙边，留马牙槎，构造柱造，后浇柱纵向穿过各层圈梁
及楼层柱之间的拉结详见《03G601（二）》22页，其他
房屋全部位按照图施工，后浇柱在墙顺序施工。

3. 圈梁层层设置，除屋面处设置圈梁QL2外，其他
部位全部设置圈梁QL1,圈梁柱顶标高同各层板顶标高，
QL1、QL2大样详图6.1。

图6.2　圈梁楼构造

图6.1　圈梁大样

图5.1　穿梁管洞加强构造

注：1. D≤150
2. 连接开洞净距>3D

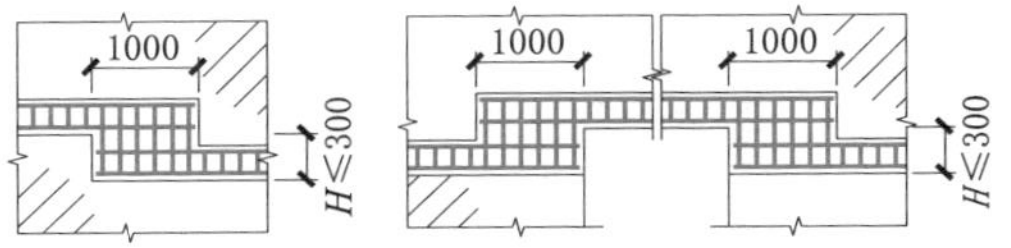

图别	结构	图名	结构设计总说明（三）	图号	03
工程名称	××小学1号宿舍楼				
设计		校对		审核	
				审查	

图4.2.6　1号宿舍楼结构设计总说明（三）

183

9. 结构统一构造要求

查看结构构造要求，包括保护层厚度、钢筋连接、钢筋锚固、梁板构造、柱墙构造以及墙体中门窗洞口、圈梁、构造柱、过梁的设置要求等。结构构造中大部分内容属于标准图集中的通用构造要求（通过索引图集），因此，读结构设计说明中的构造文字说明时，需结合标准图集中的构造详图一起识读。

识图技能训练

识读 1 号宿舍楼的"结构设计总说明"，完成下列试题。

1. 本工程结构类型为（   ）。

A. 砌体结构　　　　　　　　　　　　B. 框架结构

C. 框架-抗震墙结构　　　　　　　　D. 抗震墙结构

2. 本工程抗震设防类别为（   ）。

A. 甲类　　　　　　B. 乙类　　　　　　C. 丙类　　　　　　D. 丁类

3. 抗震设防类别为丙类的含义是（   ）。

A. 特殊设防类，应按高于本地区抗震设防烈度提高一度的要求加强其抗震措施；但抗震设防烈度为 9 度时应按比 9 度更高的要求采取抗震措施。同时，应按批准的地震安全性评价的结果且高于本地区抗震设防烈度的要求确定其地震作用

B. 重点设防类，应按高于本地区抗震设防烈度一度的要求加强其抗震措施；但抗震设防烈度为 9 度时应按比 9 度更高的要求采取抗震措施；地基基础的抗震措施，应符合有关规定。同时，应按本地区抗震设防烈度确定其地震作用

C. 标准设防类，应按本地区抗震设防烈度确定其抗震措施和地震作用，达到在遭遇高于当地抗震设防烈度的预估罕遇地震影响时不致倒塌或发生危及生命安全的严重破坏的抗震设防目标

D. 适度设防类，允许比本地区抗震设防烈度的要求适当降低其抗震措施，但抗震设防烈度为 6 度时不应降低。一般情况下，仍应按本地区抗震设防烈度确定其地震作用

4. 本工程抗震设防烈度为（   ）。

A. 6 度　　　　　　B. 7 度　　　　　　C. 8 度　　　　　　D. 9 度

5. 关于地震震级和地震烈度，下列说法正确的是（   ）。

A. 两者都是表达地震发生时能量的大小

B. 一次地震只有一个震级一个烈度

C. 一次地震只有一个震级，但不同地区的地震烈度不同

D. 震级表达地震时建筑物的破坏程度，烈度表达地震释放的能量大小

6. 地震烈度主要根据下列（   ）来评定。

A. 地震震源释放出的能量的大小

B. 地震时地面运动速度和加速度的大小

C. 地震时大多数房屋的震害程度、人的感觉以及其他现象

D. 地震时震级大小、震源深度、震中距、该地区的土质条件和地形地貌

7. 钢筋混凝土丙类建筑房屋的抗震等级应根据（　　）查表确定。

A. 抗震设防烈度、结构类型和房屋层数

B. 抗震设防烈度、结构类型和房屋高度

C. 抗震设防烈度、场地类型和房屋层数

D. 抗震设防烈度、场地类型和房屋高度

8. 本工程楼梯间活荷载的取值为（　　）kN/m^2。

A. 0.5　　　　　　B. 2　　　　　　C. 2.5　　　　　　D. 3

9. 本工程板的混凝土等级为（　　）。

A. C20　　　　　　B. C25　　　　　　C. C30　　　　　　D. C35

10. 关于本工程墙体说法错误的是（　　）。

A. 采用 MU10 黏土空心砖　　　　　B. 室内地面以上采用混合砂浆

C. 室内地面以下采用混合砂浆　　　　D. 室内地面以下采用水泥砂浆

11. 钢筋混凝土构件中钢筋的保护层是指（　　）。

A. 钢筋的内皮至构件表面　　　　　B. 钢筋的中心至构件表面

C. 钢筋的外皮至构件表面　　　　　D. 钢筋的内皮至构件内皮

12. 室内卫生间的梁板所处的环境类别为（　　）。

A. 一类　　　　　　B. 二 a 类　　　　　　C. 二 b 类　　　　　　D. 三类

13. 本工程室内正常环境中，梁钢筋的最小保护层厚度为（　　）mm。

A. 20　　　　　　B. 25　　　　　　C. 30　　　　　　D. 35

14. 本工程屋面板钢筋的保护层厚度为（　　）mm。

A. 15　　　　　　B. 20　　　　　　C. 25　　　　　　D. 30

15. 本工程 1800mm 宽窗洞上方过梁高度和长度分别为（　　）mm。

A. 180，2300　　　B. 240，2300　　　C. 180，1800　　　D. 240，1800

16. 关于本工程模板拆除说法错误的是（　　）。

A. 悬挑构件待混凝土强度达到 100% 后方可拆模

B. 跨度大于 8m 的梁待混凝土强度达到 100% 后方可拆模

C. 跨度大于 3.6m 的板待混凝土强度达到 100% 后方可拆模

D. 所有钢筋混凝土构件均应待混凝土强度达到 100% 后方可拆模

4.3　基础平法施工图识读

4.3.1　基础平法施工图的组成

基础平法施工图用来详细地表达基础的平面布置及做法，包括基础说明、基础平面布置图、基础详图等。

1. 基础说明

基础说明是基础工程施工的纲领性文件，以文字为主，表达基础类型、持力层、基础构件材料、基础验槽、基础检测等施工要求。当采用桩基础时，还应表达桩类型、桩长、桩端持力层、试桩、单桩承载力、桩顶与承台连接等要求。

2. 基础平面布置图

基础平面布置图是在相对标高±0.000处用一个假想的水平剖切面将建筑物的结构骨架切开，移去上部建筑物和覆盖土层后所作的水平投影图，主要表达基础、基础梁、柱或墙等构件的平面位置关系，并采用平面注写方式或截面注写方式表达基础构件的截面尺寸、定位及配筋。

3. 基础详图

基础详图是假想用一铅垂面在指定位置垂直剖切基础构件所得到的基础横断面图，用来表达基础构件的截面尺寸、标高、配筋等细部构造。

4.3.2　基础平法施工图的图示内容

基础平法施工图表达的主要内容详见表4.3.1。基础平面布置图的绘制比例常采用1：100，基础构件详图的绘制比例常采用1：20、1：25、1：50等，图中平法标注应符合现行平法标准图集的制图规则。

基础平法施工图的图示内容　　　　　　　　　　　　　　表4.3.1

序号	类别		主要内容
1	基础说明		(1)基础类型； (2)基础持力层、地基承载力特征值； (3)基础板、基础梁、垫层、基础墙体等的材料选用； (4)回填土处理及要求； (5)抗浮水位、基坑降水措施； (6)验槽要求、基础检测等施工要求
2	基础平面布置图	轴网	(1)定位轴线及轴号； (2)轴间尺寸及总尺寸
		基础构件	(1)基础轮廓线； (2)基础梁轮廓线
		基础上部构件	支撑在基础上的柱、剪力墙轮廓线
		平法标注	(1)基础构件的定位尺寸； (2)基础构件的平法标注(包括编号、截面尺寸、配筋、标高等)； (3)图名、比例
		地坑及预留孔洞	(1)地坑、地沟； (2)基础构件中的预留孔洞
3	基础详图		(1)基础构件标准构造详图(详见平法图集)； (2)电梯基坑、地下坡道、集水井、排水沟等详图

4.3.3　各类基础的标准构造要求及平法制图规则

案例 1 号宿舍楼的基础为无筋扩展基础，基础施工图中不需要表达基础的配筋信息。然而，无筋扩展基础的使用非常局限，在绝大多数情况下，结构需采用各种类型的钢筋混凝土基础。各种类型基础的平面布置、形状、大小、定位等在基础平面布置图中容易读取，但不同类型的钢筋混凝土基础由于受力状态不同，配筋构造存在较大差异。了解各种基础的配筋构造原理，是读懂基础配筋详图的关键。

1. 独立基础

普通独立基础分为阶形和锥形两种，代号分别为 DJj 和 DJz。独立基础的底板在地基土向上的反作用力下，四边向上翘曲（图 4.3.1），底板的底面沿 X 和 Y 两个方向都受拉，需在基础底部配置双向受力钢筋。

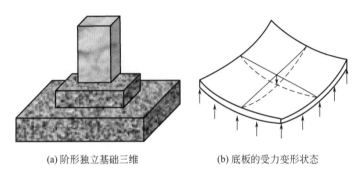

(a) 阶形独立基础三维　　　　(b) 底板的受力变形状态

图 4.3.1　独立基础的受力变形状态

（1）独立基础配筋构造

阶形和锥形独立基础的配筋构造详见图 4.3.2，构造要点：

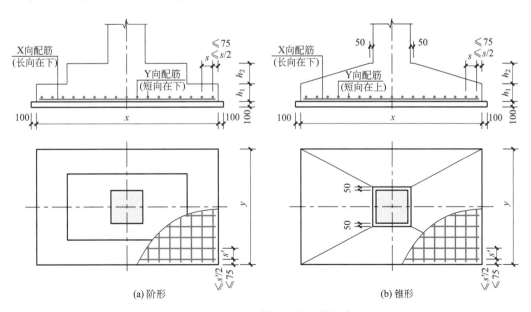

(a) 阶形　　　　　　　　(b) 锥形

图 4.3.2　独立基础底板配筋构造

① 底板最外侧钢筋距离基础边缘应不大于 75mm，且不大于 1/2 对应方向钢筋间距。

② 独立基础底板双向交叉钢筋长向设置在下，短向设置在上。

（2）独立基础的平面注写方式

独立基础的截面及配筋可以通过绘基础详图来表达，也可以直接在基础平面布置图中通过平面注写的方式来表达。独立基础的平法标注包括集中标注和原位标注。

集中标注，是在基础平面布置图上集中引注基础编号、截面竖向尺寸、底板配筋三项必注内容，以及基础底面标高（与基础底面基准标高不同时）和必要的文字注解两项选注内容，详见表 4.3.2。

原位标注，是在基础平面布置图上标注独立基础的平面尺寸。

独立基础的集中标注内容

表 4.3.2

序号	类别	主要内容
1	基础编号	基础类型代号和序号，例如 DJj1、DJj2、DJz1、DJz2
2	截面竖向尺寸	自下而上依次注写各段尺寸，用"/"分隔，例如阶形 $h_1/h_2/h_3/\cdots$，锥形 h_1/h_2
3	底板配筋	(1)用 B 表示底部钢筋；X 向配筋以 X 打头，Y 向配筋以 Y 打头；两向配筋相同时，以 X&Y 打头注写； (2)多柱独立基础设置基础顶部钢筋时，用 T 表示顶部钢筋；依次注写双柱间纵向受力钢筋、分布钢筋，用"/"分隔
4	基础底面标高	当底面标高与基准标高不同时，直接注写在"（　　）"内
5	文字注解	当有特殊要求时，注写必要的文字注解

锥形独立基础的平面注写示例如图 4.3.3 所示。

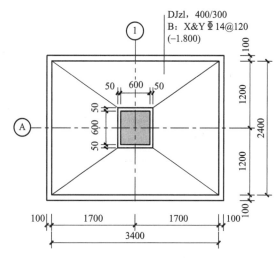

图 4.3.3　锥形独立基础平面注写示例

2. 条形基础

条形基础分为墙下条形基础和柱下条形基础。

（1）墙下条形基础

墙下条形基础在基底反力的作用下，底板翼缘两侧向上翘曲，短边方向基础底面受拉，需在条形基础底部沿短边方向均匀布置受力钢筋，沿条形基础长边方向均匀布置分布钢筋，受力筋在下，分布筋在上（图 4.3.4）。

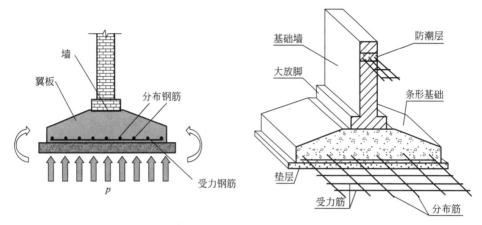

图 4.3.4　墙下条形基础的受力变形状态及配筋构造

（2）柱下条形基础

柱下条基除底板翼缘像墙下条基一样向上翘曲外，还以框架柱作为支座整体表现为图 4.3.5（b）所示反向梁的弯曲变形状态，因此柱下条基除基础底部配筋外，还需沿条基长度方向设置基础梁，梁高一般为柱距的 1/8～1/4。

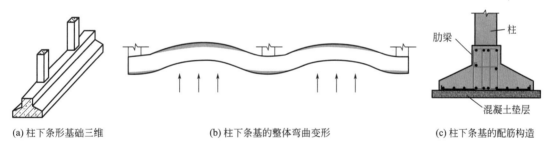

(a) 柱下条形基础三维　　　　　(b) 柱下条基的整体弯曲变形　　　　　(c) 柱下条基的配筋构造

图 4.3.5　柱下条形基础的整体弯曲变形状态及配筋构造

（3）条形基础的平面注写方式

墙下条形基础的底板按截面形状可分为坡形和阶形两种，类型代号按表 4.3.3 的规定。墙下条形基础底板的横断面形式与独立基础相近，其注写方式也与独立基础相近；柱下条形基础的平面注写包括基础底板和基础梁两个对象，其基础梁的注写按梁类构件的注写方式，具体可参见标准图集。

条形基础类型代号　　　　　　　　　　表 4.3.3

类型		代号
基础梁		JL
条形基础底板	坡形	TJBp
	阶形	TJBj

3. 筏形基础

筏形基础分为平板式和梁板式两种。平板式筏形基础本质上就是一块厚板，常按基础平板进行表达，其整体配筋构造类同结构板，即在筏板顶部和底部分别布置 X、Y 双向正交钢筋网。梁板式筏形基础配筋构造类似上部结构的梁板体系（倒卧），其平面注写方式具体可参见标准图集，在此不再列出。

4. 桩-承台基础

（1）桩

桩基础是非常常见的一种基础形式，钢筋混凝土桩可分为工厂预制桩和现场灌注桩两个大类，灌注桩可按照平法图集的制图规则采用平面注写方式或列表注写方式进行表达。表 4.3.4 为某实际工程采用列表注写方式的工程桩明细表，配合图纸中工程桩配筋详图使用。该工程只有一种型号的工程桩 ZH1，桩径为 500mm；表中"桩身配筋"是指沿桩周均匀布置的纵向钢筋（图 4.3.6），螺旋箍在钢筋笼外侧与纵筋点焊，加劲箍在钢筋笼内侧每间隔 2m 与纵筋点焊支撑钢筋笼。

桩身的钢筋构造要求详见现行标准图集，桩身钢筋构造详图的工程案例见图 4.3.14。

工程桩明细表   表 4.3.4

工程桩编号	桩直径	桩顶标高	桩进入持力层深度	有效桩长	桩身配筋	单桩竖向抗压承载力特征值	单桩竖向极限承载力标准值
	D(mm)	H(m)	h_r(m)	L(m)	①	R_a(kN)	Q_{uk}(kN)
ZH1	500	见桩位图	≥0.5	现场定	10Φ16	≥1800	≥3600

注：1. 实际有效桩长应根据桩进入持力层深度 h_r 确定；

2. 本表内单桩竖向抗压承载力特征值 R_a、单桩竖向极限承载力标准值 Q_{uk} 均为从桩顶标高算起，考虑桩底后压浆的计算值；

3. 各工程桩参考钻孔、参考桩长、进入持力层深度、持力层顶面标高等详相应结施图。

图 4.3.6　桩基础的钢筋笼

（2）承台

承台是连接桩与上部墙、柱的过渡构件，承台分为独立承台和承台梁。其中，独立承台又可分为矩形独立承台、三桩独立承台和多边形承台，两桩承台属于承台梁。

① 单桩承台

单桩承台采用三向环式配筋，三向均为封闭的箍筋，如图 4.3.7 所示。

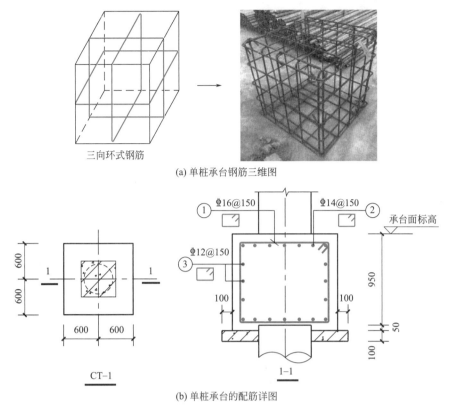

(a) 单桩承台钢筋三维图

(b) 单桩承台的配筋详图

图 4.3.7　单桩承台

② 两桩承台

两桩承台下部的两根桩是承台的支座，两桩承台表现为梁的弯曲变形效应，故两桩承台按照梁的配筋构造进行配筋（图 4.3.8），平面注写规则与梁构件相近。

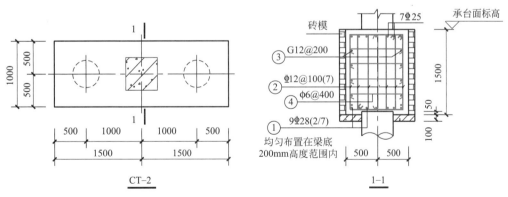

图 4.3.8　两桩承台的配筋详图

③ 三桩承台

三桩承台只在承台底部配筋，受力钢筋沿三角形的三个边按间距均匀放置，最里面 3 根钢筋围成的三角形应在柱子截面范围内（图 4.3.9），平面注写规则可查看平法图集中桩基础平法制图规则。

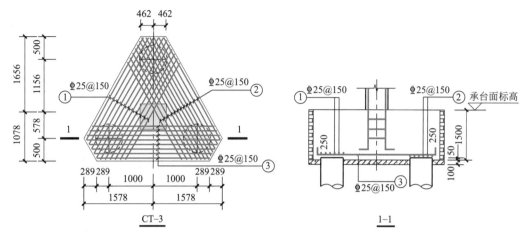

图 4.3.9　三桩承台的配筋构造详图

三桩及以上承台的底部受力筋当从边桩内侧伸至承台端部的直段长度方桩<35d 或圆桩<35d＋0.1D 时应向上弯折不小于 10d（直段长度超过界限值时可不弯折）。图 4.3.9 和图 4.3.10 中案例的承台底部受力筋直段长度小于界限值，按要求向上弯折 10d＝250mm。

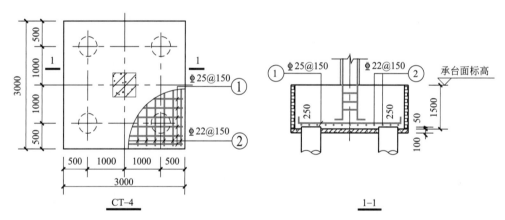

图 4.3.10　多桩矩形承台配筋构造

当桩直径或桩截面边长<800mm 时，桩顶嵌入承台 50mm；当桩直径或桩截面边长≥800mm 时，桩顶嵌入承台 100mm。图 4.3.7～图 4.3.10 中案例的桩径为 500mm，桩顶嵌入承台为 50mm。

　　④ 多桩矩形承台

四桩及四桩以上矩形承台或多边形承台均只在承台底部配置 X 和 Y 双向钢筋（图 4.3.10），矩形承台的平面注写规则与独立基础相近，具体可查看平法图集中桩基础平法制图规则。

4.3.4　基础平法施工图的读图方法

在识读基础施工图前，一般应先认真阅读该工程的《岩土工程详细勘察报告》。根据勘探点的平面布置图，查阅地质剖面，了解拟建场地的标高、土层分布及各项指标、地下水位、持力层位置。

基础类型包括独立基础、条形基础、筏形基础、桩基础等多种类型，因此基础施工图内容也各有差异。但识读基础施工图时，都应先粗后细，先主后次，具体识读步骤如下：

（1）阅读基础说明，明确基础类型、材料、构造要求及有关基础施工要求。

（2）查看轴网定位尺寸及编号，并对照建施图中的底层平面图进行检查，两者必须一致。

（3）查看基础构件的平面定位尺寸及标高，并对照建筑底层平面图及柱（墙）结构施工图，检查基础构件的布置和定位尺寸是否正确。

（4）查看基础的平法标注或基础详图，明确基础构件的尺寸及配筋。

（5）了解沉降观测点的布置、做法与观测要求。

（6）结合平法图集中基础标准构造详图，明确基础施工时的构造做法及要求。

4.3.5　识读案例

案例一：1 号宿舍楼的基础施工图（图 4.3.11）

1 号宿舍楼为三层砌体结构，基础类型为墙下素混凝土扩展基础，基础施工图图纸内容包含：基础平面布置图、基础详图及基础说明。

基础平面布置图主要表达了基础墙、构造柱的平面布置，基础底面形状（条形）、宽度及其与定位轴线的关系。

1-1 和 2-2 基础详图，详细地表达了基础断面形状、大小及所用材料、基础埋深、基圈梁的位置和做法等。

基础说明明确了基础持力层的承载力、基础及构造柱所用混凝土的强度等级以及施工注意事项等。

案例二：某工程平板式筏形基础施工图（图 4.3.12）

图 4.3.12 为某工程平板式筏形基础施工图，图纸内容包含：筏板平面布置图、基础说明、柱墩配筋详图。

其中，筏板平面布置图表达的内容主要有：①筏板的范围及平面尺寸、筏板上部柱和剪力墙的图形轮廓、筏板局部增高的范围（SZD）；②筏板 X 和 Y 两个方向顶部及底部的通长配筋；③筏板阳角放射筋；④柱墩（SZD）处筏板附加钢筋。

基础说明明确了筏板厚度、基底标高、垫层做法等，同时交代筏板的钢筋构造详见标准图集。对于不能选用标准图集构造样式的柱墩，图纸绘制了柱墩配筋详图。

案例三：某工程桩-承台基础施工图（图 4.3.13、图 4.3.14）

图 4.3.13、图 4.3.14 为某工程桩-承台基础施工图，图纸内容包括：桩位布置图、桩基础设计说明、桩基配筋详图。

桩位布置图中绘制了场地内所有圆桩的形状轮廓线、编号、定位尺寸、桩顶标高，还用虚线绘制了承台轮廓线，方便施工时掌握桩与承台的关系。

桩基础设计说明明确了桩类型、桩身尺寸、桩长、桩端持力层、桩端进入持力层深度、

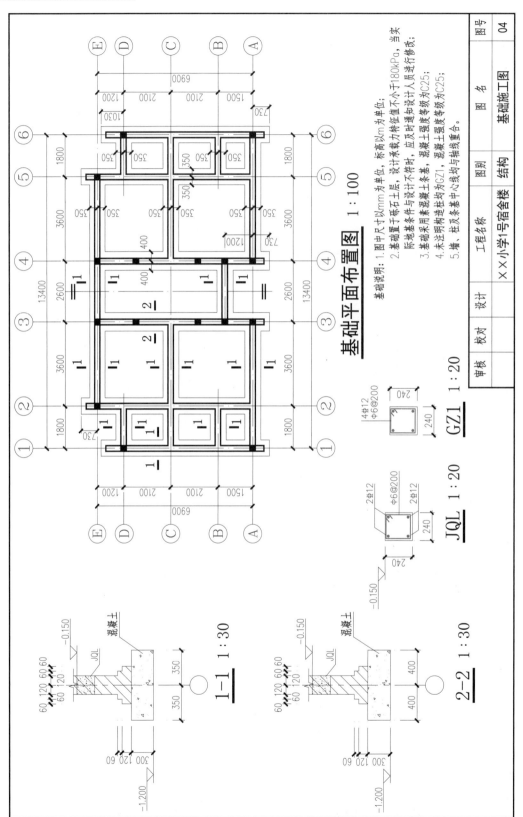

图 4.3.11 1 号宿舍楼的基础施工图

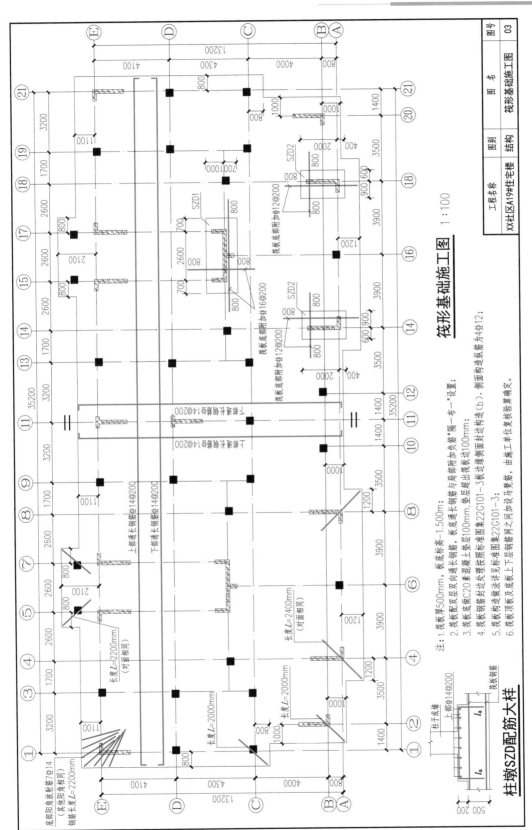

图 4.3.12 某工程平板式筏形基础施工图

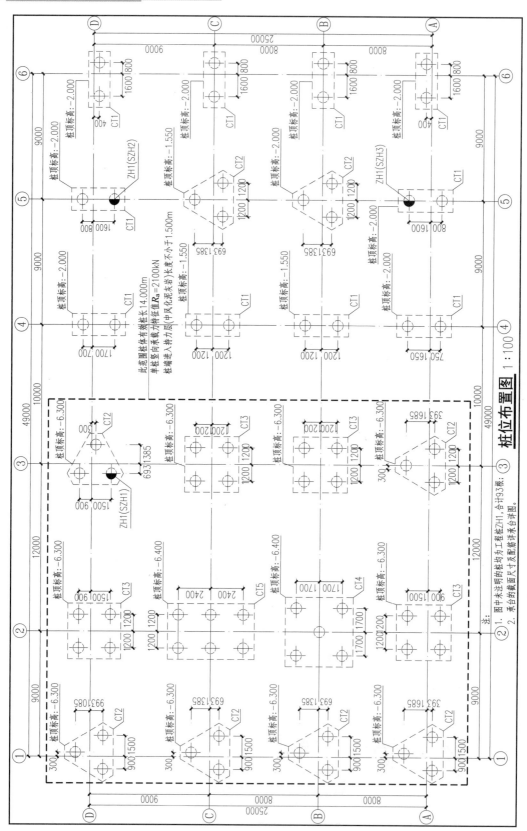

桩位布置图 1:100

图 4.3.13　某工程桩-承台基础施工图（一）

注:
1. 图中未注明的桩均为工程桩ZH1, 合计93根。
2. 承台的截面尺寸及配筋详承台详图。

此范围桩体有效桩长14.000m
单桩竖向承载力特征值R_a=2100kN
桩嵌入持力层(中风化泥灰岩)长度不小于1.500m

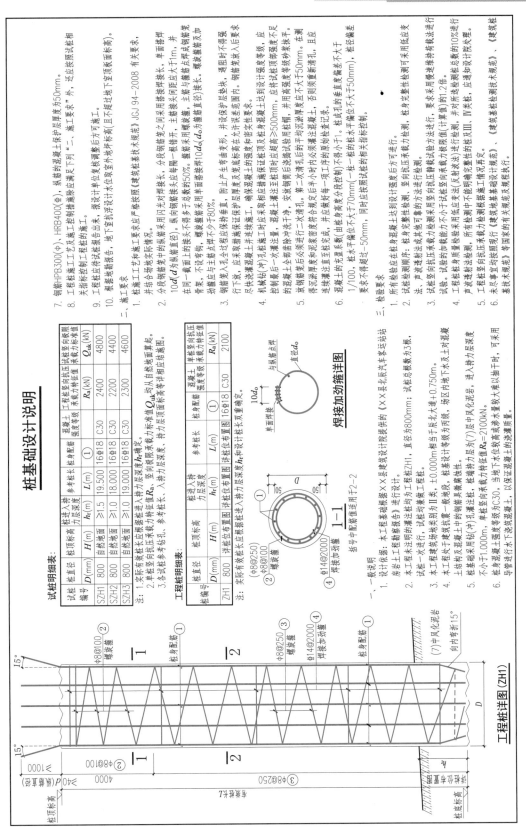

图4.3.14　某工程桩-承台基础施工图（二）

单桩承载力、桩身配筋、桩端与承台连接（见图集 22G101-3 第 104 页）、试桩要求及桩基检测要求。

识 图 技 能 训 练

识读图 4.3.13、图 4.3.14，完成下列试题。

1. 本工程的桩基总数为（　　）。

A. 90　　　　　　　　B. 91　　　　　　　　C. 92　　　　　　　　D. 93

2. 本工程试桩数量为（　　）。

A. 1　　　　　　　　B. 2　　　　　　　　C. 3　　　　　　　　D. 4

3. 下列关于本工程承台的说法错误的是（　　）。

A. CT1 为承台梁　　　　　　　　　　B. CT2 为独立承台

C. CT3 为承台梁　　　　　　　　　　D. CT5 为承台梁

4. 本工程桩身螺旋箍筋加密区范围为自桩顶以下（　　）m。

A. 1　　　　　　　　B. 2　　　　　　　　C. 3　　　　　　　　D. 4

5. 本工程桩身焊接加劲箍的竖向间距为（　　）m。

A. 1　　　　　　　　B. 2　　　　　　　　C. 3　　　　　　　　D. 4

6. 本工程要求桩身纵筋在承台内的锚固长度为（　　）。

A. $35d$ 且≥1000mm　　　　　　　　B. $40d$ 且≥1000mm

C. $35d$　　　　　　　　　　　　　　D. $40d$

7. 本工程桩基础持力层为（　　）。

A. 粉质黏土　　　　B. 圆砾　　　　　C. 强风化泥岩　　　D. 中风化泥岩

8. 5 轴上的桩桩端进入持力层的深度为（　　）m。

A. 0.5　　　　　　　B. 1.0　　　　　　C. 1.5　　　　　　D. 2.0

9. 本工程试桩的桩顶标高为（　　）m。

A. −6.300　　　　　B. −6.400　　　　C. −2.000　　　　D. 自然地面

10. 本工程桩顶应嵌入承台（　　）mm。

A. 50　　　　　　　B. 100　　　　　　C. 150　　　　　　D. 200

11. 本工程独立承台底部受力筋当从边桩内侧伸至承台端部的直段长度＜35d ＋ 0.1D 时应向上弯折（　　）。

A. 50mm　　　　　B. 100mm　　　　　C. 10d　　　　　　D. 15d

12. 当本工程承台 CT3 高度为 1500mm 时，其顶部标高为（　　）m。

A. −6.400　　　　　B. −6.300　　　　C. −4.900　　　　D. −4.800

13. 下列关于工程桩桩长的说法错误的是（　　）。

A. 桩位布置图中虚线框内的桩长根据桩端进入持力层深度和设计桩长双重确定

B. 桩位布置图中虚线框内的桩长≥14m 即可

C. 桩位布置图中虚线框内的桩进入持力层深度应≥1.5m

D. 桩位布置图中虚线框外的桩长根据桩进入持力层深度≥1.0m 现场定

14. 下列关于桩的检测说法错误的是（　　　）。

A. 所有检验应在桩身混凝土达到设计强度后方可进行

B. 工程桩桩身质量检测应采用声波透射法

C. 试桩应先进行桩身完整性检测后再进行竖向抗压承载力检测

D. 工程桩检测中不能明确完整性的桩及Ⅲ、Ⅳ类桩，应通知设计院处理

4.4　剪力墙、柱平法施工图识读

4.4.1　钢筋混凝土柱的受力变形分析

想要准确把握钢筋混凝土框架柱的配筋要求，应先了解柱的受力变形状态。柱在钢筋混凝土结构中承受什么样的荷载？在荷载作用下，表现出怎样的受力变形状态呢？

如图 4.4.1（a）中的柱子，它主要承受支撑在柱子上的梁传来的压力 N 和弯矩 M 以及水平荷载 F（比如风荷载），整体表现为压弯和剪切的变形状态。

柱子弯曲时，受拉一侧表面拉应力最大（图 4.4.1b），受拉一侧需要配置钢筋来抵抗拉应力。由于建筑承受的可变荷载的大小和方向都是变化的，比如一年四季，风可以朝各个方向吹，空间的柱子可能发生前、后、左、右 4 个方向的弯曲变形，应该沿柱子四个表面均匀布置纵向受拉钢筋，用来抵抗弯曲拉应力，并在横截面内布置抗剪的箍筋（图 4.4.1c）。

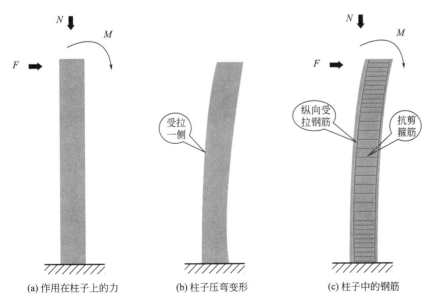

(a) 作用在柱子上的力　　　(b) 柱子压弯变形　　　(c) 柱子中的钢筋

图 4.4.1　钢筋混凝土柱受力变形状态及配筋

由此可见，钢筋混凝土柱中需布置两类钢筋：纵筋和箍筋。箍筋套住纵筋，并绑扎在一起，形成刚度较大的钢筋骨架。

4.4.2　柱平法施工图的图示内容

所有类型钢筋混凝土结构房屋中的框架柱或剪力墙均以确定的截面尺寸和水平位置向上延伸，工程中，我们通过绘制柱平面布置图来表达柱子的平面布置与定位，并采用平法制图规则注写截面尺寸、配筋信息及相关施工要求，即为柱平法施工图。柱平面布置图的绘制比例常采用1∶100，柱截面配筋详图的绘制比例常采用1∶20、1∶25、1∶50等。

柱平法施工图表达的主要内容详见表4.4.1。

柱平法施工图的图示内容　　　　　　　　　　　　　　　　表 4.4.1

序号	类别	主要内容
1	轴网	(1)定位轴线及轴号； (2)轴间尺寸及总尺寸
2	柱构件	柱截面轮廓线
	柱构件标注	(1)柱编号； (2)柱定位尺寸
3	柱截面详图或柱表	(1)柱编号； (2)竖向标高范围； (3)截面尺寸 $b \times h$； (4)柱纵筋：角筋、b 边中部筋、h 边中部筋； (5)柱箍筋：类型、肢数、复合方式
4	层高表	(1)结构层号、结构层楼面标高、结构层高； (2)上部结构嵌固部位； (3)竖向标高段范围（粗线示意）； (4)加注各层混凝土强度等级（各层混凝土强度等级有变化时）
5	设计说明	(1)混凝土强度等级统一说明； (2)沉降观测点； (3)其他说明
6	图名	明确本图对应的竖向标高段范围

4.4.3　柱平面整体表示方法

1. 柱类型

现浇钢筋混凝土结构中，常见的柱类型有框架柱、梁上柱、剪力墙上柱、转换柱等，类型代号见表4.4.2。

柱类型代号　　　　　　　　　　　　　　　　表 4.4.2

柱类型	框架柱	梁上柱	剪力墙上柱	转换柱
柱代号	KZ	LZ	QZ	ZHZ

2. 柱平法制图规则

柱的平面整体表示方法可分为截面注写方式和列表注写方式两种。

截面注写方式，是在柱平面布置图的柱截面上，分别在同一编号的柱中选择一个截面，直接注写截面尺寸和配筋具体数值。

列表注写方式，是在柱平面布置图上只标注柱编号及定位尺寸，然后在柱表中注写柱编号、柱段起止标高、几何尺寸与配筋的具体数值，并配以各种柱截面形状及其箍筋类型图来表达柱平法施工图。

列表注写方式的柱表表达的各项信息与截面注写方式的柱横截面配筋详图表达的各项信息完全一致，注写示例见图 4.4.2、图 4.4.3、图 4.4.4。

柱平法施工图案例 1（图 4.4.2）在柱的平面布置图上，相同编号的柱子中选其中一根进行原位放大，画其横截面配筋详图，并注写截面定位尺寸和配筋具体数值；柱子的竖向标高段范围在图名中注明。

柱平法施工图案例 2（图 4.4.3）在柱的平面布置图上只标注柱的编号、截面定位尺寸，在平面布置图外对每个编号的柱截面进行放大，画其横截面配筋详图，并注写截面尺寸和配筋具体数值；柱子的竖向标高段范围在配筋详图、图名、层高表中均注明。

柱平法施工图案例 3（图 4.4.4）也只在柱的平面布置图上标注柱的编号、截面定位尺寸，在平面布置图外采用列表注写的方式表达柱的截面尺寸、配筋具体数值及箍筋类型；柱子的竖向标高段范围在柱表及层高表中均注明。

下面以柱平法施工图案例 1（图 4.4.2）中 KZ1 和 KZ8 的截面注写方式为例，讲述柱平法施工图的注写内容，详见表 4.4.3。

柱截面详图的注写内容（截面注写方式）　　　　　　　　　　表 4.4.3

序号	类别		主要内容	要点说明
1	引出标注	柱编号	柱类型代号、序号，如 KZ1、KZ2…	若柱的分段截面尺寸及配筋完全相同，仅轴线定位尺寸不同时，应编为同一编号，在平面布置图中标注具体定位尺寸即可
		柱截面尺寸	(1)矩形截面注写 $b×h$；(2)圆形截面注写直径 d	注意 b 和 h 的方向，如图 4.4.2 中 KZ1 的截面只能注写为 600× 850
		柱角筋	角筋根数、级别、直径	当柱纵筋采用一种直径且图示清楚时，可在集中标注中注写全部纵筋，如图 4.4.2 中 KZ1
		柱箍筋	箍筋级别、直径、间距、肢数及复合方式（箍筋分离图）	(1)当柱在梁柱节点区箍筋需加密时，加密区与非加密区箍筋的不同间距用斜线"/"分隔；(2)当节点核心区内箍筋与柱端箍筋设置不同时，应在括号中注明节点核心区箍筋直径及间距，例如：φ10@100/200(φ12@100)；(3)柱箍筋沿柱全高为一种间距时，则不使用斜线"/"，如图 4.4.2 中 KZ1 箍筋间距全高均为 100；(4)当圆柱采用螺旋箍筋时，需在箍筋前加注 L
2	原位标注	柱定位尺寸	柱定位尺寸 b_1、b_2 和 h_1、h_2	定位尺寸为柱截面与定位轴线之间位置关系的具体尺寸，作为施工定位的依据（根据定位尺寸可算出截面尺寸）
		中部筋	b 边中部筋和 h 边中部筋的具体数值	(1)矩形截面柱，中部筋对边相同，原位标注只注写其中一侧，如图 4.4.2 中 KZ8；(2)当引出标注中"柱角筋"注写全部纵筋时，此项无

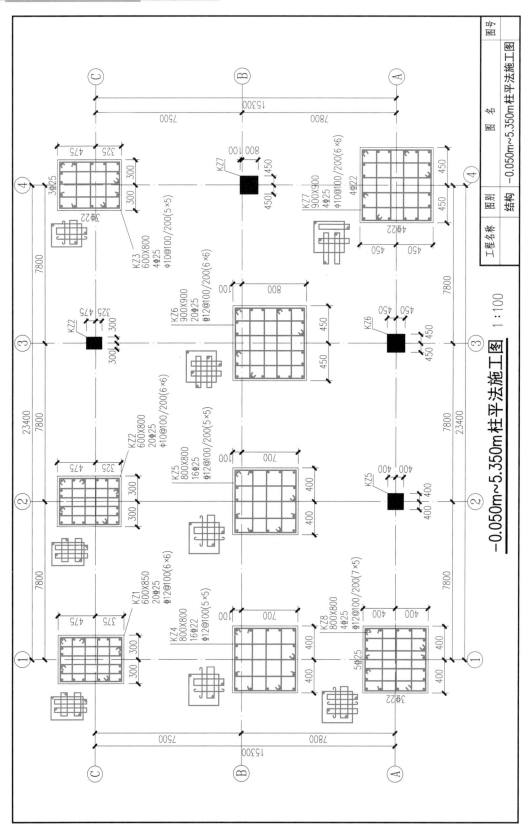

-0.050m~5.350m柱平法施工图 1:100

图 4.4.2　柱平法施工图案例 1（截面注写方式）

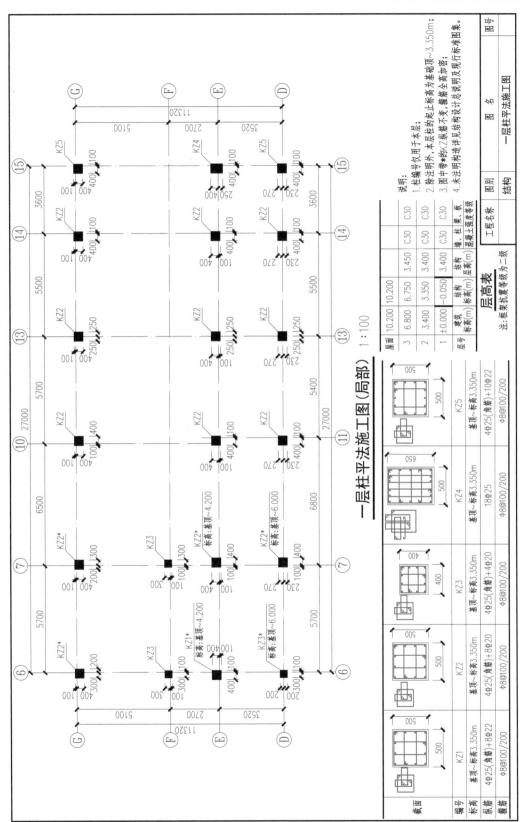

图 4.4.3 柱平法施工图案例 2（截面注写方式）

建筑工程制图与识图

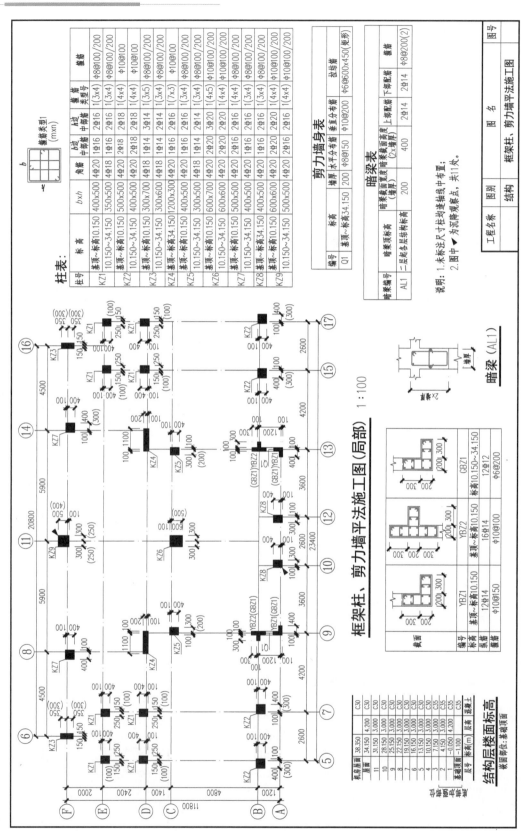

图 4.4.4 柱平法施工图案例 3（列表注写方式）

204

3. 柱箍筋类型及复合方式

（1）柱箍筋类型

列表注写方式的柱表中需注写箍筋类型编号和箍筋肢数，箍筋的类型编号按表 4.4.4 的要求。

箍筋类型表 　　　　　　　　　　　　　　　　　表 4.4.4

箍筋类型编号	箍筋肢数	复合方式
1	$m \times n$	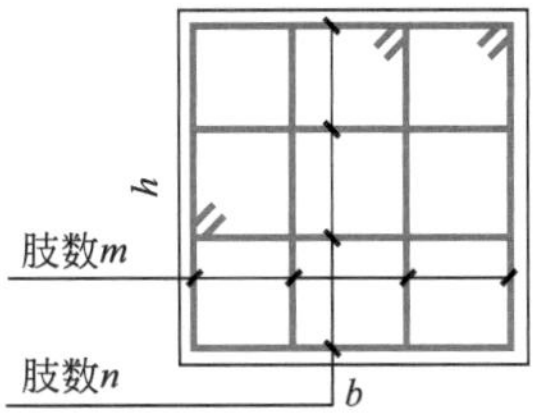
2	—	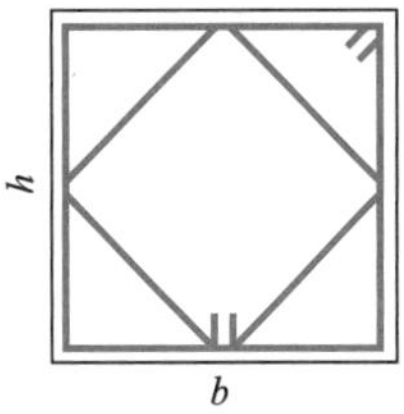
3	—	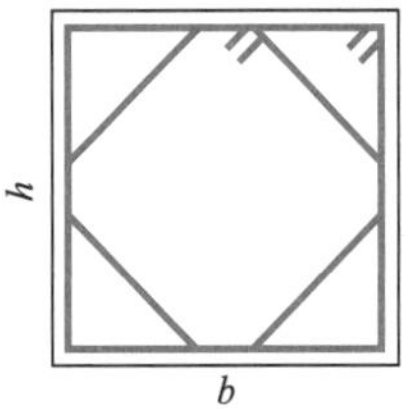
4	$Y+m \times n$ （Y 表示圆形箍）	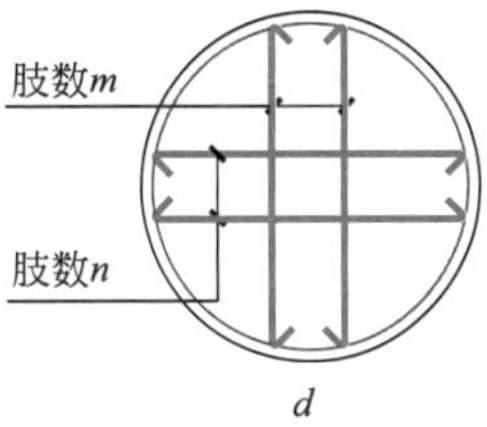

（2）矩形箍筋复合方式（类型 1）

柱构造要求箍筋应满足"隔一拉一"以及箍筋肢距的要求，因此当柱各边纵向钢筋不少于 4 根时，应设置复合箍筋。矩形复合箍筋就是由若干个矩形封闭箍筋组合一个单肢箍（肢数为偶数时无单肢箍）复合而成。平法中箍筋肢数用 $m \times n$ 表达，m 为柱截面宽度 b 边的箍筋肢数，n 为柱截面高度 h 边的箍筋肢数（箍筋肢数为对应边箍筋线的根数）。

矩形复合箍筋复合的基本原则为：

1）以复合箍筋最外围的封闭箍筋为基准，柱内的 X 向箍筋紧贴其设置在下（或在上），柱内的 Y 向箍筋紧贴其设置在上（或在下）。

2）沿复合箍周边，箍筋局部重叠不宜多于两层。即同一个方向上参与复合的多个小箍依次并行排列，不宜重叠，见图 4.4.5（d）、（e）。

3）当箍筋肢数为双数时，复合箍筋中全部为矩形箍，见图 4.4.5（c）、（e）；当箍筋肢数为单数时，在单数的方向上需组合一个单肢箍，见图 4.4.5（a）、（b）、（d）。

4）当同一组复合箍筋各肢位置不能满足对称性要求时，沿柱竖向相邻两组复合箍筋应交错放置，见图 4.4.5（d）。

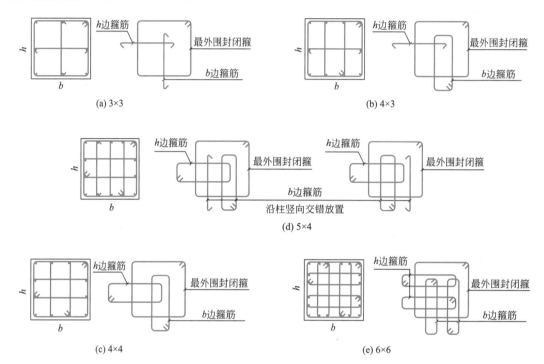

图 4.4.5 非焊接矩形箍筋复合方式（箍筋类型 1）

4.4.4 柱的标准构造

柱子从基础顶面拔地而起，一直延伸到屋顶，如此高的柱子，其纵向钢筋需按照标准图集的规定实现连接接长和锚固，柱箍筋需在指定范围内加密。

1. 柱箍筋加密区范围

根据震害经验及试验结果，框架柱梁柱节点区域及底层柱根部的箍筋需加密，加密区范围按标准图集要求，如图 4.4.6 所示。

确定柱箍筋加密区范围的要点：

（1）梁柱节点核心区域箍筋需加密，见图 4.4.6 中"加密 1"，即为各层框架梁截面高度。

（2）除梁柱节点核心区箍筋需加密外，各层柱端箍筋也应加密，见图 4.4.6 中"加密 2"。

（3）计算各层柱端"加密 2"时，H_n 为所在楼层的柱净高，H_n＝楼层层高－梁高。

（4）有地下室的房屋，其嵌固部位可能位于基础顶面，也可能位于地下室楼面或地下

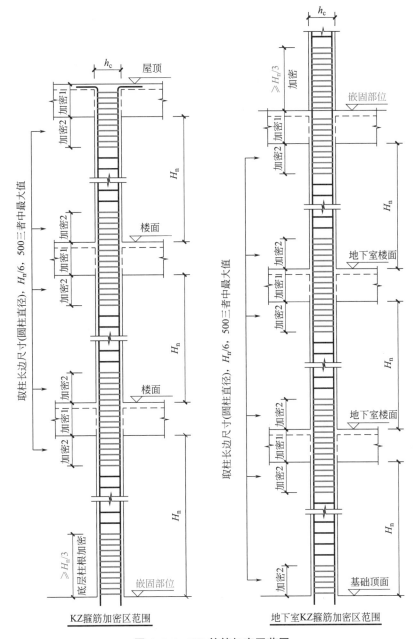

图 4.4.6　KZ 箍筋加密区范围

室顶板，嵌固部位以上 $H_n/3$ 的范围箍筋需加密，其他部位的柱端均按"加密 2"计算加密范围。

（5）QZ、LZ 箍筋加密区范围同 KZ，QZ 的嵌固端为墙顶面，LZ 的嵌固端为梁顶面。

2. 柱插筋构造

基础施工时，需在基础内预埋柱子纵筋，埋在基础内的柱子纵筋称为"插筋"。待基础施工完后，柱子上部纵筋与插筋顶部进行连接接长。

柱插筋在基础中的构造按标准图集要求，如图 4.4.7 所示，构造要点为：

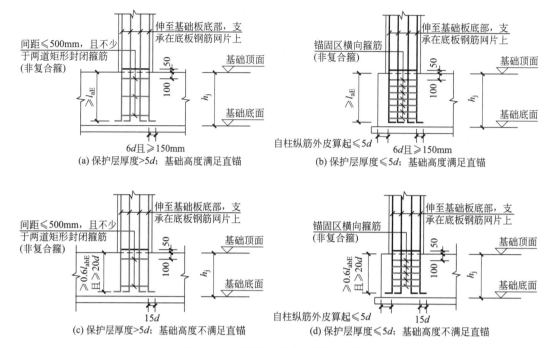

图 4.4.7　柱纵向钢筋在基础中构造

（1）无论基础高度是否满足柱纵筋直锚要求，插筋均伸至基础底部并 90°弯折后，支撑在基础底部的钢筋网上。

（2）当基础高度满足直锚时，插筋底部弯钩长度为 $6d$ 且 $\geqslant 150$mm（构造弯钩）；当基础高度不满足直锚时，弯钩长度为 $15d$（弯锚弯钩）。

（3）当保护层厚度 $>5d$ 时，基础内应设置间距不大于 500mm 且不少于 2 道矩形封闭箍筋，用于固定插筋。

（4）当保护层厚度 $\leqslant 5d$ 时，基础内应设置锚固区横向箍筋，锚固区横向箍筋应满足直径 $\geqslant d/4$（d 为纵筋最大直径），间距 $\leqslant 5d$（d 为纵筋最小直径）且 $\leqslant 100$mm 的要求。

（5）基础内的箍筋均为非复合箍（最外围矩形封闭箍），基础内最上面一道箍筋距离基础顶面的距离为 100mm，基础外第一道柱箍筋距离基础顶面 50mm。

（6）当符合下列条件之一时，可仅将柱四角纵筋伸至底板钢筋网片上或者筏形基础中间层钢筋网片上（伸至钢筋网片上的柱纵筋间距不应大于 1000mm），其余纵筋锚固在基础顶面下 l_{aE} 即可。

① 柱为轴心受压或小偏心受压，基础高度或基础顶面至中间层钢筋网片顶面距离 $\geqslant$ 1200mm 时；

② 柱为大偏心受压，基础高度或基础顶面至中间层钢筋网片顶面距离 $\geqslant 1400$mm 时。

3. 柱纵向钢筋连接构造

柱纵筋主要有绑扎搭接、机械连接、焊接三种连接方式，轴心受拉及小偏心受拉柱内的纵向钢筋不得采用绑扎搭接接头。

柱相邻纵向钢筋连接接头相互错开，在同一连接区段内钢筋接头面积百分率不宜大于 50%。

接头应设置在梁柱节点区以外，还宜避开箍筋加密区范围（非连接区），纵筋连接构造按现行标准图集要求，如图 4.4.8 所示。

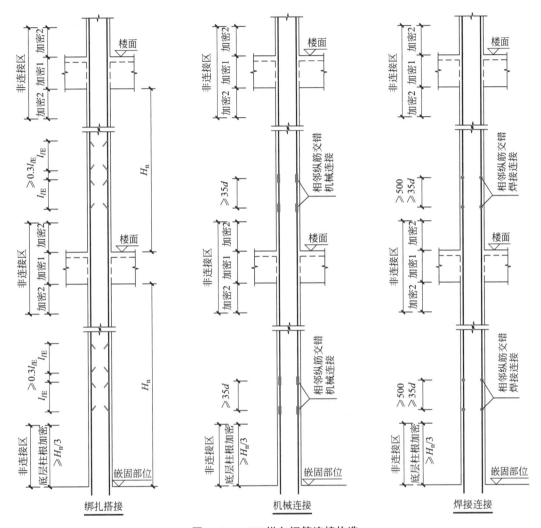

图 4.4.8　KZ 纵向钢筋连接构造

4. 柱顶钢筋构造

（1）中柱柱顶纵筋构造

梁宽范围内中柱纵筋应伸至柱顶，当自梁底算起的锚固长度 $\geqslant l_{aE}$ 时，直线锚固即可；当梁截面高度不满足直锚要求时，可采用 90°弯锚或带锚头（锚板）的机械锚固，构造要求详见图 4.4.9。

梁宽范围外中柱纵筋伸至柱顶后 90°弯折 12d，当柱顶有不小于 100mm 厚的现浇板时可向柱外弯折，否则应向柱内弯折。

（2）边柱和角柱柱顶纵筋构造

边柱和角柱外侧纵筋应在柱顶与屋面梁上部纵筋拉通设置，梁宽范围内柱顶外侧纵筋可与梁上部纵向钢筋在节点外侧弯折搭接（图 4.4.10），也可与梁上部纵筋在柱顶外侧直

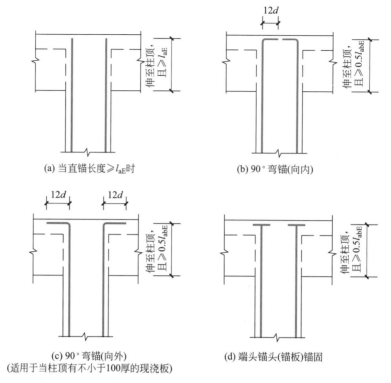

(a) 当直锚长度≥l_{aE}时

(b) 90°弯锚(向内)

(c) 90°弯锚(向外)
(适用于当柱顶有不小于100厚的现浇板)

(d) 端头锚头(锚板)锚固

图 4.4.9 中柱柱顶纵筋构造

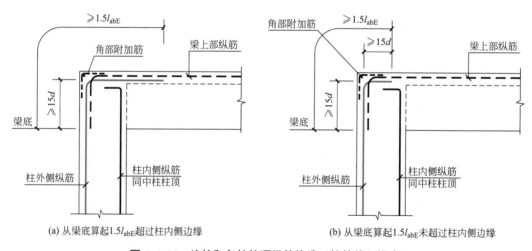

(a) 从梁底算起1.5l_{abE}超过柱内侧边缘

(b) 从梁底算起1.5l_{abE}未超过柱内侧边缘

图 4.4.10 边柱和角柱柱顶纵筋构造（柱筋伸入梁内）

注：当柱外侧纵筋配筋率≥1.2%时，伸入梁内的柱纵筋应分两批截断，截断点之间距离≥20d（d 为柱纵筋直径）。

线搭接（图 4.4.11）。

①节点外侧弯折搭接（柱筋水平弯折）

梁宽范围内边柱和角柱外侧纵筋弯入梁内时，屋面梁上部纵筋弯至梁底，搭接长度自梁底起应≥1.5l_{abE}，且当搭接长度未超出柱截面范围时，水平弯折长度应≥15d（图 4.4.10）。

此时，梁宽范围以外的柱外侧纵筋可在节点内锚固，柱顶第一层伸至柱内侧边缘后向下弯折 8d，柱顶第二层伸至柱内侧边缘（不需弯折）；当柱内侧现浇板厚度≥100mm 时，也可伸入板内锚固，且伸入板内长度不宜小于 15d，构造样式详见标准图集。

边柱和角柱柱顶伸入梁内的柱外侧纵筋（梁宽范围内）不宜少于柱外侧全部纵筋面积的 65%。

② 柱顶外侧直线搭接（柱筋伸至柱顶）

当梁宽范围内边柱和角柱外侧纵筋只伸至柱顶，梁上部纵筋与柱外侧纵筋在柱顶外侧直线搭接时，搭接长度应≥$1.7l_{abE}$（图 4.4.11）。此时，梁宽范围以外的柱外侧纵筋伸至柱顶后弯折 12d（同梁宽范围外中柱柱顶）。

当梁截面高度较大，边柱和角柱外侧纵筋未伸至柱顶已满足≥$1.5l_{abE}$ 时，应延伸至柱顶，且满足与梁上部纵筋在柱外侧搭接长度≥$1.7l_{abE}$ 的要求。

边柱和角柱外侧纵筋在柱顶水平弯折及屋面梁上部纵筋在端部支座向下弯折时，弯弧半径较大（转大弯），柱顶外侧角部需附加图 4.4.12 所示的角部附加钢筋。

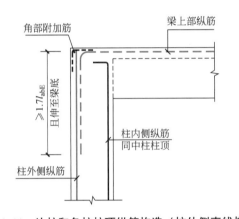

图 4.4.11　边柱和角柱柱顶纵筋构造（柱外侧直线搭接）

注：当梁上部纵筋配筋率＞1.2% 时，伸入柱内的梁上部纵筋应分两批截断，截断点之间距离≥20d（d 为柱纵筋直径）。

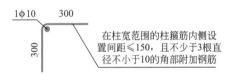

图 4.4.12　角部附加钢筋

绘图技能训练

【任务一】根据 KZ1 的平法标注信息，绘制 KZ1 的横截面配筋详图，并标注截面尺寸，绘图比例 1：20。

```
KZ1
600×600
12Φ25
Φ10@100/200(4×4)
```

【任务二】绘制 KZ2 的横截面配筋详图，并注写平法标注信息（包括引出标注、原位标注、截面尺寸），绘图比例 1：20。

已知：KZ2 截面尺寸为 650×600，纵筋采用 HRB400，角筋直径为 25，b 边 3 根中部筋直径为 20，h 边 2 根中部筋直径为 20；箍筋采用 HPB300，直径为 10、箍筋肢数为 5×

4，间距为 100/200。

【任务三】绘框架柱插筋图，绘图比例 1:25。

已知：某工程抗震等级为四级，KZ1 截面尺寸为 500×500，柱纵筋采用 HRB400、直径为 20，箍筋φ10@100/200，承台高度为 850，承台混凝土强度等级为 C30。

任务分析：（1）用抗震等级四级、HRB400、C30 查受拉钢筋抗震锚固长度表可得 KZ1 纵筋的锚固长度为 35d（d 为钢筋直径）＝700；

（2）基础高度为 850，扣减基础底部保护层厚度及钢筋网厚度，满足直锚要求，因此插筋底部弯钩长度取 6d 和 150 中较大值，即取 150；

（3）基础高度为 850，布置 2 道非复合箍不能满足间距小于 500 的要求，因此需布置 3 道非复合箍。按图集要求，第一道离基础顶面距离 100，插筋底部布一道，中间布一道。

【任务四】绘框架柱底层及二层（标高－0.500～5.500 范围）纵筋连接构造，并标注箍筋加密区的箍筋信息（钢筋符号、直径、间距），绘图比例 1:25。

已知：某工程 KZ1 截面尺寸为 600×550，纵筋采用 HRB400、直径为 20，箍筋为φ10@100/200（φ12@100），嵌固部位标高－0.500，二层梁顶标高 4.000，二层梁高 800，三层梁顶标高 7.000，三层梁高 800，采用机械连接。

任务分析：（1）计算底层净高 H_{n1}＝4.000－（－0.500）－0.800＝3.700，二层净高 H_{n2}＝7.000－4.000－0.800＝2.200；

（2）定嵌固部位以上非连接区长度为 $H_{n1}/3$＝1234（小数进 1 取整）；

（3）计算底层柱上端非连接区长度，取 $H_{n1}/6$＝617、600、500 中最大值；

（4）计算二层柱下端非连接区长度，取 $H_{n2}/6$＝367、600、500 中最大值；

（5）定机械连接接头错开距离 35d＝700；

（6）箍筋加密区范围与纵筋非连接区重合，将箍筋直径及加密区间距注写在非连接区尺寸范围内。

【任务五】绘中柱柱顶钢筋构造（梁宽范围内），绘图比例 1:25。

已知：某工程抗震等级为三级，某中柱 KZ1 截面尺寸为 400×400，柱纵筋采用 HRB400、直径为 20，支承在 KZ1 上的屋面梁高 600，屋面板厚 120，混凝土强度等级均为 C35。

任务分析：（1）用抗震等级三级、HRB400、C35 查受拉钢筋抗震锚固长度表可得 KZ1 纵筋的锚固长度为 34d（d 为钢筋直径）＝680，不满足直锚长度要求，要求端部弯折 12d；

（2）柱顶板厚 120＞100，柱顶纵筋弯钩可弯向柱外。

【任务六】绘角柱柱顶钢筋构造（梁宽范围内），绘图比例 1:25。

已知：某工程抗震等级为三级，某角柱 KZ1 截面尺寸为 400×400，柱纵筋采用 HRB400、直径为 20，支承在 KZ1 上的屋面梁高 600，混凝土强度等级均为 C35。

任务分析：（1）用抗震等级三级、HRB400、C35 查受拉钢筋抗震锚固长度表可得 KZ1 纵筋的锚固长度为 34d（d 为钢筋直径）＝680；

（2）计算 $1.5l_{abE}$＝1020，$1.7l_{abE}$＝1156，柱外侧纵筋可伸入梁内，与梁上部纵筋搭接 1020，超出柱子范围；柱外侧纵筋也可伸至柱顶，梁上部纵筋与柱外侧纵筋搭接 1156；

（3）柱内侧纵筋伸至柱顶，弯 12d（d 为钢筋直径）＝240。

【任务七】绘角柱柱顶钢筋构造（梁宽范围内），绘图比例 1：25。

已知：某工程抗震等级为三级，某角柱 KZ1 截面尺寸为 500×500，纵筋采用 HRB400、直径为 18，支承在 KZ1 上的屋面梁高 750，混凝土强度等级均为 C40。

任务分析：（1）用抗震等级三级、HRB400、C40 查受拉钢筋抗震锚固长度表可得 KZ1 纵筋的锚固长度为 $30d$（d 为钢筋直径）=540；

（2）计算 $1.5l_{abE}$=810，$1.7l_{abE}$=918，柱外侧纵筋可伸入梁内，与梁上部纵筋搭接 1020 时未超出柱子范围，水平段弯钩长度应≥$15d$=270；柱外侧纵筋也可只伸至柱顶，梁上部纵筋与柱外侧纵筋搭接 918（二选一）；

（3）柱内侧纵筋伸至柱顶，弯 $12d$（d 为钢筋直径）=216。

【任务八】绘角柱柱顶钢筋构造（梁宽范围内），绘图比例 1：25。

已知：某工程抗震等级为三级，某角柱 KZ1 截面尺寸为 500×500，纵筋采用 HRB400、直径为 18，支承在 KZ1 上的屋面梁高 850，混凝土强度等级均为 C40。

任务分析：（1）用抗震等级三级、HRB400、C40 查受拉钢筋抗震锚固长度表可得 KZ1 纵筋的锚固长度为 $30d$（d 为钢筋直径）=540；

（2）计算 $1.5l_{abE}$=810，$1.7l_{abE}$=918，柱外侧纵筋不需伸入梁内，只伸至柱顶，梁上部纵筋与柱外侧纵筋搭接 918；

（3）柱内侧纵筋伸至柱顶，弯 $12d$（d 为钢筋直径）=216。

【任务九】绘制附图——实训楼中 3 轴交 D 轴处 KZ1 的纵剖面配筋详图（表达柱底部插筋、中间层机械连接接头位置、柱顶钢筋构造及箍筋加密区范围）。剖切位置：沿 3 轴，绘图比例 1：50，图幅 A3。

4.4.5　剪力墙的标准构造

剪力墙一般与框架柱合并绘制在一张施工图中，平面注写方式与框架柱类似，也包括列表注写方式和截面注写方式两种，详见标准图集。

1. 剪力墙构件类型

剪力墙由剪力墙身、剪力墙柱、剪力墙梁三类构件组成，类型代号见表 4.4.5。

剪力墙构件类型代号　　　　　　　　　　　　表 4.4.5

类型		代号
剪力墙身		Q
剪力墙柱	约束边缘构件	YBZ
	构造边缘构件	GBZ
	非边缘暗柱	AZ
	扶壁柱	FBZ
墙梁	连梁	LL
	连梁（跨高比不小于 5）	LLk
	连梁（对角暗撑配筋）	LL(JC)

类型		代号
墙梁	连梁(对角斜筋配筋)	LL(JX)
	连梁(集中对角斜筋配筋)	LL(DX)
	暗梁	AL
	边框梁	BKL

2. 墙身标准构造

当墙厚不超过 400mm 时，在墙身的两个表面按规定间距均匀地布置水平分布筋和垂直分布筋，两排分布筋通过拉结筋拉结，拉结筋需同时钩住水平分布筋和垂直分布筋，如图 4.4.13 所示。平法施工图中应注明拉结筋为"矩形"或"梅花"布置方式，见图 4.4.14（图中 a 为竖向分布筋间距，b 为水平分布筋间距）。

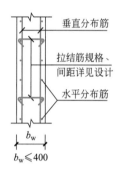

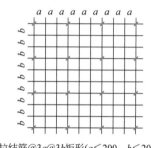

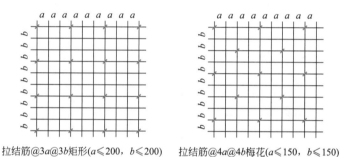

拉结筋@3a@3b矩形($a\leqslant200$，$b\leqslant200$)　　拉结筋@4a@4b梅花($a\leqslant150$，$b\leqslant150$)

图 4.4.13　剪力墙双排配筋样式　　　　**图 4.4.14　拉结筋设置示意**

当分布筋间距 $S\leqslant150$ 时，拉筋宜选用梅花布置，且拉筋间距不大于对应方向分布筋间距的 4 倍；当分布筋间距 $150<S\leqslant200$ 时，拉筋宜选用矩形布置，且拉筋间距不大于对应方向分布筋间距的 3 倍。

重要提示

上部结构中的剪力墙肢的水平长度一般都小于结构层高，因此，上部结构中剪力墙肢的水平分布筋放置在外侧，垂直分布筋放置在内侧（图 4.4.13）。

剪力墙墙身水平分布筋在边缘构件中的锚固构造因边缘构件的类型不同而不同，具体要求详见标准图集。剪力墙墙身纵筋在基础中的插筋构造、楼层连接构造、墙顶构造等与柱类似，具体要求详见标准图集。

3. 墙柱

剪力墙
墙柱

《建筑抗震设计规范》GB 50011—2010（2016 年版）规定，剪力墙墙肢的两端及洞口两侧应设置边缘构件，即剪力墙墙柱。剪力墙底层底部截面轴压比超过规范限值的一、二、三级抗震墙及部分框支剪力墙结构的抗震墙的底部加强部位及底部加强部位相邻的上一层应设置约束边缘构件，其他情况或其他部位均可设置构造边缘构件。

知识拓展

规范规定，抗震墙底部加强部位的范围应符合下列规定：

1. 底部加强部位的高度，应从地下室顶板算起。

2. 部分框支抗震墙结构的抗震墙，其底部加强部位的高度，可取框支层加框支层以上两层的高度及落地抗震墙总高度的 1/10 二者的较大值。其他结构的抗震墙，房屋高度大于 24m 时，底部加强部位的高度可取底部两层和墙体总高度的 1/10 二者的较大值；房屋高度不大于 24m 时，底部加强部位可取底部一层。

3. 当结构计算嵌固端位于地下一层的底板或以下时，底部加强部位尚宜向下延伸到计算嵌固端。

图 4.4.15 为某工程中某剪力墙墙肢的横截面配筋详图，图中可见墙肢在基础顶面～14.250m 标高范围内设置约束边缘构件，在 14.250～48.500m 标高范围内设置构造边缘构件，墙柱平法配筋详图的识读同框架柱。

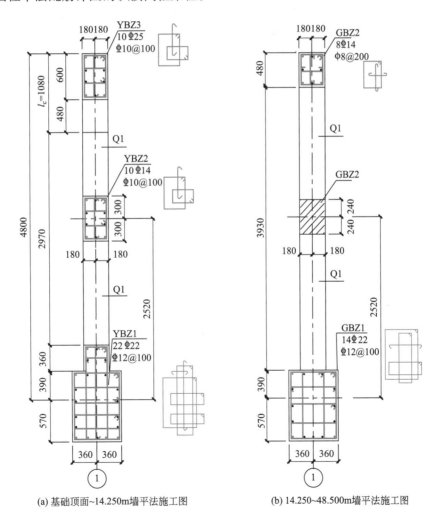

(a) 基础顶面~14.250m墙平法施工图   (b) 14.250~48.500m墙平法施工图

图 4.4.15 剪力墙平法施工图案例

边缘构件按照墙肢的端部节点类型不同可分为边缘暗柱、边缘端柱、边缘翼墙和边缘转角墙四种。

四种构造边缘构件的截面类型如图 4.4.16 所示，阴影部分 A_c 为构造边缘构件的设置范围，配筋构造要求详见平法图集。

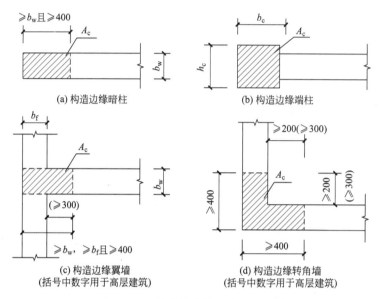

(a) 构造边缘暗柱　　　　　　　(b) 构造边缘端柱

(c) 构造边缘翼墙　　　　　　　(d) 构造边缘转角墙
(括号中数字用于高层建筑)　　　(括号中数字用于高层建筑)

图 4.4.16　构造边缘构件的截面类型

四种约束边缘构件的截面类型如图 4.4.17 所示，l_c 为约束边缘构件沿墙肢的长度，阴影部分为核心区域、非阴影部分为约束边缘构件的非核心区域。其中，核心区域的纵筋及箍筋要求按设计指定，箍筋应满足规范规定的体积配箍率 λ_v。非核心区域的体积配箍率应不小于核心区域的 1/2，可设置拉筋或封闭箍（由设计标注明确），竖向间距同阴影区箍筋间距；非核心区域内的纵筋可为墙身垂直分布筋。

　重要提示

　　由于 l_c 的取值与墙肢长度有关，按规范要求的计算长度有可能未超出核心区域，此时施工图不需标注 l_c 的范围。例如，图 4.4.15 中 YBZ3 的 l_c 超出核心区域，此时约束边缘构件的范围包括核心区域和非核心区域；YBZ1 的 l_c 未超出图 4.4.17 中规定的约束边缘端柱核心区域，此时图中未标注 l_c，约束边缘构件的范围全部为核心区域。

由图 4.4.16、图 4.4.17 可见，同一种类型的构造边缘构件和约束边缘构件的截面形状和尺寸要求不同，可结合图 4.4.15 案例进行对比识读，各种类型边缘构件的配筋构造要求详见标准图集。

4. 墙梁

连接墙肢与墙肢的梁为连梁。连梁本质上是由于剪力墙开洞口形成的，上下相邻洞口之间的范围为连梁高度，梁宽同剪力墙宽，编号为 LL。连梁为梁类构件，普通连梁 LL 的钢筋包括上部通长筋、下部通长筋及箍筋。表 4.4.5 中 LL（JC）、LL（JX）、LL（DX）

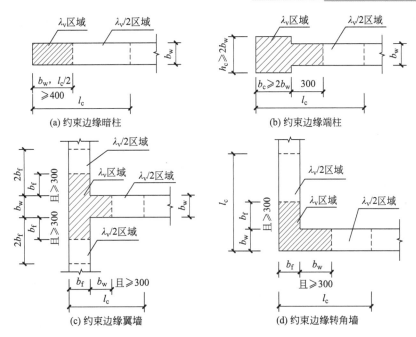

图 4.4.17 约束边缘构件的截面类型

是在普通连梁 LL 配筋的基础上设置对角暗撑、交叉斜筋或集中对角斜筋进行加强处理，平面注写及标准构造详见平法图集；LLk 是跨高比不小于 5 且按框架梁设计的连梁，平面注写规则同框架梁。

墙肢上部的框架梁称为边框梁（编号为 BKL），边框梁设置在楼层处，宽度大于墙厚，部分突出剪力墙表面。

当墙肢在楼层处未设置边框梁时，应设置暗梁（编号为 AL），宽度同墙宽，暗梁类似于砌体墙中设置的圈梁，不考虑受力，起加强剪力墙构造的作用。

　　重要提示

　　LLk 为跨高比不小于 5 并按框架梁设计的连梁，此时连梁跨内的纵筋及箍筋加密构造与框架梁完全相同，仅连梁纵筋在两端墙肢中的锚固要求同普通连梁 LL。图纸中亦经常可见将 LLk 直接编号为 KL。

4.4.6 钢筋混凝土柱、剪力墙平法施工图的读图方法

一般情况下，柱和剪力墙的平法施工图合在一张图纸中，柱、剪力墙平法施工图的识读应结合建筑平面图、结构设计总说明、基础平法施工图等进行。具体识读步骤如下：

（1）查看墙柱平面布置，校核轴网，结合建筑平面图、基础平面布置图，了解柱、墙整体布置。

（2）查看层高表、文字说明或结构设计总说明中的材料要求，明确墙、柱混凝土的强度等级。

（3）查看层高表中标注的抗震墙底部加强部位及约束边缘构件的设置范围。

（4）对照层高表和图名，明确各段墙、柱平法施工图中表达的墙、柱起止标高，查看墙、柱编号、类型、截面尺寸及定位尺寸（两者需一致），查看采用平法标注的配筋信息。

（5）根据抗震等级与设计要求，结合平法图集的墙、柱构造部分，确定墙、柱施工时的钢筋构造。

4.4.7 识读案例

读图 4.4.4 中框架柱、剪力墙平法施工图（局部），识读步骤及要点如下：

1. 本工程柱、墙施工图合并绘制，查看层高表

（1）本工程共 11 层，顶部有出屋面机房，无地下室；顶层机房结构层高及底层结构层高为 4.200m，其他楼层结构层高均为 3.000m。注意：层高表中，楼层对应的标高为本层楼面标高，本层层高＝上层楼面标高－本层楼面标高。

（2）本工程四层及以上柱、墙混凝土强度等级为 C30，三层及其以下柱、墙混凝土强度等级为 C35。

（3）本工程嵌固部位为基础顶面，底部加强部位为底部 2 层，往下延伸至基础。

2. 查看柱平面布置及柱表

（1）本工程框架柱类型共 9 种，KZ1、KZ2、KZ3、KZ5、KZ6、KZ7、KZ9 至四层楼面（标高 10.150）起截面变小，变小后的截面定位尺寸注写在平面图的括号中。

（2）本工程柱采用列表注写方式，箍筋类型号为 1，除 KZ2 和 KZ4 箍筋全高加密外，其他柱只在构造要求的节点范围内加密。

3. 查看剪力墙平面布置及剪力墙身表、暗梁表、边缘构件配筋详图

（1）局部平面图中只 9 轴和 13 轴处有 2 个剪力墙肢，本工程剪力墙在三层及以下（标高 10.150 以下）设置约束边缘构件，三层以上设置构造边缘构件，构造边缘构件的编号注写在平面图的括号中。

（2）本工程剪力墙墙身的截面和配筋沿房屋全高保持不变，墙厚 200，水平分布筋直径 8、间距 150，竖向分布筋直径 10、间距 200；拉结筋采用矩形布置，水平间距 600（垂直分布筋间距的 3 倍），垂直间距 450（水平分布筋间距的 3 倍）。

（3）剪力墙在 4.150、7.150、10.150、@3.000、34.150 各层楼层处设置暗梁，暗梁截面详见暗梁表，暗梁详图中示意剪力墙水平分布筋应连续通过暗梁。注意：剪力墙的连梁一般绘制在梁平法施工图中。

识图技能训练

识读图 4.4.4 框架柱、剪力墙平法施工图（局部），完成以下试题。

1. 本工程的嵌固端为（　　）。

A. 基础顶面 　　　 B. 二层楼面 　　　 C. 三层楼面 　　　 D. 四层楼面

2. 标高 9.000m 处，柱、剪力墙混凝土强度等级为（　　）。

A. C25 　　　 B. C30 　　　 C. C35 　　　 D. C40

3. 本工程 6 层楼面的结构标高为（　　　）m。

A. 13.150　　　　B. 16.150　　　　C. 19.150　　　　D. 22.150

4. 本工程顶层结构层高为（　　　）m。

A. 3.000　　　　B. 3.600　　　　C. 4.200　　　　D. 7.200

5. 屋顶机房的结构层高为（　　　）m。

A. 3.000　　　　B. 3.600　　　　C. 4.200　　　　D. 7.200

6. 下列关于 5 轴交 D 轴处 KZ1 的说法错误的是（　　　）。

A. 三层及三层以下截面宽度为 400　　　　B. 二层及二层以下截面宽度为 400

C. 箍筋类型号为 1　　　　D. 箍筋全高加密

7. 5 轴交 D 轴处 KZ1 的纵筋数量为（　　　）根。

A. 7　　　　B. 8　　　　C. 9　　　　D. 10

8. 当柱纵筋采用机械连接方式时，KZ1 位于四层的相邻接头应错开不小于（　　　）mm。

A. 700　　　　B. 630　　　　C. 560　　　　D. 500

9. 本工程的抗震墙底部加强部位为（　　　）。

A. 底部一层　　　　B. 底部两层　　　　C. 底部三层　　　　D. 底部四层

10. 下列关于本工程剪力墙约束边缘构件设置的说法正确的是（　　　）。

A. 设置在底部加强部位　　　　B. 设置在底部加强部位及其以上一层

C. 未设置约束边缘构件　　　　D. 以上说法均不对

11. 下列关于本工程剪力墙墙身的说法正确的是（　　　）。

A. 墙身水平分布筋间距为 200mm　　　　B. 墙身垂直分布筋间距为 150mm

C. 拉结筋采用梅花布置　　　　D. 拉结筋的水平间距为 600mm

12. 下列关于本工程剪力墙中设置暗梁的说法错误的是（　　　）。

A. 暗梁截面宽度为 200mm　　　　B. 暗梁截面高度为 400mm

C. 标高 −0.050m 处设置暗梁　　　　D. 剪力墙水平分布筋应连续通过暗梁

4.5　梁平法施工图识读

4.5.1　钢筋混凝土梁的类型及变形分析

从广义上讲，梁是指主要承受垂直于轴线的横向荷载，以弯曲变形为主的杆件。在钢筋混凝土结构体系中，常见的几种典型的梁有：钢筋混凝土简支梁、钢筋混凝土连续梁和钢筋混凝土悬臂梁（图 4.5.1）。

钢筋和混凝土组合材料的结构构件，其最大的特点是充分利用混凝土的

钢筋混凝土
梁的类型及
变形分析

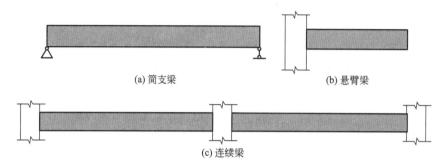

图 4.5.1　钢筋混凝土梁的常见类型

抗压能力和钢筋的抗拉、抗剪、抗扭能力。在钢筋混凝土结构构件中，只要是受拉、受剪、受扭的部位都必须配受力钢筋，混凝土才不会破坏。

想要弄清楚各种梁构件的配筋构造，必须首先搞清楚各种类型梁基本的受力变形状态，找到各种梁必须配置受力钢筋的部位，才能整体上把握梁的配筋原理及规律。

1. 弯曲变形

（1）钢筋混凝土简支梁

图 4.5.2 为一根简支梁，支座为铰接，可自由转动。在上部荷载作用下，梁整体发生向下的弯曲变形，下部纤维被"拉长"，底部伸长最长，底部拉应力最大。上部纤维"压短"，顶部压应力最大。中性轴既不受拉也不受压，保持原长。因此，简支梁底部受拉，顶部受压，需在底部配置受拉钢筋，顶部至少在角部配置 2 根通长构造筋，也用来架立箍筋。

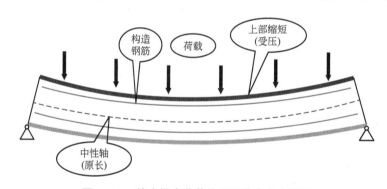

图 4.5.2　简支梁在荷载作用下的弯曲变形图

但是，在房屋建筑的结构体系中，支座可以自由转动的简支梁几乎不存在，所有梁支座处的转动都会受到不同程度的限制，上部支座处也需要配置一定数量的受拉钢筋。

（2）钢筋混凝土连续梁

图 4.5.3 为一根支撑在框架柱上的两跨连续梁，支座处不能转动，在横向荷载作用下，梁发生向下的弯曲变形，支座处被柱子往上"顶"，梁支座处截面的上部纤维被"拉长"，跨中截面的下部纤维被"拉长"。

因此，框架连续梁上部支座处及跨中底部受拉，需在上部支座处及底部配置受拉钢筋，并锚入支座。

（3）钢筋混凝土悬臂梁

图 4.5.4 为悬臂梁，一端固定，一端自由。在横向荷载作用下，梁自由端向下弯曲，

上部纤维"拉长"，下部纤维缩短。因此，悬臂梁上部受拉，需在上部配置受拉钢筋，下部至少在角部布置 2 根构造钢筋，与箍筋一起形成梁钢筋骨架。

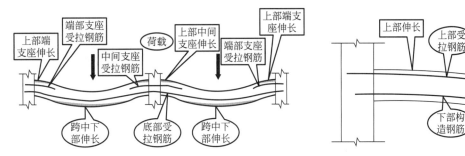

图 4.5.3　连续梁在荷载作用下的弯曲变形图　　　　图 4.5.4　悬臂梁在荷载作用下的弯曲变形图

2. 剪切变形

梁、柱等构件除了弯曲变形外，横向荷载还像"刀"一样"切"梁的截面，截面内有一对剪切力，使构件截面具有上下"错开"的变形趋势（图 4.5.5），梁截面内还需配置横向箍筋用来抵抗剪切力，而且支座处剪力比跨中大，支座处箍筋还需加密。

梁中最基本的箍筋样式为外围矩形封闭箍（双肢箍），见图 4.5.6（a）。由于梁主要承受竖向荷载，只在高度方向上需要抵抗剪力。当剪力较大双肢箍不够时，可沿高度复合矩形小箍筋，复合的四肢箍样式见图 4.5.6（b）。

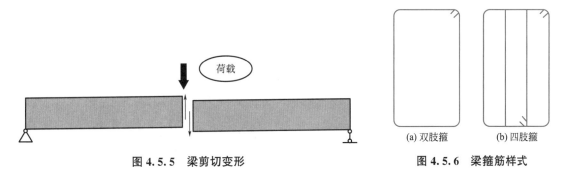

图 4.5.5　梁剪切变形　　　　　　图 4.5.6　梁箍筋样式

3. 扭转变形

弯曲和剪切是所有梁构件中一定存在的效应，用来抵抗弯曲拉应力、剪力的上部纵筋、下部纵筋及箍筋是梁构件中必有的钢筋。而有些梁，例如图 4.5.7（a）中这根框架梁承受来自悬挑梁的平面外扭矩作用，有很明显的扭转变形趋势，需要沿梁全截面均匀布置抗扭纵筋，在梁的两个侧面配置的受扭纵筋见图 4.5.7（b）。

4.5.2　钢筋混凝土梁的钢筋骨架

建筑工程中，所有构件的钢筋都不是各自游离放置的，而是相互固定和相互约束形成稳定的钢筋骨架。由前述梁的受力变形分析可知，梁构件钢筋笼最基本的组成包括：上部两根通长角筋、下部纵筋和箍筋，见图 4.5.8（a）。

梁钢筋骨架

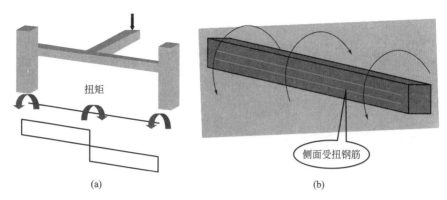

图 4.5.7　梁扭转变形

当支座处负弯矩较大，角部两根通长筋不够时，需在梁上部支座处附加非贯通纵筋，见图 4.5.8（b）。当支座上部纵筋数量较多一排放不下时（相邻钢筋应满足间距要求），可以按平法图集的要求放两排。

当截面内剪力较大，需采用复合箍筋时，支座处复合的小矩形箍架立在附加的支座上部非贯通纵筋上，而跨中上部需增设架立筋来固定复合的小矩形箍，架立筋与支座上部非贯通纵筋搭接 150mm，见图 4.5.8（c）。

当梁受扭时，梁两侧应布置受扭纵筋，侧面扭筋在支座内的锚固构造与下部纵筋相同；当梁不受扭，但截面高度超过界限高度时，梁两侧需按平法图集的规定布置构造纵筋，伸入支座内的锚固长度为 15d。侧面纵筋示意见图 4.5.8（d）。

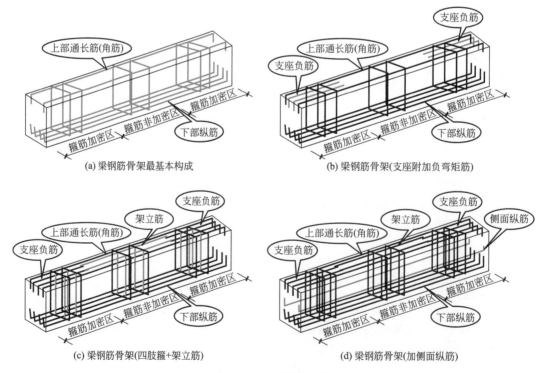

图 4.5.8　梁钢筋骨架

4.5.3　钢筋混凝土梁平面整体表示方法

钢筋混凝土
梁平面整体
表示方法

1. 梁类型

现浇钢筋混凝土结构中，梁类型主要有楼层框架梁、屋面框架梁、非框架梁、悬挑梁、框架扁梁、框支梁、井字梁等。最常见的楼层框架梁、屋面框架梁、非框架梁、悬挑梁类型代号见表 4.5.1。

梁类型代号　　　　　　　　　　　　　　　　　　　　表 4.5.1

梁类型	楼层框架梁	屋面框架梁	非框架梁	悬挑梁
柱代号	KL	WKL	L	XL

注：非框架梁 L 表示梁端支座为铰接，当非框架梁 L 上部纵筋充分利用钢筋抗拉强度时，代号为 Lg。

2. 梁平面注写方式

梁平法施工图是在梁平面布置图上采用平面注写方式或截面注写方式表达梁截面尺寸、定位及配筋等信息。

平面注写方式是指在梁的平面布置图上，分别在不同编号的梁中各选一根梁，在其上注写截面尺寸和配筋具体数值的方式。

梁的平面注写包括集中标注和原位标注两个部分，集中标注表达梁的通用数值，原位标注表达梁对应部位的特殊数值。

梁集中标注（从梁的任意一跨引出）的内容有六项，其中前五项为必注值，详见表 4.5.2。

梁平面注写的集中标注内容　　　　　　　　　　　　　表 4.5.2

序号	类别	主要内容
1	梁编号	梁类型代号、序号、跨数及有无悬挑代号 例如：KL3(5)表示 3 号框架梁，5 跨，无悬挑；KL3(5A)表示 3 号框架梁，5 跨，一端有悬挑；KL3(5B)表示 3 号框架梁，5 跨，两端有悬挑，悬挑段不计入跨数
2	截面尺寸	截面宽度与高度：$b \times h$ 注：当悬臂梁采用变截面时，用"/"分隔根部和端部高度值，即为 $b \times h_1/h_2$，h_1 为根部高度，h_2 为端部高度
3	箍筋	箍筋级别、直径、加密区与非加密区间距(用"/"分隔)及肢数(肢数写在括号内) 例如：ϕ 10@100/200(4)表示箍筋为 HPB300 钢筋，直径为 10mm，加密区间距为 100mm，非加密区间距为 200mm，均为四肢箍。 ϕ8@100(4)/150(2)表示箍筋为 HPB300 钢筋，直径为 8mm，加密区间距为 100mm，四肢箍；非加密区间距为 150mm，两肢箍。 注：当梁箍筋为一种间距和肢数时，则不需用斜线。 例如：ϕ8@100(2)表示梁全长箍筋间距为 100mm，两肢箍
4	上部通长筋＋ (架立筋)	(1)当只有通长筋时，注写通长筋根数、级别、直径； (2)当既有通长筋又有架立筋时，采用"＋"，注写时须将梁角部纵筋写在"＋"前，架立筋写在"＋"后的括号内； (3)当全部采用架立筋时，则将其全部写入括号内；

序号	类别	主要内容
4	上部通长筋＋（架立筋）	（4）当梁下部纵筋各跨相同或多数跨相同时，可同时加注梁下部纵筋的配筋值，用";"将上部与下部纵筋配筋值隔开，少数跨不同者，加注原位标注。 例如：2Φ20＋（2Φ12）;4Φ22，表示梁上部配置 2 根直径为 20 的通长筋，2 根直径为 12 的架立筋（用于四肢箍）;梁下部 4 根直径为 22 的通长筋
5	侧面纵向钢筋	（1）当梁腹板高度 $h \geqslant 450mm$ 时，需配置纵向构造钢筋，以 G 打头注写两侧总配筋值，对称配置； （2）当配置抗扭纵向钢筋时，以 N 打头注写两侧总配筋值，对称配置； 例如：G6Φ12，表示梁的两个侧面共配置 6 根直径为 12 的构造纵筋，每侧各 3 根，对称布置。 N4Φ12，表示梁的两个侧面共配置 4 根直径为 12 的受扭纵筋，每侧各 2 根，对称布置。 （3）梁侧面纵向构造钢筋需要设置拉筋，当梁宽≤350mm 时，拉筋直径为 6mm;当梁宽＜350mm 时，拉筋直径为 8mm。拉筋间距为梁各跨非加密区箍筋间距的 2 倍
6	顶面标高高差	梁顶面标高相对于该结构楼面基准标高的高差值，有高差时注写在括号内，低于楼面为负值;没有高差时，无需注写此项

对于多跨梁，由于梁跨度、荷载、截面及配筋均可能不同，当集中标注中某项数值不适用于梁的某部位时，则将该项数值进行原位标注，施工时，原位标注取值优先。梁原位标注内容详见表 4.5.3。

梁平面注写的原位标注内容   表 4.5.3

序号	类别	主要内容
1	支座上部纵筋	支座处含通长筋在内的所有上部纵筋的根数、级别、直径 注：（1）当梁中间支座两边的纵筋相同时，可仅在支座的任一边标注;当梁中间支座两边的上部纵筋不同时，须在支座两边分别标注; （2）当上部纵筋多于一排时，用"/"将各排纵筋自上而下分开; （3）当同排纵筋有两种直径时，用"＋"将两种直径的纵筋相连，角部纵筋写在前面
2	下部纵筋	跨中位置原位注写该跨下部纵筋根数、级别、直径 注：（1）当与集中标注中注写相同时，可不再重复标注; （2）当下部纵筋多于一排时，用"/"将各排纵筋自上而下分开; （3）当梁下部纵筋不全部伸入支座时，将梁支座下部纵筋减少的数量写在括号内
3	对集中标注进行原位修正	集中标注的内容不适用于某跨或悬挑部分时，在该跨或悬挑部位进行原位标注，包括截面尺寸、箍筋、梁面标高等，施工时按照原位标注数值取用
4	附加箍筋或吊筋	将附加箍筋或吊筋直接画在主梁上，用线引注总配筋值（当多数附加箍筋和吊筋相同时，可用文字统一说明，少数不同时再原位引注）

各项原位标注应注写在规定的位置，其中，梁支座上部纵筋：对于施工图中 X 方向的梁标注在梁的上方、该支座的左侧或右侧;施工图中 Y 方向的梁标注在梁的左侧、该支座的下方或上方;梁下部纵筋：施工图中 X 方向的梁标注在梁下部、跨中位置，施工图中 Y 方向的梁标注在梁右侧、跨中位置;对集中标注进行原位修正的内容与梁下部纵筋注写在一起。

3. 梁截面注写方式

截面注写方式，是在分标准层绘制的梁平面布置图上，分别在不同编号的梁中各选择一根梁用剖面号引出配筋图，并在其上注写截面尺寸和配筋具体数值的方式。平面注写方式和截面注写方式对比见图 4.5.9，两种注写方式表达的信息完全一致。

实际工程中，梁通常采用平面注写方式，对于某些做法比较简单（例如次梁、圈梁）的梁或者异形截面梁可采用截面注写方式表达。

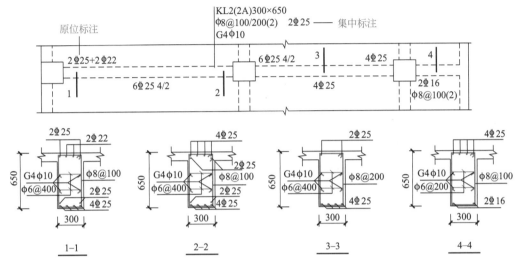

图 4.5.9　梁平面注写方式和截面注写方式对比

4.5.4　钢筋混凝土梁的标准构造

1. 框架梁纵筋构造

（1）上部纵筋截断及搭接构造

框架梁支座上部非贯通纵筋应向跨内伸入规定的长度（第一排 $l_n/3$，第二排 $l_n/4$），见图 4.5.10。框架梁上部一般至少有两根角部通长筋，可以将各个支座处角部 2 根支座负筋拉通，也可以采用比支座负筋直径小的钢筋在跨中与两侧支座负筋搭接 l_{lE}，见图 4.5.10。当框架梁上部通长筋数量少于箍筋肢数时，内部小箍筋的角部应设置架立筋，架立筋与支座非贯通纵筋搭接 150mm，见图 4.5.10。

（2）端支座锚固

框架梁下部纵筋在中间支座处采用直锚，锚固长度应 $\geqslant l_{aE}$ 且 $\geqslant 0.5h_c + 5d$，见图 4.5.10。框架梁上部纵筋和下部纵筋在端支座处当柱截面尺寸满足锚固长度要求时可采用直锚，当柱截面尺寸不满足直锚长度要求时，应采用弯锚（图 4.5.10 示意弯锚）或端部加螺栓锚头的机械锚固，见图 4.5.11。

屋面框架梁 WKL 上部纵筋在端支座内的锚固构造详见 4.4 节"边柱和角柱柱顶纵筋构造"，按梁筋入柱和柱筋入梁分为两种做法：当采用梁筋入柱时，WKL 上部纵筋弯入柱内的长度为 $1.7l_{abE}$；当采用柱筋入梁时，WKL 上部纵筋弯至梁底。屋面框架梁 WKL 下

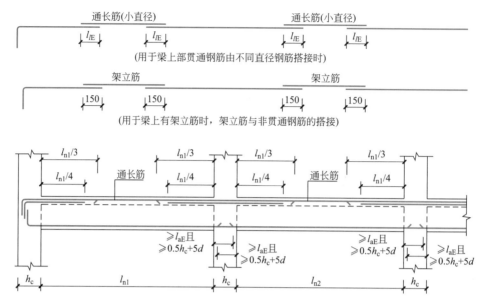

图 4.5.10　楼层框架梁 KL 纵向钢筋构造

注：1. 图中 h_c 为柱截面沿框架方向的截面尺寸。

2. 跨度 l_n 取左右跨中的较大值。

3. 当上柱截面尺寸小于下柱截面尺寸时，梁上部钢筋锚固长度起算位置应为上柱边缘，梁下部纵筋锚固长度起算位置为下柱边缘。

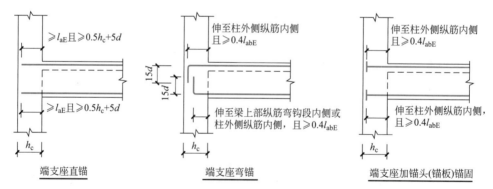

图 4.5.11　楼层框架梁 KL 纵向钢筋端支座锚固构造

部纵筋的锚固要求与楼层框架梁下部纵筋的锚固要求完全相同。

2. 非框架梁纵筋构造

非框架梁的上部纵筋伸入端支座内直段长度 $\geqslant l_a$ 时可不弯折（直锚），当不能直锚时应伸至支座对边后弯折 $15d$，且水平段长度的取值分为两种情况：当支座按铰接考虑时，水平段长度应 $\geqslant 0.35 l_{abE}$；当支座按固结（即充分利用钢筋抗拉强度）考虑时，水平段长度应 $\geqslant 0.6 l_{abE}$，见图 4.5.12。

非框架梁端支座处的上部非贯通纵筋向跨内伸入的长度也按两种情况考虑：当支座按铰接考虑时，截断长度取 $l_{n1}/5$；当支座按固结（即充分利用钢筋抗拉强度）考虑时，截断长度取 $l_{n1}/3$，见图 4.5.12。

非框架梁中间支座处的上部非贯通纵筋向跨内伸入的长度为 $l_n/3$（l_n 取左右跨中的较

大值），见图 4.5.12。

非框架梁下部纵筋在支座内的锚固长度均取 $12d$（带肋钢筋），圆钢时取 $15d$。

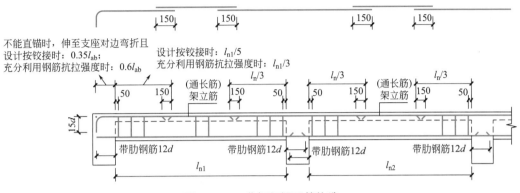

图 4.5.12 　非框架梁配筋构造

3. 框架梁箍筋加密区范围

为了保证框架梁端塑性铰延性，规范对框架梁端箍筋加密区范围、箍筋最大间距及箍筋最小直径都作出了规定，框架梁端箍筋加密区范围的长度要求见图 4.5.13。当框架梁端支座为主梁时，此端可不设加密区，梁端箍筋规格及数量由设计确定。

> **重要提示**
>
> 梁跨内第一个箍筋距支座边缘 50（起步距离），加密区实际布置范围按照经济性原则可超出加密区计算范围，但不能小于加密区计算范围。

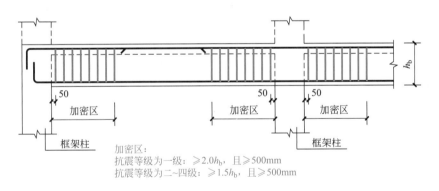

图 4.5.13 　框架梁（KL、WKL）箍筋加密区范围

4. 梁侧面纵向构造筋及拉筋构造

为控制梁两侧的裂缝，当梁腹板高度 $h_w \geqslant 450\text{mm}$ 时，应在梁的两个侧面腹板高度范围内配置纵向构造钢筋，纵向构造钢筋间距 $a \leqslant 200\text{mm}$，见图 4.5.14。

梁两侧位于同一高度的纵向构造钢筋需要设置拉筋进行拉结，当梁宽≤350mm 时，拉筋直径为 6mm；当梁宽＜350mm 时，拉筋直径为 8mm。拉筋间距为非加密区箍筋间距的 2 倍，当设有多排拉筋时，各排拉筋竖向错开设置。

梁侧面构造纵筋的搭接长度和锚固长度均可取 $15d$。

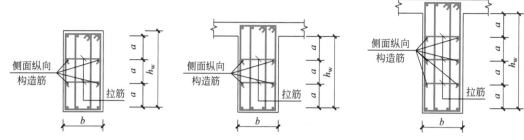

图 4.5.14　梁侧面纵向构造筋和拉筋

注：当梁两侧无现浇板时，h_w 从梁面起算，到梁下部纵筋的合力中心线；当梁两侧设置现浇板时，h_w 从现浇板底起算，到梁下部纵筋的合力中心线。

> **重要提示**
>
> 梁侧面受扭纵筋的搭接长度和锚固长度应按受拉钢筋取值，锚固方式同梁下部纵筋；且侧面抗扭纵筋应沿梁全截面高度均匀布置，区别于构造纵筋在腹板高度内均匀布置。

5. 梁附加筋构造

规范规定，主次梁相交处，在主梁上次梁两侧需设置附加箍筋。附加箍筋的配筋值由设计标注（示例见图 4.5.18），附加箍筋设置范围见图 4.5.15。需要注意，附加箍筋范围内的梁正常箍筋或加密区箍筋照设。

当在附加箍筋的基础上还需增设附加吊筋时，附加吊筋的弯起段应伸入梁的上边缘，具体构造要求见图 4.5.16。当梁高≤800mm 时，吊筋弯起角度为 45°；当梁高＞800mm 时，吊筋弯起角度为 60°。

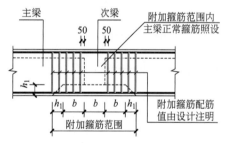

图 4.5.15　梁侧面纵向构造筋和拉筋

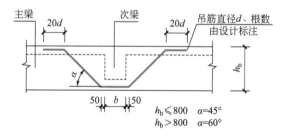

图 4.5.16　梁侧面纵向构造筋和拉筋

绘图技能训练

【任务一】绘图 4.5.17 中 KL4（2）指定截面（支座和跨中）的配筋详图（截面注写方式），绘图比例 1∶25。

任务分析：（1）KL4 共 2 跨，截面宽度 350mm，高度 600mm，全长相同。

（2）上部纵筋：由集中标注可知梁上部有 2 根直径为 18mm 的通长筋（角部），原位标注表明 3 个支座处上部均需配置 4Φ18 的受力筋，除去 2 根贯通的角筋，3 个支座上部均还需附加 2Φ18 非贯通纵筋；跨中上部在四肢箍内部小箍筋的角部各放置 1 根（共 2

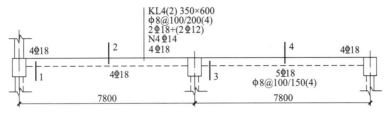

图 4.5.17　KL4（2）

根）架立筋与支座非贯通纵筋搭接 150mm，用于架立小箍筋。因此，支座处（1-1 和 3-3）上部纵筋均为 4Φ18，跨中（2-2 和 4-4）上部纵筋均为 2Φ18（角部）＋2Φ12（中间）。

（3）下部纵筋：第一跨 4Φ18 通长，第二跨 5Φ18 通长，因此，1-1 和 2-2 下部纵筋为 4Φ18，3-3 和 4-4 下部纵筋为 5Φ18。

（4）箍筋：2 跨均为四肢箍，支座处加密区间距为 100mm，第一跨跨中非加密区间距为 200mm，第二跨跨中非加密区间距为 150mm。因此，支座处（1-1 和 3-3）箍筋间距为 100mm，跨中（2-2）箍筋间距为 200mm，跨中（4-4）箍筋间距为 150mm。

（5）侧面纵筋：全长两侧各 2Φ14，4 个截面处均相同。

（6）拉筋：按规定，直径取 6mm；第一跨（1-1 和 2-2）拉筋间距为该跨非加密区间距的 2 倍，故为 400mm；第二跨（3-3 和 4-4）拉筋间距为该跨非加密区间距的 2 倍，故为 300mm。

（7）根据以上分析，参照图 4.5.9 的截面配筋详图样式绘制 1-1、2-2、3-3 和 4-4。

【任务二】绘图 4.5.17 中 KL4（2）的纵向钢筋构造详图，并表达箍筋加密区和非加密区范围。绘图比例 1∶50。

已知：梁、柱的混凝土强度等级为 C30，HRB400、三级抗震，柱截面宽度均为 600mm，居中布置。

任务分析：（1）按 C30，HRB400、三级抗震、$d \leqslant 25mm$ 查表得锚固长度 $l_{aE} = l_{abE} = 37d$，直径为 18mm 的纵筋锚固长度和基本锚固长度均为 666mm，直径为 14mm 的侧面抗扭纵筋锚固长度和基本锚固长度均为 518mm。

（2）绘上部 2 根通长筋：端支座宽度 600mm 不满足直锚，按图集要求采用弯锚，伸至柱外侧纵筋内侧且 $\geqslant 0.4 l_{abE} = 0.4 \times 666mm = 267mm$（小数进 1）后向下弯折 $15d = 15 \times 18mm = 270mm$。

（3）绘支座非贯通纵筋（与通长筋投影重合，在截断点处绘 45°斜线表达非贯通纵筋端部即可）：左右 2 跨的净跨长 $l_{n1} = l_{n2} = 7800 - 600 = 7200mm$，支座非贯通纵筋向跨内伸入的长度均为 $l_n/3 = (7800 - 600)/3 = 2400mm$。

（4）绘上部跨中架立筋（与通长筋投影重合，在截断点处绘 45°斜线表达架立筋端部即可）：架立筋与支座非贯通纵筋搭接 150mm。

（5）绘下部纵筋：左右两跨的下部纵筋均在端支座内弯锚，锚固构造同上部纵筋；在中间支座内直锚，锚固长度 666mm（伸入相邻跨梁内）。

（6）绘侧面抗扭纵筋：在端支座内能直锚，锚固长度为 518mm。

（7）用尺寸表达箍筋加密区和非加密区的范围，绘加密区箍筋线，标注第 1 个箍筋离柱边的距离 50mm。绘制结果如图 4.5.17 所示。

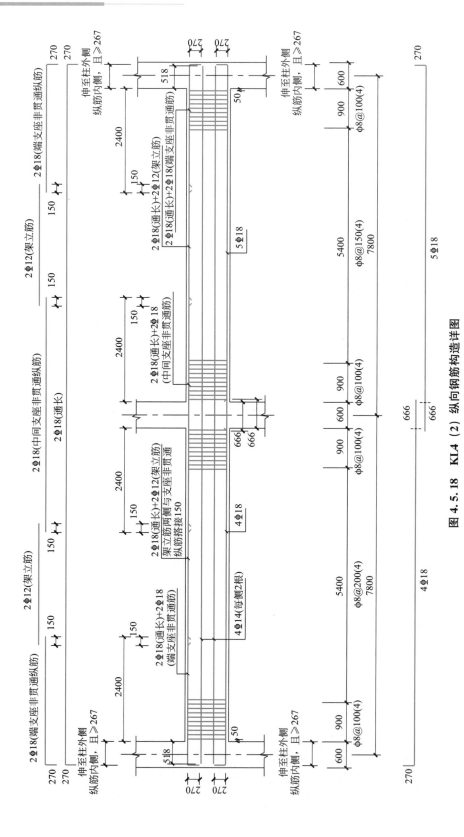

图 4.5.18 KL4 (2) 纵向钢筋构造详图

4.5.5 梁平法施工图的读图方法

梁平法施工图的识读应结合建筑平面图、柱施工图、结构设计总说明等，具体识读步骤如下：

（1）对照层高表和图名，明确梁平法施工图表达的楼层标高。

（2）查看轴网定位和梁的平面布置并结合建筑平面图、柱施工图明确梁定位。

（3）查看层高表或文字说明，并结合结构设计总说明中的材料要求，明确梁混凝土强度等级。

（4）查看梁编号，明确梁种类、跨数。

（5）查看集中标注处的梁截面尺寸，箍筋、通长筋、侧面构造筋，高差等。

（6）查看原位标注的梁支座钢筋、梁底钢筋、对集中标注的修改值、附加横向钢筋位置（附加的箍筋或吊筋）等。

（7）查看图中的文字说明，明确梁的通用要求，比如附加箍筋、吊筋的配筋值等。

（8）结合平法图集的梁标准构造详图部分，明确梁施工时的构造要求。

4.5.6 识读案例

读图 4.5.19 中梁平法施工图，识读的步骤及要点如下：

1. 查看图名及说明

明确梁所在楼层，本图为一层梁平法施工图，梁面标高－0.050m。

2. 查看梁编号

（1）KL 为框架梁，共 20 种，按从上到下、从左往右的顺序依次编号；

（2）L 为支撑在框架梁上的次梁；

（3）XL（A）为纯悬挑梁，部分框架梁端部带悬挑，例如 KL9（5A）、KL10（5A）、KL13（3A）、KL17（3A）、KL18（3A）。

3. 查看梁定位

所有梁沿轴线居中布置或齐柱（剪力墙）边。

4. 查看梁平法标注

（1）上部纵筋：XL3（A）、XL4（A）及 KL9（5A）、KL13（3A）、KL15（2A）、KL17（3A）、KL18（3A）部分支座上部纵筋布置 2 排，其他梁上部纵筋均布置一排；

（2）下部纵筋：部分梁下部纵筋注写在集中标注中，另一部分梁原位注写下部纵筋，所有梁下部纵筋均只放置一排；

（3）箍筋：部分框架梁为四肢箍（KL3（1）、KL4（2）等），其他梁为两肢箍；框架梁箍筋加密区间距为 100mm，非加密区间距有 150mm（KL9（5A）等）和 200mm 两种；悬挑梁或框架梁的悬挑端箍筋间距为 100mm，次梁箍筋间距有 150mm 和 200mm 两种；

（4）侧面纵筋：均为抗扭纵筋，直径有 12mm、14mm、16mm 三种；

（5）附加筋：图中主次梁相交处，在主梁上绘制了附加箍筋（图中也可不绘制，仅采取文字说明），附加箍筋做法见说明。

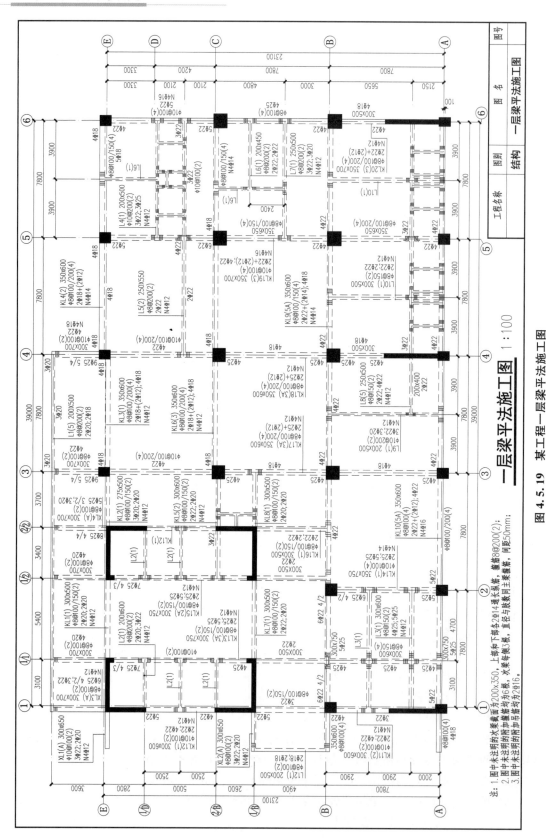

图 4.5.19 某工程一层梁平法施工图

注：1. 图中未注明大梁截面均为200x350，上部和下部各2Φ14通长纵筋，箍筋8@200(2)；
2. 图中未注明附加箍筋均为6根，次梁每侧3根，直径与梁箍筋同主梁箍筋；
3. 图中未注明附加吊筋均为16。

识 图 技 能 训 练

识读图 4.5.19 某工程一层梁平法施工图，完成以下试题。

1. KL20（3）C～E 轴间跨的侧面纵筋设置为（　　）。

A. G4 ⚎ 12　　　　　　B. N4 ⚎ 12　　　　　　C. N4 ⚎ 14　　　　　　D. N4 ⚎ 16

2. 下列关于附加箍筋说法正确的是（　　）。

A. KL9（5A）中在主次梁相交处附加的箍筋为四肢箍

B. L9（1）中附加的箍筋直径为 8mm

C. KL12（1）中在主次梁相交处附加的箍筋为四肢箍

D. 附加箍筋范围内取消梁正常箍筋

3. 下列关于梁的跨数说法正确的是（　　）。

A. L8 为 3 跨　　　　　　　　　　B. L3 为 2 跨

C. L4 为 2 跨　　　　　　　　　　D. KL9 为 5 跨一端带悬挑

4. 下列关于 KL6（3）说法正确的是（　　）。

A. KL6（3）集中标注无误　　　　B. KL6（3）中无架立筋

C. KL6（3）设四肢箍　　　　　　D. KL6（3）只在 5～6 轴间跨设侧面纵筋

5. KL6（3）5～6 轴间跨的箍筋非加密区间距为（　　）mm。

A. 100　　　　　　B. 150　　　　　　C. 200　　　　　　D. 250

6. 下列关于吊筋的设置说法错误的是（　　）。

A. KL13（3A）上设置吊筋　　　　B. KL9（5A）上设置吊筋

C. KL18（3）上设置吊筋　　　　　D. 吊筋均为 2 ⚎ 16

7. XL4（A）上部纵筋伸至悬挑梁端部的数量为（　　）根。

A. 2　　　　　　　B. 3　　　　　　C. 5　　　　　　D. 8

8. 下列关于 KL18（3A）说法正确的是（　　）。

A. 截面尺寸为 350mm×600mm　　B. 箍筋直径为 8mm

C. 箍筋肢数为四肢箍　　　　　　D. 侧面纵筋直径为 12mm

9. 下列关于 KL18（3A）梁端箍筋加密区范围说法错误的是（　　）。

A. AB 跨梁端箍筋加密范围为 750mm

B. AB 跨梁端箍筋加密范围为 900mm

C. BC 跨梁端箍筋加密范围为 900mm

D. CE 跨梁端箍筋加密范围为 900mm

10. 下列关于 KL14（1）梁端箍筋加密区范围说法正确的是（　　）。

A. 梁端箍筋加密范围为 1125mm

B. 梁端箍筋加密范围为 750mm

C. 梁端箍筋加密范围为 1500mm

D. 全长加密

4.6 板平法施工图识读

4.6.1 板的受力变形分析

板按长边与短边长度的比值大小不同分为单向板和双向板。规范规定：对于四边支承的板，当长边与短边比值大于3时，可按沿短边方向的单向板计算，但应沿长边方向布置足够数量的构造钢筋；当长边与短边比值介于2与3之间时，宜按双向板计算；当长边与短边比值小于2时，应按双向板计算。单向板的短边为受力方向，双向板的两个方向均受力。

四边支撑的现浇板在竖向荷载作用下，发生如图4.6.1所示向下的挠度，板下部及板上部支座处纤维伸长，所以板下部及上部支座处受拉，需在相应的受拉部位及受拉方向上配受拉钢筋，垂直方向布置分布筋。

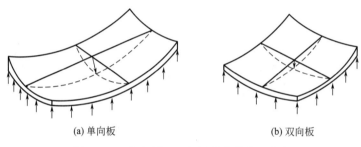

(a) 单向板   (b) 双向板

图 4.6.1 单向板和双向板的弯曲变形状态

4.6.2 板平法施工图的图示内容

钢筋混凝土板分为楼面板、屋面板、悬挑板，类型代号见表4.6.1。

板类型代号   表 4.6.1

板类型	楼面板	屋面板	悬挑板
板代号	LB	WB	XB

楼层（屋面）板结构施工图是假想将房屋的结构骨架沿楼板面（屋面板面）水平剖开后向下投影得到的水平投影图，用来表达组成建筑结构骨架的各种构件的平面布置及板的配筋信息，主要内容见表4.6.2。

板平法施工图的图示内容   表 4.6.2

序号	类 别	主要内容
1	轴网	定位轴线、轴号及轴线尺寸
2	构件轮廓线	柱、剪力墙、梁轮廓线（板轮廓线与梁重合）

序号	类　别	主要内容
3	板集中标注	(1)板编号:板类型代号、序号; (2)板厚; (3)上部贯通筋:钢筋级别、直径及间距; (4)下部纵筋:钢筋级别、直径及间距; (5)板面标高高差
4	板原位标注	(1)板支座上部非贯通纵筋; (2)悬挑板上部受力钢筋
5	其他	图名、比例、其他构造要求

4.6.3　板的标准构造

1. 板中钢筋类型及构造要求

(1)下部纵筋:双向板的下部两个方向均布置受力筋,单向板的下部在受力方向布置受力筋,不受力方向布置分布筋。下部纵筋沿板跨通长布置,第一根距离支座边缘的距离为 1/2 板筋间距,伸入支座(包括端部支座和中间支座)的锚固长度要求为 $\geqslant 5d$ 且至少到梁中线,见图 4.6.2。

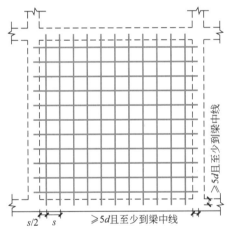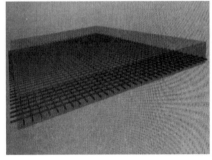

图 4.6.2　板下部纵筋示意

(2)上部受力筋:承受支座上部负弯矩作用的受力钢筋,中间支座的上部受力筋两端均伸入跨内指定长度(设计指定),端支座的上部受力筋一端伸入跨内指定长度,另一端锚入端支座内,见图 4.6.3。

图集规定,上部受力筋在端支座内的锚固构造:伸至梁支座外侧纵筋内侧后向下弯折 $15d$,当平直段长度 $\geqslant l_a$ 时可不弯折。

(3)分布筋:当受力钢筋的垂直方向未布置受力钢筋时,应布分布筋与受力筋形成双向正交的钢筋网(骨架),可以将板面荷载更均匀地传给受力筋。分布筋两端与支座非贯通纵筋搭接 150mm,见图 4.6.4。施工图中不画分布筋,分布筋的布置要求采用文字进行统一说明。

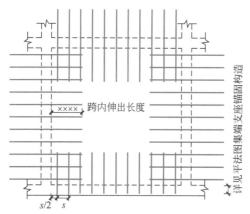

图 4.6.3　板上部受力筋示意（分离式）

（4）温度筋：温度筋主要用于屋面，用来抵抗屋面板上部无钢筋部位的温度应力，防止产生裂缝。温度筋为受力筋，两端与支座非贯通纵筋搭接 l_l，见图 4.6.5。

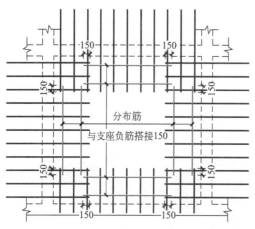

图 4.6.4　板上部分布筋示意
（分离式）

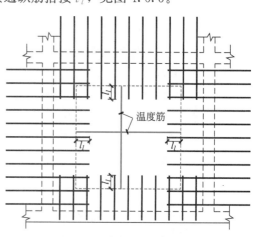

图 4.6.5　板上部温度筋示意
（屋面板采用分离式配筋时）

2. 板配筋形式

板一般采用分离式配筋（图 4.6.6a），板上部受力筋未全跨拉通，可节约材料。在下列两种情况下可能将板上部受力筋部分或全部拉通，即采用部分贯通式或全部贯通式配筋形式（图 4.6.6b）：

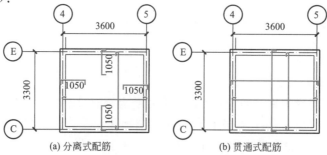

(a) 分离式配筋　　　　(b) 贯通式配筋

图 4.6.6　板配筋形式

① 板尺寸较小，将上部支座负筋拉通布置，方便施工；

② 屋面板一般采用部分贯通式或全部贯通式配筋，此时不需配置温度筋。

4.6.4　板平法施工图的读图方法

板平法施工图的识读应结合建筑平面图、梁平法施工图、结构设计总说明等，具体识读步骤如下：

(1) 对照层高表和图名，明确板平法施工图表达的楼层面标高；

(2) 查看轴网定位，并结合建筑平面图、梁平法施工图，明确板平面布置；

(3) 查看板块编号，明确种类数；

(4) 查看集中标注处的板厚度、贯通筋、高差等；

(5) 查看原位标注的板钢筋等；

(6) 查看图中的文字说明，并结合结构设计总说明中的材料要求，明确板混凝土的强度等级以及板的通用要求，比如遇水潮湿房间降板、板翻边做法等；

(7) 结合平法图集中板的标准构造详图部分，明确板施工时的钢筋构造要求。

4.6.5　识读案例

案例一：图 4.6.7 中 1 号宿舍楼的二层梁板平法施工图

1. 读图名，明确板结构标高

图名表明本工程二层梁平法施工图和二层板平法施工图合并绘制，图中对称符号表示其平面布置左右完全对称，左侧一半表达梁（砌体承重墙上方粗虚线为圈梁），右侧一半表达板。本层结构标高为 2.970m，见说明。

2. 查看板的截面尺寸、升降标高及混凝土强度等级

所有板块的板厚 h 均为 100mm，卫生间板 XB1 板顶面相对于基准标高 2.970m 降 0.500m，厨房和阳台板 XB2、XB3 板顶面相对于基准标高 2.970m 降 0.050m，混凝土强度等级为 C30。

3. 查看板的配筋信息

板钢筋采用 HPB300，根据构造要求端部应带 180°弯钩。4～5 轴间 2 块板采用分离式配筋，平面图中绘制了上部钢筋（弯钩向下或向右）及下部钢筋（弯钩向上或向左），图中未注明的板受力筋为 ϕ 8@180，分布筋为 ϕ 6@200，见说明。平面图上未绘制钢筋的 XB1、XB2、XB3 采用贯通式配筋，双层双向，见说明。

4. 查看结构设计总说明及图中说明的其他构造要求

卫生间现浇板四周做 120×180 素混凝土翻边（除门洞外）（此处略结构设计总说明中关于板的构造要求）。

案例二：图 4.6.8 中 1 号宿舍楼的屋面板平法施工图

1. 读图名，明确板结构标高

本图梁和板平法施工图未合并绘制，平面图左侧一半用重合断面图表达坡屋面的形式和坡度，右侧一半绘制板的钢筋；平面图中标注屋面斜板板顶面最高点和最低点的标高。

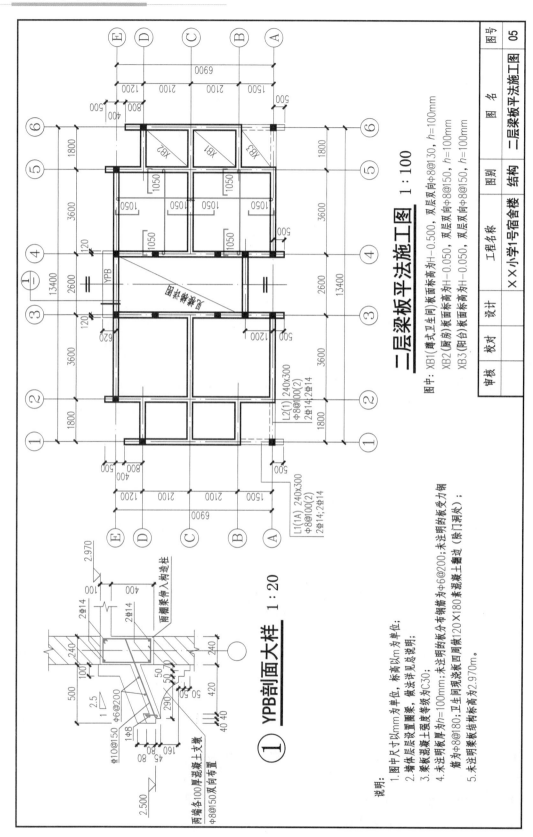

二层梁板平法施工图 1:100

图中：XB1（蹲式卫生间）板面标高为H−0.500，双层双向Φ8@130，h=100mm
XB2（厨房）板面标高为H−0.050，双层双向Φ8@150，h=100mm
XB3（阳台）板面标高为H−0.050，双层双向Φ8@150，h=100mm

| 审核 | | 校对 | | 设计 | | 图别 | 结构 | 图名 | 二层梁板平法施工图 | 图号 | 05 |

工程名称　××小学1号宿舍楼

① YPB剖面大样 1:20

说明：
1. 图中尺寸以mm为单位，标高以m为单位；
2. 墙体层层设置圈梁，做法详见总说明；
3. 梁板混凝土强度等级为C30；
4. 未注明板厚为h=100mm；未注明的板分布钢筋为Φ6@200；未注明的板受力钢筋为Φ8@180；卫生间现浇板四周做120×180素混凝土翻边（除门洞处）；
5. 未注明板结构标高为2.970m。

图4.6.7　1号宿舍楼二层梁板平法施工图

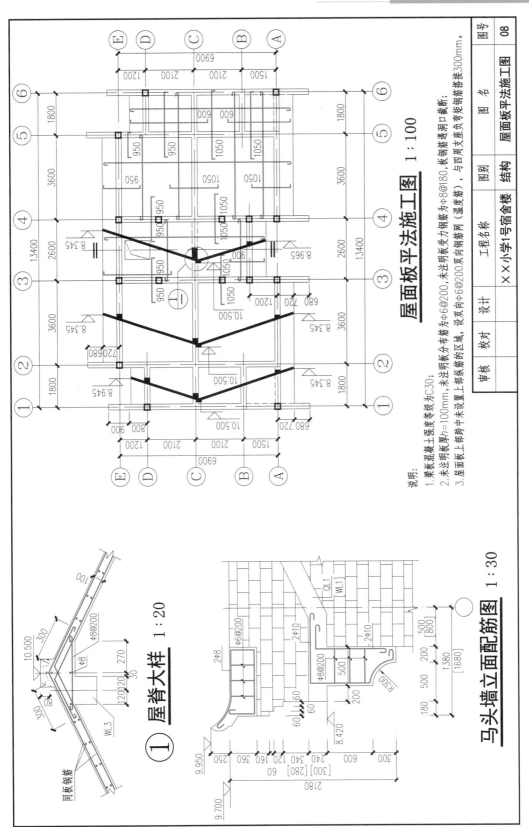

说明：
1. 柔板混凝土强度等级为C30；
2. 未注明板分布筋为Φ6@200，未注明板受力钢筋为Φ8@180，板钢筋遇洞口截断；
3. 屋面板上部跨中未设置上部纵筋的区域，设双向Φ6@200双向钢筋网（温度筋），与四周支座负座负钢筋网格搭接300mm。

图 4.6.8　1号宿舍楼屋面板平法施工图

2. 查看板的截面尺寸及混凝土强度等级

所有板块的板厚 h 均为 100mm，混凝土强度等级为 C30。

3. 查看板的配筋信息

板钢筋采用 HPB300，根据构造要求端部应带 180°弯钩。5～6 轴间 3 块尺寸较小的板局部采用贯通式配筋，其他板采用分离式配筋。图中未注明的板受力筋为 φ8@180，分布筋为 φ6@200，温度筋为 φ6@200，其中温度筋只在采用分离式配筋的区域设置。在屋面板转折处，阳角的钢筋应沿屋面板的走向弯折并连续通过，阴角的钢筋需截断后在对面锚固（折板的钢筋构造详见平法图集 22G101-1 第 110 页）。

4. 查看结构设计总说明中屋面板的其他构造要求

识图技能训练

识读图 4.6.7 中 1 号宿舍楼二层梁板平法施工图、图 4.6.8 中 1 号宿舍楼屋面板平法施工图，完成以下试题。

1. 按平法图集 22G101-1 规定，图中标注的板上部受力筋伸入跨内的长度 1050mm 从（　　）起算。

A. 支座内侧边缘 　　　　　　　　B. 支座中心线

C. 支座外侧边缘 　　　　　　　　D. 钢筋弯折处

2. 下列关于 XB2 说法正确的是（　　）。

A. 板厚 100mm 　　　　　　　　B. 板顶面标高 −0.050m

C. 板顶面标高 2.470m 　　　　　　D. 双层双向 φ6@200

3. 下列二层的板中，需设置分布筋的板是（　　）。

A. 4～5 轴间板 　　　　　　　　B. XB1

C. XB2 　　　　　　　　　　　　D. XB3

4. 下列屋面的板中，不需设置温度筋的板是（　　）。

A. 4～5 轴交 A～C 轴间 　　　　　B. 4～5 轴交 C～E 轴间板

C. 5～6 轴交 A～B 轴间板 　　　　D. 5～6 轴交 B～C 轴间板

5. 本工程屋面板的温度筋与支座非贯通筋的搭接长度为（　　）mm。

A. 300 　　　　　B. 288 　　　　　C. 252 　　　　　D. 216

6. 本工程二层及屋面的板下部纵筋伸入支座内的锚固长度为（　　）mm。

A. 40 　　　　　B. 60 　　　　　C. 120 　　　　　D. 240

7. XB1 的上部和下部、X 和 Y 两个方向上第一根钢筋距离支座边缘的距离为（　　）mm。

A. 65 　　　　　B. 75 　　　　　C. 90 　　　　　D. 100

8. 本工程二层 C～E 轴交 4～5 轴间板的下部钢筋，（　　）向钢筋在上，（　　）向钢筋在下。

A. X，Y 　　　　B. Y，X 　　　　C. X，X 　　　　D. Y，Y

4.7　板式楼梯平法施工图识读

4.7.1　楼梯平法施工图的组成

楼梯平法施工图一般包括楼梯结构平面图、楼梯剖面图和构件详图。

楼梯结构平面图与楼梯建筑平面图的剖切位置相同，楼梯结构平面图主要表达楼梯平台板、梯段板、梯梁的平面布置及配筋信息。

楼梯剖面图主要表达楼梯梯梁、梯段板、平台板的竖向布置、编号、构造、连接情况及各部分标高。

楼梯结构构件详图一般用来配合平法标注表达楼梯结构构件的截面配筋形式及施工做法等。

4.7.2　楼梯的结构类型

按梯板的受力状态，楼梯可分为板式楼梯、梁式楼梯、螺旋式和剪刀式等。

1. 板式楼梯

板式楼梯的梯段板高低两端支承在梯梁（平台梁）上，两侧无支撑，因此板式楼梯的梯段板为两边支撑的单向板，见图 4.7.1（底部光滑、两侧无凸出来的梁）。板式楼梯的荷载传递途径为：梯段板→梯梁（平台梁）→楼梯间墙（或柱）。

2. 梁式楼梯

梁式楼梯比板式楼梯多了两侧斜梁（相比板式楼梯，可利用的下部空间变小），梯板四边都有支撑，见图 4.7.2。梁式楼梯荷载的传递途径为：梯段板→斜梁→平台梁（或楼层梁）→楼梯间墙（或柱）。梁式楼梯适用于跨度较大的楼梯，其配筋构造与普通的梁板体系相同。

图 4.7.1　板式楼梯

图 4.7.2　梁式楼梯

3. 螺旋式和剪刀式楼梯

一般在特殊情况下采用（图 4.7.3），受力比较复杂，施工困难。

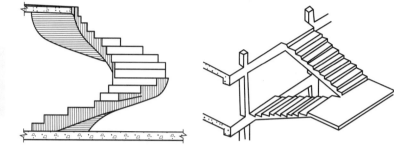

图 4.7.3 螺旋式和剪刀式楼梯

4.7.3 板式楼梯平面整体表示方法

1. 板式楼梯的类型

板式楼梯下表面平整，施工支模方便，但当跨度较大时，斜板较厚，材料用量较多。在普通的房屋建筑中，板式楼梯应用最广，梁式楼梯适用于梯板长度大于 4500mm 的楼梯。

平法图集根据梯板是否带水平折板或是否考虑抗震，将板式楼梯分为 14 种类型，详见表 4.7.1。前面 7 种不考虑抗震构造措施，后面 7 种考虑抗震构造措施，仅 ATc 一种类型需要参与结构整体抗震计算。

板式楼梯类型　　　　　　　　　　　　　　表 4.7.1

梯板代号	梯板组成形式	抗震构造措施	滑动支座	是否参与结构整体抗震计算	适用结构
AT	踏步段	无	无	不参与	剪力墙、砌体结构
BT	踏步段＋低端平板				
CT	踏步段＋高端平板				
DT	踏步段＋低端平板＋高端平板				
ET	低端踏步段＋中位平板＋高端踏步段				
FT	层间平板＋踏步段＋楼层平板				
GT	层间平板＋踏步段				
ATa	踏步段(低端滑动支座1)	有	有	参与	框架结构、框剪结构中框架部分
ATb	踏步段(低端滑动支座2)		有		
ATc	踏步段		无		
BTb	踏步段＋低端平板(低端滑动支座2)		有	不参与	
CTa	踏步段＋高端平板(低端滑动支座1)		有		
CTb	踏步段＋高端平板(低端滑动支座2)		有		
DTb	踏步段＋低端平板＋高端平板(低端滑动支座2)		有		

注：表中"a 型"梯板的滑动支座 1 为梯段板低端带滑动支座支撑在梯梁上，"b 型"梯板的滑动支座 2 为梯段板低端带滑动支座支撑在梯梁的挑板上。

2. 板式楼梯平面注写方式

板式楼梯的平面注写方式是在楼梯平面图上注写梯板各构件的截面尺寸和配筋具体数值的方式，包括集中标注和外围标注。其中，集中标注用来集中注写梯板的 5 项内容，见表 4.7.2；楼梯平面图中其他所有标注信息统称为外围标注，见表 4.7.3。

板式楼梯的集中标注内容　　　　　　　　　　　　　　表 4.7.2

序号	类　别	主　要　内　容
1	梯板编号	梯板类型代号、序号。例：ATa1
2	梯板厚度	梯板厚度：$h=\times\times\times$，为不含踏步在内的最小厚度
3	踏步段总高度、踏步级数	踏步段总高度/踏步级数，用"/"分隔。例：1500/10，表示踏步段总高度为1500mm，级数为 10，则踏步高度为 150mm
4	梯板上部纵筋、下部纵筋	梯板上部纵筋；下部纵筋，用"；"分隔
5	梯板分布筋	以 F 打头注写分布筋具体数值，也可采用文字统一说明

板式楼梯的外围标注内容　　　　　　　　　　　　　　表 4.7.3

序号	类　别	主　要　内　容
1	楼梯间轴网	定位轴线、轴号、轴线尺寸
2	平面尺寸	梯板尺寸、平台板尺寸、梯梁及梯柱定位尺寸
3	平台标高、楼梯上下方向	楼层平台标高、中间休息平台标高、楼梯上下方向
4	平台板配筋	平台板 PTB 编号、板面结构标高、配筋值（按板平法制图规则）
5	梯梁配筋	梯梁 TL 编号、截面尺寸、配筋值（按梁平法制图规则）
6	梯柱配筋	梯柱 TZ 编号、截面尺寸、标高段范围、配筋值（按柱平法制图规则）

4.7.4　板式楼梯的标准构造

1. 不考虑抗震的板式楼梯

梯板属于板类构件，配筋构造整体上与板类似。

AT～DT 型采用分离式配筋，上部纵筋和下部纵筋的锚固要求同楼层板，可锚入板内或弯锚入梁（设计指定按铰接或充分利用钢筋抗拉强度），分布筋布置在内侧；BT～DT型折板处，阳角纵筋弯起连续通过，阴角纵筋截断并互锚 l_a；带折板的梯板支座上部受力筋的截断长度为 $l_n/4$ 和 $l_{sn}/5$ 双控。AT 型梯板构造见图 4.7.4，BT 型梯板构造见图4.7.5，CT 型梯板构造见图 4.7.6，DT 型梯板构造结合 BT 和 CT 构造。

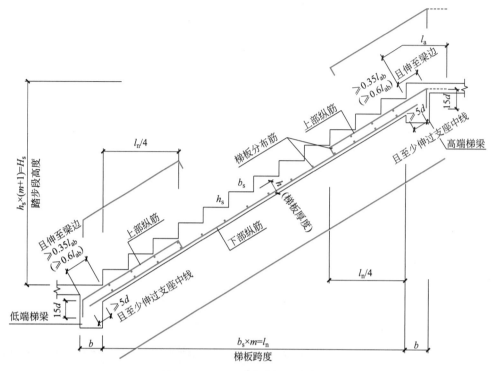

图 4.7.4 AT 型楼梯板配筋构造

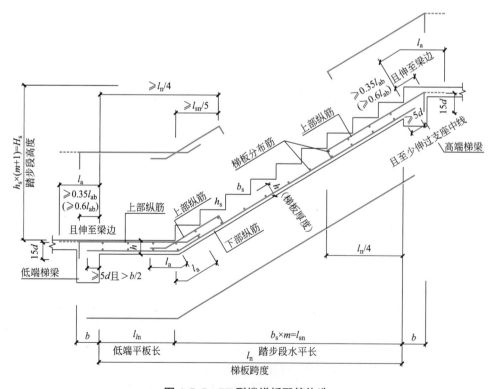

图 4.7.5 BT 型楼梯板配筋构造

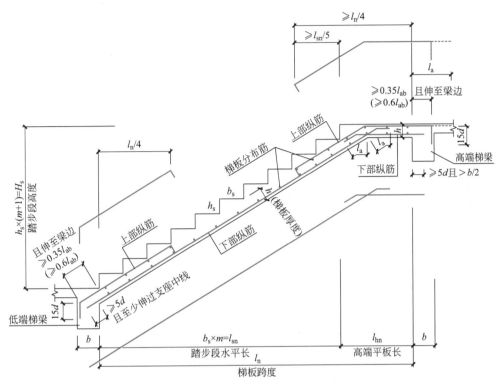

图 4.7.6　CT 型楼梯板配筋构造

ET 型除采用贯通式配筋外，其他锚固及折板构造要求同 AT～DT 型。

FT 型楼梯间不设置梯梁，其踏步段与楼层平台板和层间平台板相连，楼层平台板或层间平台板均为三边支撑。GT 型楼梯间设置楼层梯梁，不设置层间梯梁，其踏步段一端与层间平台板相连，另一端搁在楼层梯梁上，层间平台板为三边支撑。FT 型和 GT 型较少采用，其配筋构造详见标准图集。

2. 考虑抗震的板式楼梯

ATa、ATb、BTb、CTa、CTb、DTb 型均在低端设置滑动支座（抗震构造措施），带"a"的滑动支座设置在低端梯梁上，带"b"的滑动支座设置在低端梯梁的挑板上。采用贯通式配筋，且分布筋布置在受力筋外侧并向板内弯折，形成箍筋样式。上、下部纵筋在低端伸到梯板尽头；上部纵筋在高端锚入板内 l_{aE}（上部带平板的 CTa、CTb、DTb 也可按充分利用钢筋抗拉强度弯锚入梁）；ATa、ATb、BTb 下部纵筋在高端锚入板内 l_{aE}（当高端支座处下部纵筋不能伸入平台板内时弯锚入梁内，平直段伸至梁边且 $\geqslant 0.6 l_{abE}$）；上部带平板的 CTa、CTb、DTb 下部纵筋在高端锚入梁内 $\geqslant 5d$ 且 $> b/2$（b 为梁宽度）。ATa 型梯板构造见图 4.7.7，ATb 梯板构造见图 4.7.8。

ATc 型作为斜撑构件参与结构整体抗震计算，不设置滑动支座，梯板两侧设置边缘构件（暗梁），梯板内按 $\phi 6@600 \times 600$ 增设拉结筋，具体构造详见平法图集。

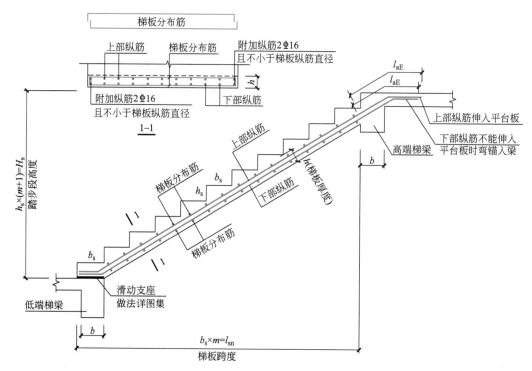

图 4.7.7 ATa 型楼梯板配筋构造

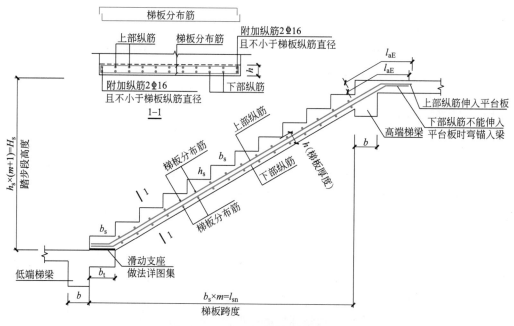

图 4.7.8 ATb 型楼梯板配筋构造

绘图技能训练

【任务一】 按平法图集的标准构造要求绘 1 号宿舍楼楼梯平法施工图（图 4.7.10）中梯板 AT1 的配筋构造详图，上部纵筋在端支座内锚固按铰接，绘图比例 1：25。

任务分析：（1）读平法标注：踏步高度 150mm，级数 10，踏步宽度 280mm，梯板跨度 2520mm，踏步段高度 1500mm，梯板厚度 100mm，支座宽度 240mm；上部纵筋 HRB400，直径 10mm，间距 200mm；下部纵筋 HRB400，直径 10mm，间距 150mm；分布筋 HPB300，直径 6mm，间距 200mm。

（2）查图中说明可知楼梯的混凝土强度等级为 C30，AT 型楼梯不考虑抗震，锚固长度查图集为 $35d=350mm$。

（3）支座按铰接时，低端上部支座筋按 $\geqslant 0.35l_{ab}+15d$，即 $\geqslant 123mm$（平直段）+ 150mm（弯钩）锚入梁内；高端上部支座筋可按 $0.35l_{ab}+15d$，即 $\geqslant 123mm$（平直段）+ 150mm（弯钩）锚入梁内或伸入板内 350mm（图 4.7.9 中示意弯锚）。上部支座筋的截断长度为 $l_n/4=2520/4=630mm$；下部钢筋伸入支座 $\geqslant 5d=50mm$，且伸过梁中心线，完成图见图 4.7.9。

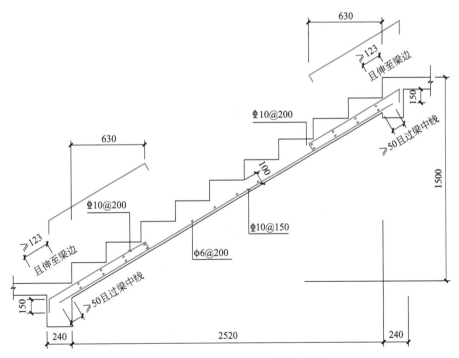

图 4.7.9　1 号宿舍楼 AT1 配筋构造详图

【任务二】 按平法图集的标准构造要求绘附图——实训楼楼梯平法施工图中梯板 AT1 的配筋构造详图，上部纵筋在端支座内锚固按铰接，绘图比例 1：25。

4.7.5　板式楼梯平法施工图的读图方法

楼梯平法施工图的识读，应结合建筑平面图及楼梯的建筑详图，具体识图步骤如下：

（1）先看图名，明确楼梯编号，再查看楼梯平面图中的轴线定位及编号，并结合建筑平面图，明确本详图表达的楼梯在建筑平面中的位置，了解楼梯间周边平面布局；

（2）查看楼梯间平法标注，明确楼梯间踏步板、平台板的截面尺寸及配筋；

（3）查看楼梯梁、楼梯柱截面尺寸及配筋；

（4）查看图中有无特殊构造要求或必要的楼梯结构说明等，并结合结构设计总说明中的材料要求，明确楼梯构件混凝土的强度等级；

（5）节点详图的识读，应对照相应的建筑详图，并结合建筑平面图、结构平面图，明确截面尺寸、配筋、标高，以及与其他结构构件之间的关系等。

4.7.6　识读案例

识读图 4.7.10、图 4.7.11 中 1 号宿舍楼楼梯平法施工图：

（1）查看图名及图纸构成

本工程为 3 层砌体结构，只有一个楼梯间。楼梯平法施工图中包括 3 个楼梯平面图、一个楼梯剖面图及说明。

（2）查看梯板、梯梁、平台板编号

对应查看剖面图和平面图中梯板编号，明确梯板为 AT 型，全部为 AT1；梯梁全部为 TL1，平台板有 PTB1 和 PLB2。

（3）查看梯板 AT1 平法标注的截面及配筋信息

读平法标注：梯板厚度 $h=100mm$，梯段总高度为 1500mm，级数为 10，踏步高度则为 150mm；梯板上部纵筋 HRB400，直径 10mm，间距 200mm；下部纵筋 HRB400，直径 10mm，间距 150mm。

读平面图尺寸：踏步宽度 280mm，梯板跨度 2520mm；开间 2600mm，梯段宽度 1150mm，梯井宽 60mm。

读文字说明：分布筋φ6@200，混凝土强度等级 C30。

（4）查看梯梁平法标注的截面及配筋信息

读平法标注：截面尺寸 240mm×350mm；上部纵筋 HRB400，2 根直径 12mm 通长，下部纵筋 HRB400，3 根直径 16mm 通长；箍筋 HPB300，直径 8mm，间距 100mm，双肢箍。

读平面图尺寸：梯梁设置在平台板边缘（此时梯段为 AT 型）。

读文字说明：梯板每踏步设 2φ8，板主筋保护层厚度 15mm；梯梁下梁垫做法详结构说明。

（5）查看平台板平法标注的截面及配筋信息

读平法标注：PTB1 和 PTB2 的上部纵筋绘制在平面图中，厚度 $h=100mm$，底部双向纵筋φ8@150。

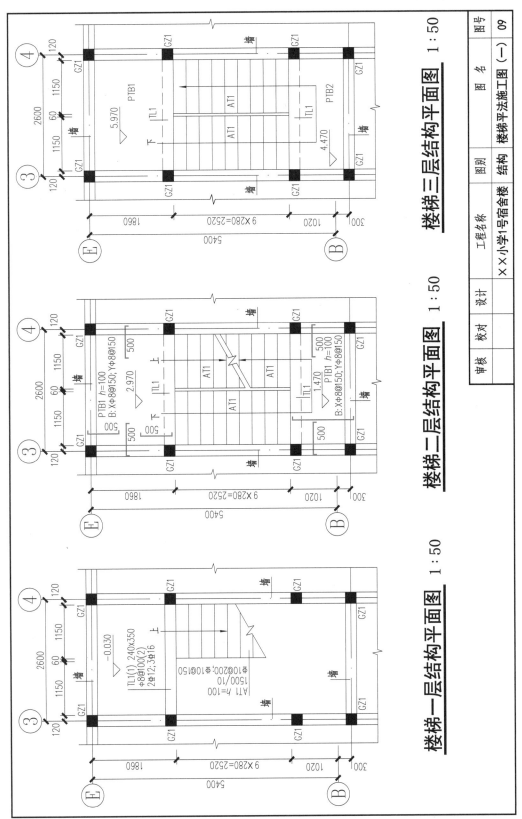

图 4.7.10 1号宿舍楼楼梯平法施工图（一）

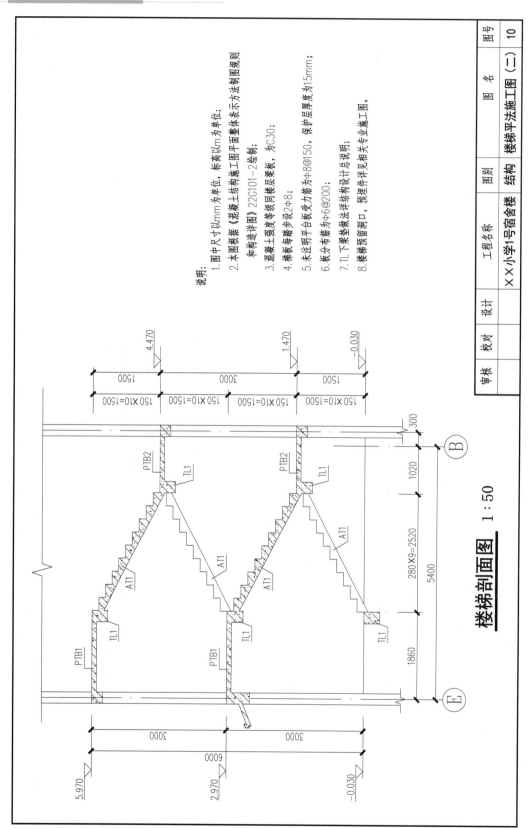

楼梯剖面图 1:50

说明：
1. 图中尺寸以以mm为单位，标高以m为单位；
2. 本图根据《混凝土结构施工图平面整体表示方法制图规则和构造详图》22G101-2绘制；
3. 混凝土强度等级同楼层梁板，为C30；
4. 楼板每踏步设2Φ8；
5. 未注明平台板受力筋为Φ8@150，保护层厚度为15mm；
6. 板分布筋为Φ6@200；
7. TL下梁参照详结构设计总说明；
8. 楼梯预留洞口、预埋件详见相关专业施工图。

审核		校对		设计		工程名称	图别	图号
						××小学1号宿舍楼	结构	10
							图名	
							楼梯平法施工图（二）	

图4.7.11 1号宿舍楼楼梯平法施工图（二）

读平面图尺寸及标高：PTB1 和 PTB2 平面尺寸不同，PTB1 为楼层平台，PTB2 为中间休息平台。

读文字说明：图中未注明的平台板上部纵筋为 φ8@150，分布筋为 φ6@200，板主筋保护层厚度 15mm。

识图技能训练

识读图 4.7.10、图 4.7.11 中 1 号宿舍楼楼梯平法施工图，完成以下试题。

1. 本工程楼梯间梯板 AT1 为（　　）边支撑，属于（　　）楼梯。

A. 2，梁式　　　　　B. 4，梁式　　　　　C. 2，板式　　　　　D. 4，板式

2. AT1 梯板跨度为（　　）mm。

A. 2520　　　　　B. 2600　　　　　C. 5400　　　　　D. 5700

3. AT1 梯板宽度为（　　）mm。

A. 1150　　　　　B. 1500　　　　　C. 2520　　　　　D. 2600

4. AT1 的分布筋布置在板（　　）侧，受力筋布置在板（　　）侧。

A. 内，外　　　　　B. 内，内　　　　　C. 外，内　　　　　D. 外，外

5. AT1 的上部纵筋从梁边伸入跨内的长度为（　　）mm。

A. 504　　　　　B. 630　　　　　C. 1260　　　　　D. 2520

6. AT1 的下部纵筋在梁内锚固的水平投影长度为（　　）mm。

A. 50　　　　　B. 120　　　　　C. 240　　　　　D. 350

7. PTB1 上部纵筋的配筋值为（　　）。

A. φ8@150　　　　　B. φ6@200　　　　　C. φ10@200　　　　　D. 图中未交待

8. PTB1 纵筋的保护层厚度为（　　）mm。

A. 23　　　　　B. 15　　　　　C. 7　　　　　D. 5

9. TL1 的截面高度为（　　）mm。

A. 100　　　　　B. 150　　　　　C. 240　　　　　D. 350

10. AT1 分布筋的配筋值为（　　）。

A. φ8@150　　　　　B. φ6@200　　　　　C. φ10@200　　　　　D. 图中未交待

11. 二层中间休息平台处 TL1 的顶面标高为（　　）m。

A. 1.470　　　　　B. 2.970　　　　　C. 4.470　　　　　D. 5.970

12. AT1 的板厚为（　　）mm。

A. 100　　　　　B. 150　　　　　C. 200　　　　　D. 250

综合识图

实训楼测试卷

一、单选题

1. 该建筑总高度为（　　）m。

A. 10.800 　　　　 B. 9.900 　　　　 C. 10.350 　　　　 D. 10.500

2. 该建筑室内外高差为（　　）m。

A. 0.300 　　　　 B. 0.450 　　　　 C. 0.600 　　　　 D. 0.500

3. 二层卫生间的建筑标高为（　　）m，卫生间地面坡度为（　　）。

A. 3.280，1‰ 　 B. 3.280，2‰ 　 C. 3.320，1‰ 　 D. 3.320，2‰

4. 该建筑屋面类型及屋面防水类型为（　　）。

A. 不上人屋面，卷材防水 　　　　　　 B. 上人屋面，刚性防水

C. 不上人屋面，刚性防水 　　　　　　 D. 上人屋面，卷材防水

5. 屋面、卫生间楼面、地下室地面防水做法分别为（　　）。

A. 两道 SBS 改性沥青防水卷材，聚氨酯防水涂料，钢筋混凝土自防水

B. 聚氨酯防水涂料，两道 SBS 改性沥青防水卷材，钢筋混凝土自防水

C. 钢筋混凝土自防水，两道 SBS 改性沥青防水卷材，聚氨酯防水涂料

D. 两道 SBS 改性沥青防水卷材，钢筋混凝土自防水，聚氨酯防水涂料

6. 该建筑一共有（　　）个防火分区。

A. 3 　　　　　　 B. 4 　　　　　　 C. 5 　　　　　　 D. 6

7. 该建筑首层设有（　　）部疏散楼梯，（　　）个安全出口。

A. 2，2 　　　　 B. 2，3 　　　　 C. 3，3 　　　　 D. 3，2

8. 该建筑外墙保温构造做法为（　　）。

A. 内保温，60mm 厚挤塑聚苯板 　　　 B. 内保温，120mm 厚挤塑聚苯板

C. 外保温，120mm 厚挤塑聚苯板 　　　 D. 外保温，60mm 厚挤塑聚苯板

9. 本建筑填充墙厚度（　　）mm，类型为（　　）。

A. 200 和 250，加气混凝土砌块 　　　　 B. 均为 250，加气混凝土砌块

C. 200 和 250，混凝土空心砌块 　　　　 D. 均为 200，混凝土空心砌块

10. 本工程中 FM 乙 1521 表示（　　）。

A. 洞口宽度 2100mm，高度 1500mm，双扇推拉木质乙级防火门

B. 洞口宽度 1500mm，高度 2100mm，双扇推拉木质乙级防火门

C. 洞口宽度 2100mm，高度 1500mm，双扇平开木质乙级防火门

D. 洞口宽度 1500mm，高度 2100mm，双扇平开木质乙级防火门

11.《无障碍设计规范》GB 50763—2012 规定门内外高差不能超过 15mm，本工程

规定当室内外高差为（　　）时，以斜面过渡。

　　A. 10mm　　　　　　B. 12mm　　　　　　C. 15mm　　　　　　D. 18mm

　　12. 建筑内墙阳角应做护角保护，做法及高度为（　　）。

　　A. 1∶2 水泥砂浆，1800mm　　　　　　B. 1∶3 水泥砂浆，1800mm

　　C. 1∶2 水泥砂浆，1500mm　　　　　　D. 1∶3 水泥砂浆，1500mm

　　13. 建筑入口处雨篷一般画在（　　）层平面图上，本建筑雨篷的材料为（　　）。

　　A. 2，钢筋混凝土　　B. 1，钢结构　　　　C. 2，钢结构　　　　D. 1，钢筋混凝土

　　14. GYP1 的宽度为（　　）mm，悬挑长度为（　　）mm。

　　A. 2700，1500　　　B. 1500，2700　　　C. 4500，2400　　　D. 2400，4500

　　15. 该建筑地下室层高为（　　）m。

　　A. 3.3　　　　　　　B. 3　　　　　　　　C. 3.6　　　　　　　D. 2.7

　　16. 该屋面的排水方式为（　　），具体为（　　），排水沟宽度为（　　）mm。

　　A. 无组织排水，外檐沟外排水，250

　　B. 有组织排水，外檐沟外排水，图中未注明

　　C. 有组织排水，内檐沟外排水，250

　　D. 有组织排水，内檐沟外排水，图中未注明

　　17. 该建筑雨水管采用（　　），管径为（　　）mm。

　　A. 铸铁管，110　　　B. 铸铁管，100　　　C. UPVC 管，110　　D. UPVC 管，100

　　18. 本工程屋面找坡属于（　　），坡度为（　　）。

　　A. 结构找坡，2%　　B. 结构找坡，3%　　C. 材料找坡，2%　　D. 材料找坡，3%

　　19. 该房屋建筑施工图中相对标高的零点±0.000 是指（　　）的标高。

　　A. 室外设计地面　　B. 底层室内地面　　C. 入口台阶顶面　　D. 屋顶面

　　20. 雨篷顶面建筑标高为（　　）m。

　　A. 3.300　　　　　　B. 3.350　　　　　　C. 3.320　　　　　　D. 3.400

　　21. 该建筑各层均为（　　）跑楼梯。

　　A. 双　　　　　　　　B. 三　　　　　　　　C. 单　　　　　　　　D. 四

　　22. 楼梯每个梯段的踏步级数为（　　），踏面数为（　　）。

　　A. 10，11　　　　　　B. 11，11　　　　　　C. 10，10　　　　　　D. 11，10

　　23. 该建筑地下室到一层的中间休息平台建筑标高为（　　）m，平台宽度为
（　　）mm。

　　A. −3.300，1550　B. −3.300，1600　C. −1.650，1550　D. −1.650，1600

　　24. 楼梯间各层平面图的剖切位置为（　　）。

　　A. 各层楼梯下行段第一跑中部　　　　　B. 各层楼梯下行段第二跑中部

　　C. 各层楼梯上行段第一跑中部　　　　　D. 各层楼梯上行段第二跑中部

　　25. 本工程楼梯间窗户的护栏高度为（　　）mm，《民用建筑设计统一标准》GB
50352—2019 规定，非住宅建筑临空的窗台高度应不低于 h，当低于 h 时采取防护措施，
防护高度不低于 h，h 为（　　）mm。

A. 900，800　　　　B. 900，900　　　　C. 1100，800　　　　D. 1100，900

26. 本工程楼梯扶手高度为（　　）mm，《民用建筑设计统一标准》GB 50352—2019 规定，楼梯扶手高度应不小于（　　）mm。

A. 900，800　　　　B. 900，900　　　　C. 1100，800　　　　D. 1100，900

27. 按照《民用建筑设计统一标准》GB 50352—2019 规定，二层平面图中大厅上空扶手高度最低为（　　）mm。

A. 900　　　　B. 1000　　　　C. 1050　　　　D. 1100

28. 从楼梯间二层平面图上，不可能看到（　　）。

A. 二层上行梯段　　　　B. 二层下行梯段
C. 一层下行梯段　　　　D. 一层上行梯段

29. 残疾人坡道宽度为（　　）m，长度为（　　）m，坡度为（　　）。

A. 0.9，4，1∶10　　　　B. 0.9，4，1∶12
C. 1，4，1∶10　　　　D. 1，4，1∶12

30. C1818 为（　　），两侧（　　）。

A. 推拉窗，外开　　　　B. 推拉窗，内开
C. 平开窗，外开　　　　D. 平开窗，内开

31. C1818 窗套宽度为（　　）mm，窗台高度为（　　）mm，窗槛墙高度为（　　）mm。

A. 100，900，600　　　　B. 100，900，1500
C. 图纸不详，900，600　　　　D. 图纸不详，900，1500

32. ①～⑥立面图中，1 轴离本图左外轮廓线距离为（　　）mm，Ⓐ～Ⓓ立面图中，A 轴离本图左外轮廓线距离为（　　）mm。

A. 100，100　　　　B. 100，250　　　　C. 250，100　　　　D. 250，250

33. 本工程楼梯间梯段宽度为（　　）mm，梯井宽度为（　　）mm。

A. 1450，200　　　　B. 1450，125　　　　C. 1500，125　　　　D. 1500，200

34. 本工程窗户气密性等级要求不低于（　　）级。

A. 4　　　　B. 5　　　　C. 6　　　　D. 7

35. 本工程外墙外立面装修做法共（　　）种。

A. 2　　　　B. 3　　　　C. 4　　　　D. 5

36. 本工程的结构体系为（　　）。

A. 框架结构　　　　B. 框架-抗震墙结构
C. 抗震墙结构　　　　D. 筒体结构

37. 本工程的抗震设防类别为（　　）。

A. 特殊设防类　　　B. 重点设防类　　　C. 标准设防类　　　D. 适度设防类

38. 关于本结构的抗震等级说法正确的是（　　）。

A. 框架为三级，剪力墙为四级　　　　B. 框架为三级，剪力墙为三级
C. 框架为四级，剪力墙为四级　　　　D. 框架为四级，剪力墙为三级

39. 本工程基础的类型为（   ），基础顶面标高为（   ）m。

A. 条形基础，－3.400   B. 条形基础，－3.300

C. 筏形基础，－3.400   D. 筏形基础，－3.300

40. 本工程的结构层楼面标高和层高的描述正确的是（   ）。

A. 第－1层，标高－3.400，层高 3.3m   B. 第1层，标高±0.000，层高 3.3m

C. 第2层，标高 3.300，层高 3.3m   D. 第3层，标高 6.570，层高 3.33m

41. 填充墙所用砌体材料的强度等级为（   ），干密度级别为（   ）。

A. A3.5，B06   B. B06，A3.5

C. A06，B3.5   D. B3.5，A06

42. 该建筑物剪力墙的混凝土强度等级是（   ）。

A. C25   B. C30   C. C40   D. C15

43. 楼面、屋面板板顶通长钢筋接头位置在（   ），板底钢筋接头位置在（   ）。

A. 支座处，支座处   B. 跨中，跨中

C. 支座处，跨中   D. 跨中，支座处

44. 结施 07 中，L1（1）的下部纵筋排布为（   ）。

A. 2 根 20 放一排   B. 上排 2 根 22，下排 3 根 22

C. 5 根 22 放一排   D. 上排 3 根 22，下排 2 根 22

45. 结施 07 中，KL1（3）的上部通长筋为（   ）根，中间跨上部纵筋为（   ）根。

A. 2，3   B. 3，2   C. 2，2   D. 3，3

46. 结施 06 中，关于 DWQ1 详图说法错误的是（   ）。

A. －300×4 中－是钢板标志

B. φ6@300×300 表示拉筋沿水平和竖向间距都是 300

C. 地下室外墙的水平分布筋在内侧

D. 地下室外墙的竖向分布筋在内侧

47. 结施 08 中 KL1 的梁顶标高为（   ）。

A. －0.030m   B. 3.270m   C. 6.570m   D. 9.900m

48. 结施 08 中 L1 跨数为（   ），L3 跨数为（   ）。

A. 1，2   B. 2，2   C. 1，4   D. 2，4

49. 结施 09 中关于 LL3 和 L3 的说法正确的是（   ）。

A. LL3 和 L3 均是连梁

B. LL3 是连接剪力墙的连梁，L3 是分隔楼板的非框架梁

C. LL3 和 L3 的箍筋配置相同

D. LL3 和 L3 的纵筋配置相同

50. 在结构平面图中板配置双层钢筋时，底层钢筋弯钩应为（   ）。

A. 向下或向左   B. 向下或向右

C. 向上或向左   D. 向上或向右

51. 关于板的厚度和高度描述正确的是（　　）。

A. 结施 11 中卫生间的板标高为 −0.030m

B. 结施 11 中 2~3 轴线之间的板厚度均为 120mm

C. 结施 12 中卫生间的板标高为 3.270m

D. 结施 12 中 2~3 轴线之间的板厚度均为 100mm

52. 关于结施 14 的描述正确的是（　　）。

A. 楼面板板面标高为 9.870m

B. 屋面板的配筋与楼面板的板顶和板底配筋方式相同

C. 屋面板采用双层双向贯通配筋

D. 板的厚度为 100mm

53. 从结施 15 中可识读出第三层楼梯间梯段支座上部钢筋为（　　）。

A. Φ 12@200　　　B. Φ 12@150　　　C. Φ 6@200　　　D. Φ 8@250

54. 关于剪力墙的说法正确的是（　　）。

A. 剪力墙的主要受力筋为水平分布筋

B. 剪力墙的主要受力筋为竖直分布筋

C. 墙柱 GBZ 是剪力墙的约束边缘构件

D. 剪力墙的平法施工图有列表注写方式和截面注写方式两种

55. 关于结施 05 和结施 06 剪力墙及边缘构件的说法正确的是（　　）。

A. 墙的厚度是 200mm

B. Q1 的拉筋为ϕ 6@600×600

C. GBZ2 的纵筋为 16 根直径为 16mm 的 HRB400 钢筋

D. GBZ3 的箍筋为Φ 8@100/125

二、多选题（每题 2 分，共 40 分）

1. 楼梯的组成部分包括（　　）。

A. 梯段　　　　B. 休息平台　　　　C. 扶手　　　　D. 栏杆

E. 电梯

2. 关于本工程建筑设计的信息，下列说法正确的有（　　）。

A. 耐火等级为二级　　　　　　　　B. 屋面防水等级为 II 级

C. 本工程地下一层、地上三层　　　D. 楼梯间填充墙墙厚 240mm

E. 所有填充墙墙厚均为 200mm

3. 关于该建筑，下列说法错误的有（　　）。

A. 室外台阶每级宽度 300mm、高度 150mm、步级数为 3

B. 指北针画在地下室平面图中

C. 剖面图的剖切符号一定画在底层平面图中

D. 残疾人坡道的坡度为 1:10

E. 散水的宽度为 900mm

4. 下列踏步尺寸可以采用的宽度和高度为（　　）。

A. 280mm×160mm   B. 270mm×170mm

C. 260mm×170mm   D. 280mm×200mm

E. 280mm×220mm

5. 关于尺寸和标高，下列说法正确的有（   ）。

A. 总平面图中尺寸以 m 为单位

B. 除总平面图外其他施工图中尺寸以 mm 为单位

C. 所有施工图中尺寸均以 mm 为单位

D. 本工程标高以 m 为单位

E. 本工程尺寸以 mm 为单位

6. 下列比例属于放大比例的有（   ）。

A. 1∶50   B. 20∶1   C. 5∶1   D. 1∶100

E. 1∶500

7. 关于本工程室内装饰面层，下列说法正确的有（   ）。

A. 大厅内墙面层材料为乳胶漆   B. 二楼卫生间楼面为防滑地砖

C. 实训室楼面为地砖   D. 实训室顶棚为涂料

E. 实训室踢脚为石材

8. 下列关于索引符号说法正确的有（   ）。

A. 建施 04 中散水的做法详见图集 12YJ9-1 第 95 页详图③

B. 建施 04 中室外台阶的做法详见图集 12YJ9-1 第 102 页详图①

C. 建施 08 中女儿墙处的索引符号表示该部位的横断面做法详见建施 09 中详图①

D. 建施 09 中女儿墙处的索引符号表示该部位的横断面做法详见本图中详图①

E. 建施 10 中楼梯扶手的做法详见图集 12YJ08 第 78 页详图③

9. 关于门的类型及开启方式说法正确的有（   ）。

A. M1521 为双扇平开木质夹板门   B. MLC-1 为双面开启玻璃钢节能门

C. M1524 为双面开启玻璃钢节能门   D. M1521 开启方向为内开

E. C1818 开启方向为内开

10. 以下不属于结构设计总说明内容的有（   ）。

A. 抗震设防烈度   B. 材料强度等级

C. 门窗表   D. 墙面装修做法

E. 选用的设计规范和图集

11. 以下关于保护层厚度的说法正确的有（   ）。

A. 基础的保护层厚度从基础垫层底面开始计算

B. 本工程基础保护层厚底部 50mm，顶部 40mm

C. 本工程 3.200m 标高处角柱的混凝土保护层最小厚度为 20mm

D. 本工程卫生间板的混凝土保护层厚度为 20mm

E. 本工程屋面板的混凝土保护层厚度为 20mm

12. 以下关于本工程的设计参数正确的有（   ）。

A. 本工程的基本风压为 $0.45kN/m^2$

B. 本工程的抗震设防烈度为三级

C. 本工程的设计地震分组为 7 度

D. 本工程的所有受力构件均采用 C30 的混凝土

E. 本工程屋面为非上人屋面，屋面活荷载标准值取 $0.5kN/m^2$

13. 以下关于本工程钢筋构造做法正确的有（   ）。

A. 双向板底部钢筋，短跨置于上排，长跨置于下排

B. 楼层剪力墙水平钢筋在内侧，竖向钢筋在外侧

C. 当相交两次梁梁高相等时，在两次梁上均设附加箍筋

D. 连梁纵向受力钢筋伸入墙内的长度不小于 l_{aE}，且不小于 600mm

E. 楼层连梁伸入墙内的范围内配置间距为 150mm 的钢筋，直径同跨中

14. 关于剪力墙连梁描述正确的有（   ）。

A. 连接剪力墙和剪力墙的梁叫连梁

B. 连梁根据跨高比可以分为 LL 和 LLk

C. LLk 是跨高比小于 5 的连梁

D. LLk 的支座锚固要求同 LL，纵筋构造要求同框架梁

E. 本工程中，所有标注为 LL 的梁实际都应该为 LLk

15. 下列说法正确的有（   ）。

A. 梁边与柱边平齐时，梁筋从柱筋内绕过

B. 现浇板钢筋遇边长或直径小于 300mm 洞口时应绕过不截断

C. 填充墙洞口边小于 200mm 的墙垛用素混凝土补齐

D. 大体积混凝土养护时间不少于 28d

E. 墙长大于 5m 时，墙顶与梁应有拉结

16. 下列施工做法正确的有（   ）。

A. 梁跨度大于或等于 4m 时，模板应起拱

B. 悬臂梁按悬臂长度的 0.4% 起拱，起拱高度不小于 20mm

C. 外露的钢筋混凝土结构长度较长时，应设置伸缩缝，间距不大于 12m

D. 基坑土方开挖不得超挖，若采用机械挖土应保留 200～300mm 土层由人工铲平

E. 基坑回填时，应在相对的两侧或四周同时均匀分层夯实，压实系数不小于 0.94

17. 砌体填充墙的构造柱设置部位有（   ）。

A. 砌体墙长度超过 5m 或超过层高 2 倍时在墙中部设置

B. 砌体女儿墙高超过 500mm 时，每隔 3m 及转角处设置

C. 楼梯间填充墙设置间距不大于层高且不大于 4m 的构造

D. 门窗洞口大于 2.1m 时在洞口两边设置柱

E. 悬挑梁上填充墙端部

18. 关于 KZ1 的说法正确的有（   ）。

A. 截面尺寸为 500mm×500mm   B. 每边配置 4 根直径为 16mm 的中部筋

C. 采用 4×4 矩形复合箍　　　　　　　D. 箍筋间距为 100mm

E. 箍筋间距为 200mm

19. 关于梁的名称描述正确的有（　　）。

A. KL 楼层框架梁　　　　　　　　　　B. WKL 屋面框架梁

C. LL 连梁　　　　　　　　　　　　　D. AL 暗梁

E. L 非框架梁

20. 结施 08 中，关于 KL5 的说法正确的有（　　）。

A. 截面尺寸为 200mm×600mm

B. 3 跨，分别是 2～3 轴、3～4 轴、4～5 轴

C. 纵筋 2 根，直径为 25mm

D. 全长配有 4 根直径为 12mm 的受扭纵筋

E. 加密区箍筋间距为 100mm，非加密区箍筋间距为 200mm 下部

21. 关于结施 13 中 3 轴线交 A、B 轴线间板支座上部钢筋描述正确的有（　　）。

A. 为板上部非贯通纵筋　　　　　　　B. 直径为 8mm

C. 间距为 200mm　　　　　　　　　　D. 采用 HRB400 钢筋

E. 从梁中心线向左右跨内延伸各 750mm

22. 关于结施 15 中 AT1 的描述正确的有（　　）。

A. 此为楼梯平法标注　　　　　　　　B. 踏步段总高度为 1650mm

C. 踏步级数为 11 级　　　　　　　　　D. 梯段板厚度为 100mm

E. 梯段板的分布钢筋的直径为 12mm，间距为 200mm

23. 关于剪力墙的说法正确的有（　　）。

A. GBZ 是剪力墙的构造边缘构件

B. GBZ1 的纵筋为 14 根直径为 16mm 的 HRB400 钢筋

C. GBZ2 的宽度为 250mm

D. GBZ3 的纵筋为 6 根直径为 14mm 的 HRB400 钢筋

E. GBZ4 箍筋直径为 6mm，间距为 100mm

24. 以下关于结施 03 的说法正确的有（　　）。

A. 为基础平面布置图

B. 本工程采用筏形基础

C. 筏板上部配置了双向的 ϕ18@150 受力钢筋

D. 筏板下部配置了双向的 ϕ16@150 受力钢筋

E. 筏形基础阳角处设置的放射筋放置在板顶

25. 结施 05、06 中关于 DWQ1 的说法正确的有（　　）。

A. DWQ1 代表地下室外墙

B. 本工程地下室外墙的厚度为 250mm

C. OS 代表地下室外墙的外侧钢筋，外侧竖向分布筋的平法标注与详图矛盾

D. IS 代表地下室外墙的内侧钢筋，DWQ1 的内侧水平分布筋为 ϕ12@150

E. DWQ1 的竖向分布筋置于内侧，水平分布筋置于外侧

26. 关于本工程柱的配筋图识读正确的有（　　　）。

A. 采用列表注写的方式表示
B. 本工程只有框架柱一种柱子类型
C. 墙柱的箍筋间距全高均匀
D. 本工程框架柱只有一种
E. GBZ1 箍筋的间距为 100mm

27. 关于结施 08 中 LL7（1）的平法标注识读正确的有（　　　）。

A. 为梁的集中标注
B. 该梁的截面尺寸为 250mm×400mm
C. 该梁的箍筋为Φ8@100 的双肢箍
D. 该梁的下部纵筋为 3Φ14
E. 该连梁的上部纵筋为 2Φ18

28. 结施 09 中关于 KL3 的集中标注识读正确的有（　　　）。

A. 框架梁，9 跨

B. 截面尺寸为 200mm×600mm

C. 该框架梁箍筋直径为 8mm，加密区箍筋间距为 100mm，非加密区间距为 200mm

D. 2Φ20 代表该框架梁上部通长受力钢筋为 2 根直径为 20mm 的 HRB400 钢筋

E. N4Φ12 代表框架梁配置 4 根直径为 12mm 的受扭纵筋

29. 关于结施 12 中板的配筋图的识读正确的有（　　　）。

A. 板厚均为 100mm，板顶标高全部为 3.270m

B. 板厚均为 100mm，卫生间板顶标高为 3.180m

C. 2 轴线上 A～B 轴线之间的板顶非贯通纵筋为Φ8@200

D. 2 轴线上 A～B 轴线之间的板顶非贯通纵筋为Φ8@125

E. 2 轴线上 B～C 轴线之间的板顶非贯通纵筋为Φ8@200

30. 关于结施 15 中 TL1 的识读正确的有（　　　）。

A. TL1 代表编号为 1 的楼梯梁
B. 该楼梯梁的截面为 200mm×400mm
C. 该楼梯梁的箍筋间距为 100mm
D. 该楼梯梁的上部通长筋为 2Φ16
E. 该楼梯梁的下部通长筋为 3Φ22

附图

实训楼建筑施工图和结构施工图

图纸目录

工程名称：实训楼   图　别：建筑

图纸编号	图 纸 名 称	张 数	图 幅	备 注
01	门窗表、装修做法表	1	A3	
02	建筑设计总说明	1	A3	
03	地下室平面图	1	A3	
04	一层平面图	1	A3	
05	二层平面图	1	A3	
06	三层平面图	1	A3	
07	屋顶平面图	1	A3	
08	①～⑥立面图、⑥～①立面图	1	A3	
09	Ⓐ～Ⓓ立面图、Ⓓ～Ⓐ立面图	1	A3	
10	1-1剖面图	1	A3	
11	楼梯详图	1	A3	

审核		校 对		设 计		日 期	

门窗表

类型	设计编号	洞门尺寸（mm）	数量	图集编号	选用型号	备 注
普通门	M0921	900×2100	6	12YJ4-1		木质夹板门
	M1521	1500×2100	27	12YJ4-1		木质夹板门
	M1524	1500×2400	2	12YJ4-1		玻璃钢节能门
	MLC-1	3300×2400	1		见详图	玻璃钢节能门
乙级防火门	FMZ1521	1500×2100	8	12YJ4-1		木质乙级防火门
普通窗	C1518	1500×1800	4	12YJ4-1	PC1-1518	断热铝合金中空玻璃平开窗
	C1818	1800×1800	46	12YJ4-1	PC1-1818	断热铝合金中空玻璃平开窗

室内装修做法表（参考图集12YJ1）

部位名称	地面	楼面	墙面	踢脚板	顶棚
地下储藏室	自上而下：20厚1:3水泥砂浆找平 80厚C20混凝土垫层 钢筋混凝土底板（自防水）				
大厅		地砖楼面 楼10	乳胶漆墙面 内墙5 涂24	面砖踢脚 踢24	丙烯酸涂料顶棚
楼梯间		地砖楼面 楼10	乳胶漆墙面 内墙5	石材踢脚 踢28 面砖踢脚	轻钢龙骨纸面石膏板吊顶 顶7
卫生间		防滑地砖楼面 楼28	釉面墙砖墙面 内墙9	面砖踢脚 踢24	轻钢龙骨铝合金扣板吊顶 顶3
实训室夹廊		地砖楼面 楼10	乳胶漆墙面 内墙5 涂24	面砖踢脚 踢24	轻钢龙骨石膏表装饰板顶 顶11

所有楼层

注：
1. 所有门窗的开启均为纱窗，洞口尺寸以实测为准，门窗玻璃及框料应由承包商根据验算后加以调整。
2. 进行二次设计，并及时向建筑设计单位提供顶埋件种及受力部位的详细资料，以便施工中及时预埋。
3. 所有门窗左右开启对称镜像关系详见相关门窗的平面立面图，卫生间窗玻璃为磨砂玻璃。
4. 首层平面中，入口玻璃门采用10厚无色平板玻璃，门框采用不锈钢饰面。
5. 本图门窗立面图均表示洞口尺寸，门窗加工尺寸要按照装修面厚度由厂家予以调整。

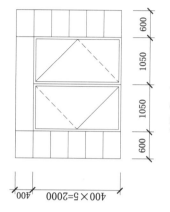

MLC-1 1:50

600　1050　1050　600
400×5=2000　400

				图号	01
审核		校核		图名	门窗表、装修做法表
设计	校对			专业	建筑
				工程名称	实训楼

审核		校对		设计		图名	建筑设计总说明
						工程名称	实训楼
						专业	建筑
						图名	建筑设计总说明
						图号	02

建筑设计总说明

一、设计依据
1. 建设方提供的用地范围。
2. 建设方提供的设计委托书及认可的方案。
3. 建设方提供的设计委托的资料。
4. 其他相关专业提供的资料。
相关规范：
《办公建筑设计标准》JGJ/T 67-2019
《公共建筑节能设计标准》GB 50189-2015
《无障碍设计规范》GB 50763-2012
《民用建筑热工设计规范》GB 50176-2016

二、工程概况
1. 本工程为武汉市××学校的实训楼。
2. 本工程采用框架剪力墙结构，抗震设防烈度7度(0.15g)，耐火等级二级，屋面防水等级Ⅱ级，设计使用年限50年。
3. 本工程地下一层，地上三层，层高均为3.3m，建筑总高度10.35m(室内地坪至屋面板顶)，室内外高差为0.45m。
4. 本工程建筑底面积为384.4m²，总建筑面积为1537.6m²。

三、设计标高
1. 依据甲方提供场地相关资料，建筑物相对标高±0.000对应绝对高程10.500m。
2. 各层标注标高为建筑完成面标高，(建筑面标高)，顶层为结构层面标高。
3. 本工程标高以m为单位，其他尺寸以mm为单位。

四、墙体工程
1. 墙体及柱子具体位置，尺寸详见结构施工图。
2. 地下室外墙为250mm厚钢筋混凝土墙，除剪力墙同框架间角柱的剪力墙外，其余墙体均为加气混凝土砌块填充墙，墙厚为250mm，其余墙位充填为200mm厚。除有别注明外，墙体均在结构梁板下250mm厚，其余砌筑砂浆中或采用实拉缝。
3. 凡预留洞口主要结构上，未尽之处及设备设计图相应留设，并按要求进行结构处理。
4. 混凝土墙留洞封堵见结构。

五、楼地面工程
1. 所有卫生间楼地面均比同层楼地面标高低0.020m且楼地面找坡，具体高详建施标注。
2. 卫生间等有防水要求的房间，地面坡向地漏，地面≥1%坡向地漏。

六、屋面工程
1. 屋面防水做法参据《屋面工程技术规范》GB 50345-2012。
2. 屋面为不上人屋面，防水等级为Ⅱ级，柔性防水保温层，具体防水卷材见乙级保温，除楼梯间两侧填充墙外，屋面保温构造采用做法如下：12YJ1屋105+两道SBS改性沥青防水卷材+柔性防水卷材两道4mm厚SBS改性沥青防水卷材。
3. 各雨管道采用UPVC或成雨水管。
4. 各屋面组织及屋面排水平面图，外排雨水斗，雨水管采用白色UPVC成雨水管。

七、门窗
1. 窗户气密性等级不低于6级(窗户每米框架空气渗透量小于1.5m³/(m·h))。
2. 门窗玻璃采用中空安全玻璃规范JGJ 113-2015和《建筑安全玻璃管理规定》发改运行[2003]2116号。
3. 所有门窗采用隔热铝合金中空玻璃(5+9A+5)，透明白色玻璃，透明立面表示窗口尺寸，门窗加工及尺寸要按现场装修装饰面厚度来定，由厂家自定。
4. 门窗立面表示所示窗为平开窗，所有外墙可开启窗扇由厂家自定。
5. 五金均按其所选标准图配套使用。

八、消防
1. 本工程耐火等级为二级，与邻边现有建筑物之间均留有建筑防火间距离大于10m，满足规范防火间距要求。
2. 建筑各层均设一个单独的防火分区，设两部疏散楼梯，首层设三个安全出口，疏散楼梯等均满足火材料实。
3. 楼梯、隔墙的预留洞，安装管道缝隙，在楼层部位做楼层封堵，首层设置用不燃烧的防火材料实。
4. 所有建筑的预留洞，且不应有缝隙，且不应在安装完半年用不燃烧孔洞外，不分在过程中开设其他孔洞，未闭后应能从...
5. 本工程选用防火门门应为在当地消防部门注册的厂家产品；防火门均有方向开启的平开门，未闭后应能从任何一侧手动开启；楼梯间防火门应具有关闭的功能。
6. 木制防火门施工应遵照国家标准《防火门》GB 12955-2008。

九、节能设计
1. 根据《公共建筑节能设计标准》GB 50189-2015。
2. 本建筑外墙保温构造做法采用12YJ3-1D型(外挂60mm厚模塑聚苯板外墙外保温体系)。

十、装修工程
1. 本装修设计和装饰效果以立面图，外墙工程在施工前应做作出样品，待设计人员及建设方认可后方可进行施工。
2. 所有外墙安装埋管应在窗项以上做防水卷材连接。
3. 屋顶栏杆及女儿墙构造具体情况接地制作管道连接。
4. 屋面工程做法《建筑工程设计防火规范》GB 50222-2017，楼梯洞及墙洞相各部位向外墙应做楼槽缘应做楝滴水线或成抹鹰嘴。
GB 50037-2013，具体部位见和做法见"内装修用料表"。
5. 内墙阴阳角1:2水泥砂浆护角为800mm高。

十一、油漆涂料工程
1. 室内装修所采用的涂料参见室内装修做法表。
2. 内木门窗采用灰色调和漆，木扶手油漆选用栗色调和漆，做法为12YJ涂1。
3. 楼梯栏杆扶手用黑色调和漆，做法为12YJ涂13《钢构件除锈后先刷防锈漆》。
4. 室内外各露明金属构件均刷灰色调和漆2道及刷防锈2道，做法为12YJ涂14，具体设计方进行施工。

十二、无障碍设计
1. 门内外高差为15mm要做坡处理，以斜坡过渡。门上加建把手，门下为350mm高护门板。
2. 其余部分无障碍设计均按照《无障碍设计规范》GB 50763-2012执行。

十三、其他
1. 施工时必须与结构，水，电，暖等专业配合。凡预留洞预留槽，板，梁等对照结构，设备施工图后方可施工。
2. 室内采用时外墙面的颜色影响按颜色整，具体颜色由建设单位及设计方共同认可后方可施工。
3. 施工时遵循国家规范及施工及现场收规做法。
4. 设计中选用的标准图，不采用其局部构造节点，遇需全部构造节点。
5. 外墙保温应由专业厂家进行施工。
6. 未经设计单位许可，本设计用于作其他用途。
7. 预埋木砖及粘贴物墙体的木质面应做防腐防腐处理，露明铁件均做防锈处理。
8. 楼板预留洞封堵，待设备安装完毕后，用C20细石混凝土填塞密实。

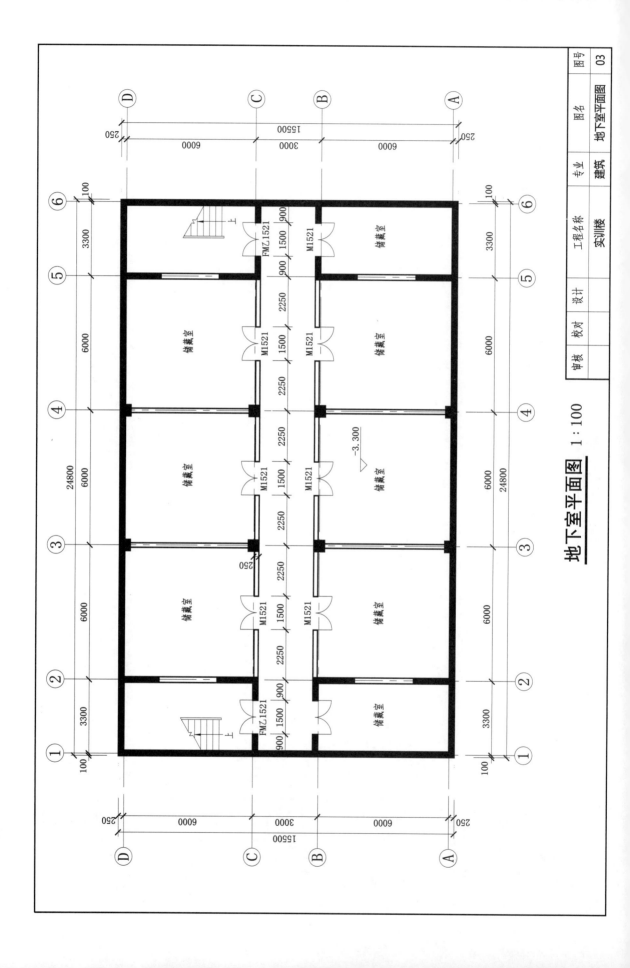

地下室平面图 1:100

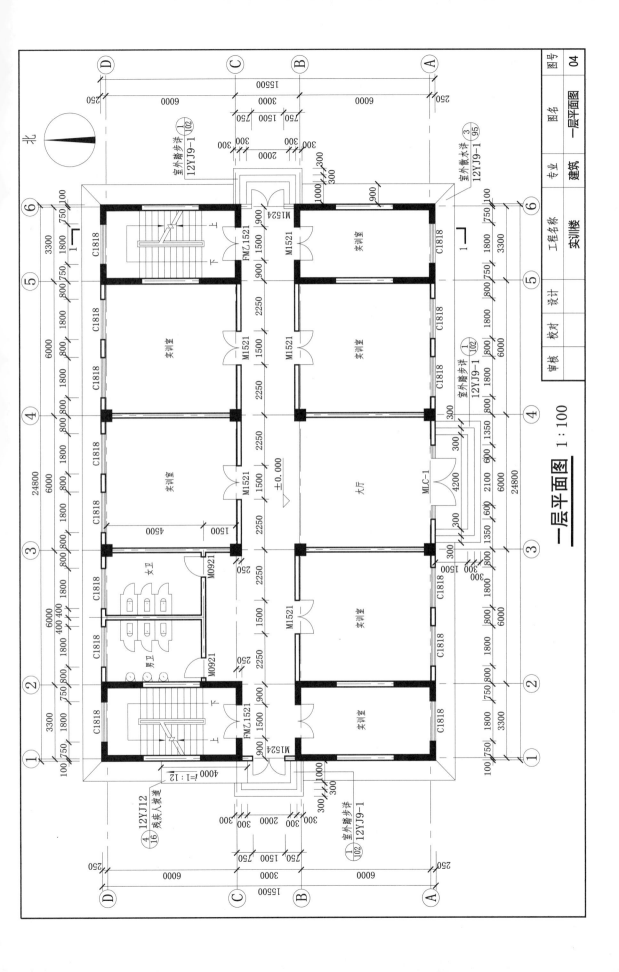

一层平面图 1:100

北

实训楼

一层平面图

建筑

04

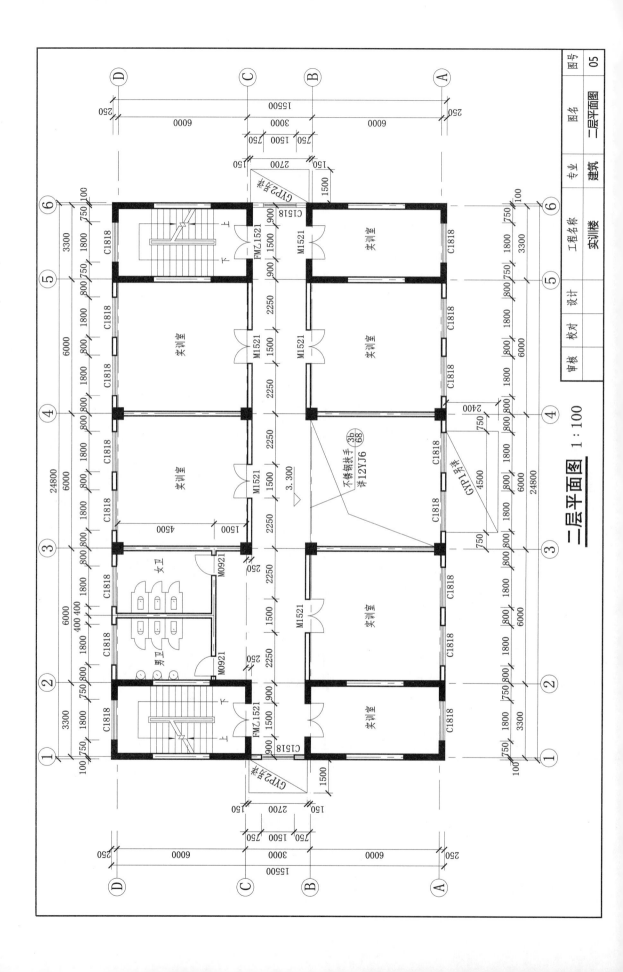

二层平面图 1:100

图号	05
图名	二层平面图
专业	建筑
工程名称	实训楼
设计	
校对	
审核	

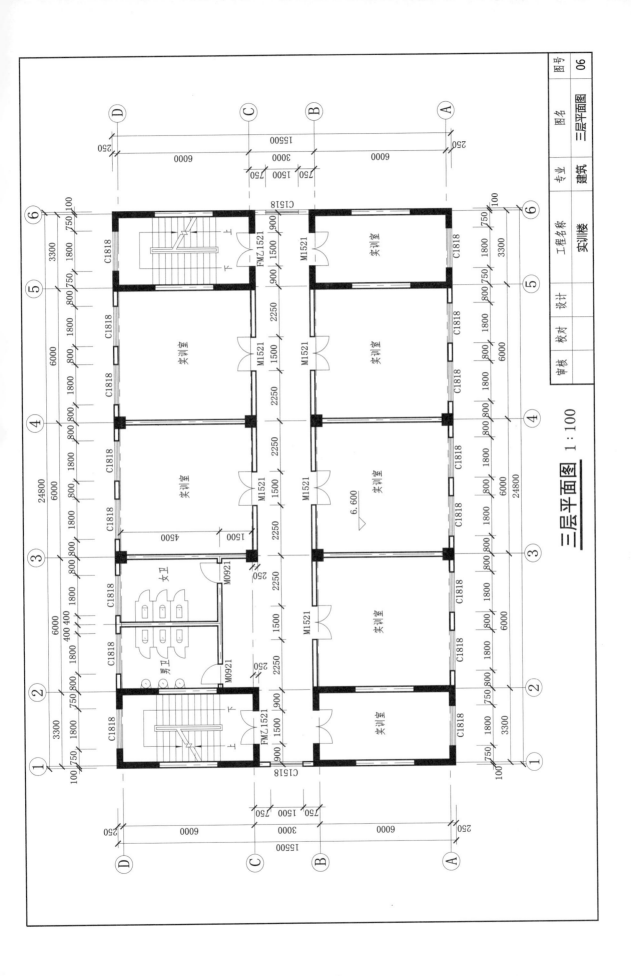

三层平面图 1:100

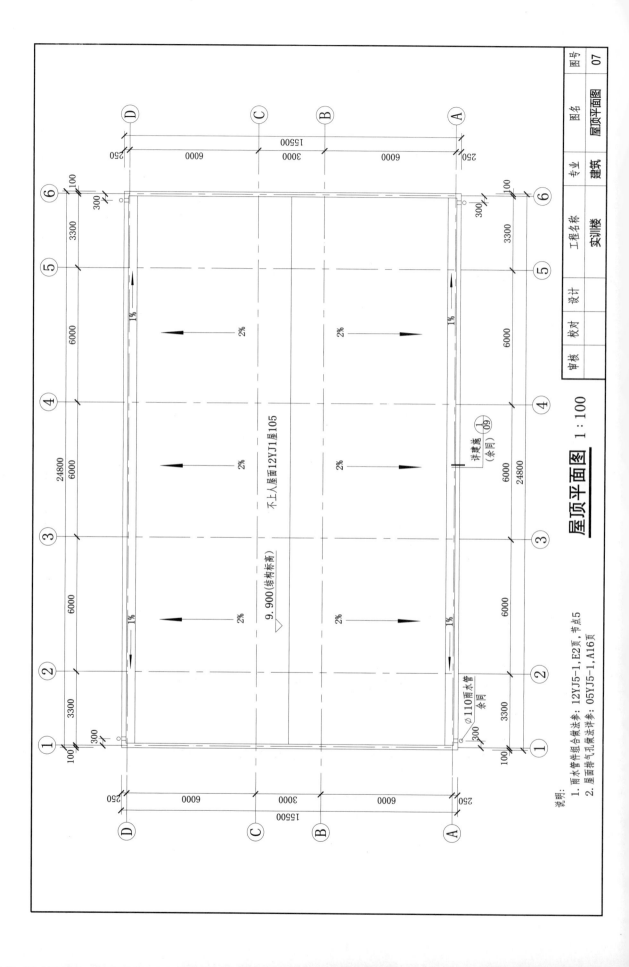

屋顶平面图 1:100

15500
250 | 6000 | 3000 | 6000 | 250

不上人屋面12YJ1屋105

9.900（结构标高）

详建施 ①/09（余同）

Ø110雨水管（余同）

说明：
1. 雨水管件组合做法参：12YJ5-1，E2页，节点5
2. 屋面排气孔做法详参：05YJ5-1，A16页

图号	07
图名	屋顶平面图
专业	建筑
工程名称	实训楼
设计	
校对	
审核	

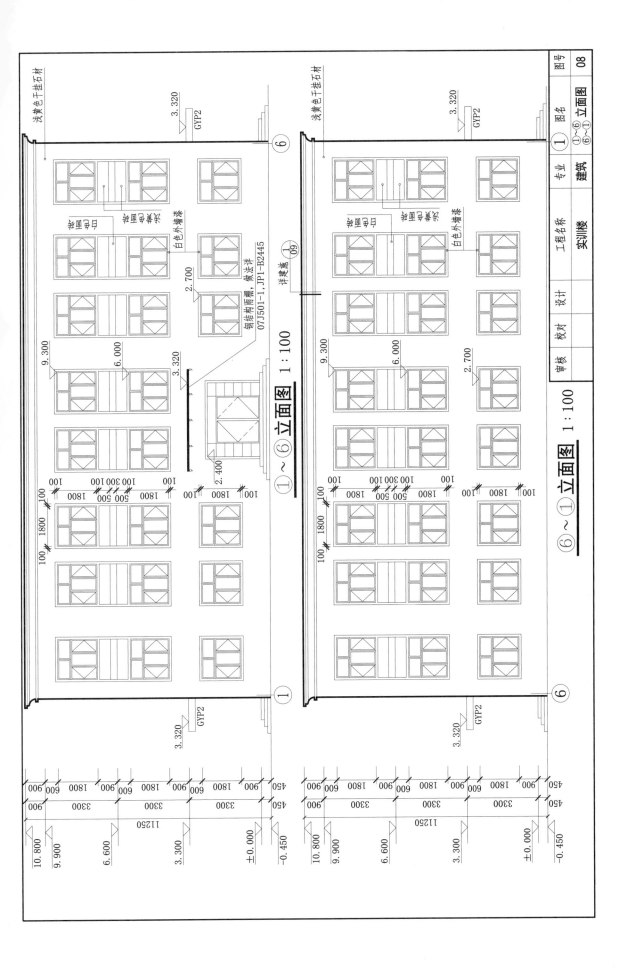

①～⑥ 立面图 1:100

⑥～① 立面图 1:100

浅黄色干挂石材

GYP2
3.320

深灰色面砖
白色外墙漆

钢结构雨篷，做法详
07J501-1,JP1-B2445

详建施 09

白色外墙漆

深灰色面砖

9.300

6.000

3.320

2.700

2.400

GYP2
3.320

10.800
9.900
6.600
3.300
±0.000
-0.450

900 600 1800 900 600 1800 900 600 1800 900 450
900 3300 3300 3300 450
11250

图号 08
图名 立面图
①～⑥
⑥～①
专业 建筑
工程名称 实训楼
设计
校对
审核

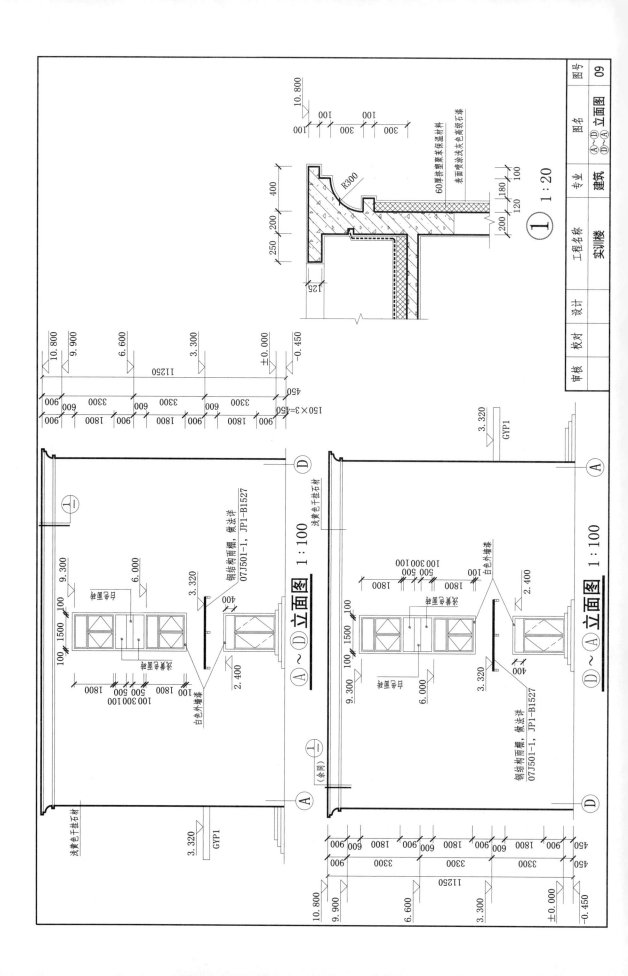

10.800

100
300
300

60厚挤塑聚苯保温材料

表面喷涂浅灰色高级石漆

R300

180
120
100
200

125

① 1:20

⽴面图

Ⓐ～Ⓓ
Ⓓ～Ⓐ

工程名称 实训楼

设计

校对

审核

10.800
9.900
6.600
3.300
±0.000
-0.450

11250

450

150×3=450

900 | 600 | 600 | 3300 | 600 | 3300 | 600 | 3300 | 450
900 | 900 | 1800 | 900 | 1800 | 900 | 1800 | 900

3.320

GYP1

浅黄色干挂石材

9.300

6.000

3.320

400

100 1500 100

窗套线脚
窗套线脚

100 300 100
500 500
1800

白色外墙漆

2.400

钢结构雨棚，做法详
07J501-1，JP1-B1527

Ⓓ Ⓐ～Ⓓ ⽴面图 1:100

Ⓐ

浅黄色干挂石材

3.320

GYP1

9.300

6.000

3.320

400

100 1500 100

窗套线脚
窗套线脚

100 300 100
500 500
1800
白色外墙漆

2.400

钢结构雨棚，做法详
07J501-1，JP1-B1527

Ⓓ Ⓓ～Ⓐ ⽴面图 1:100

Ⓐ

(余同)

10.800
9.900
6.600
3.300
±0.000
-0.450

11250

450

3300 | 3300 | 3300 | 450
900 | 600 | 600 | 900 | 600 | 900 | 600 | 900
900 | 1800 | 900 | 1800 | 900 | 1800 | 900

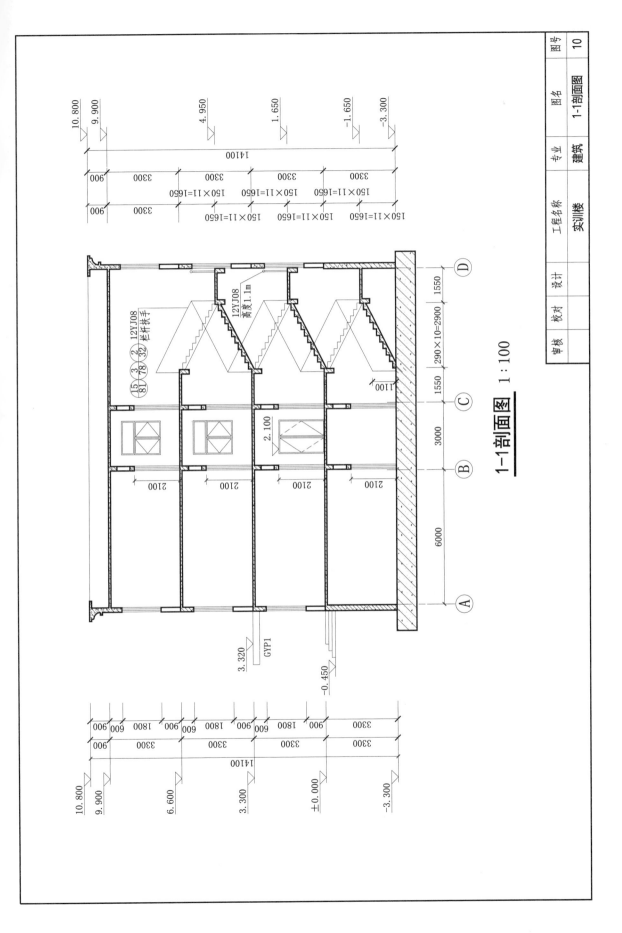

1-1剖面图 1:100

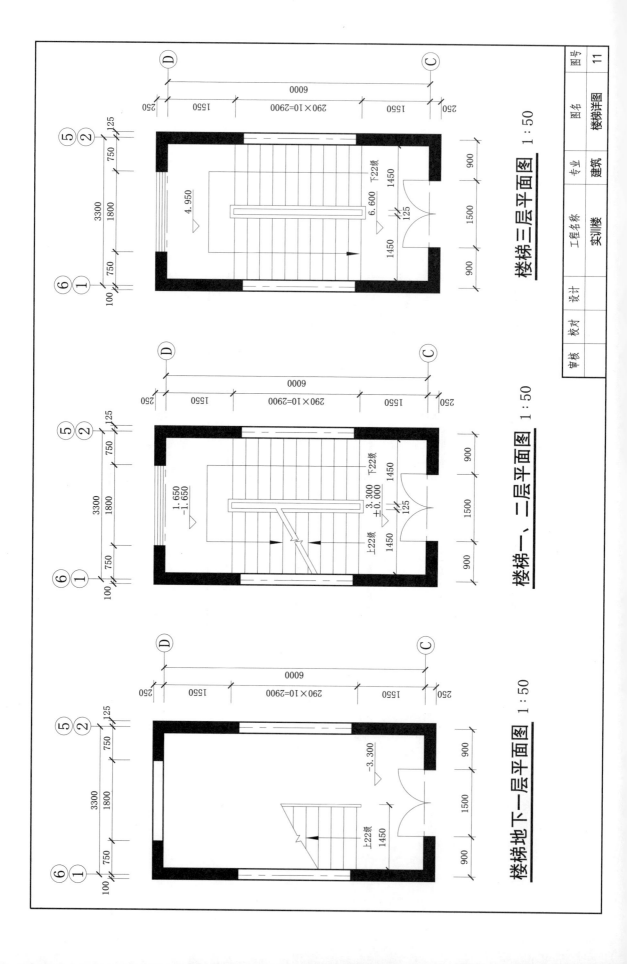

楼梯三层平面图 1:50

楼梯一、二层平面图 1:50

楼梯地下一层平面图 1:50

图号	11
图名	楼梯详图
专业	建筑
工程名称	实训楼

设计	校对	审核

图纸目录

工程名称： 实训楼   图　别： 结构

图纸编号	图 纸 名 称	张 数	图 幅	备 注
01	结构设计总说明(一)	1	A3	
02	结构设计总说明(二)	1	A3	
03	基础平法施工图	1	A3	
04	基础顶～ −0.030剪力墙、柱平面布置图	1	A3	
05	−0.030~9.900剪力墙、柱平面布置图	1	A3	
06	剪力墙、柱配筋详图	1	A3	
07	−0.030梁平法施工图	1	A3	
08	3.270梁平法施工图	1	A3	
09	6.570梁平法施工图	1	A3	
10	9.900梁平法施工图	1	A3	
11	−0.030板平法施工图	1	A3	
12	3.270板平法施工图	1	A3	
13	6.570板平法施工图	1	A3	
14	9.900板平法施工图	1	A3	
15	楼梯平法施工图	1	A3	

审 核		校 对		设 计		日 期	

结构设计总说明（一）

一、工程概况

1. 本工程结构安全等级为二级，地基基础设计等级为乙级，结构设计使用年限为50年。
2. 本工程抗震设防类别为丙类，抗震设防烈度为7度，地震加速度为0.15g，设计地震分组为第一组，场地地基类别为II类，特征周期 $T_g=0.40s$，建筑结构阻尼比取0.05。
3. 本工程建筑高度为0.350m（屋面距室外地面的高度），本工程±0.000详建施。
4. 本工程框架的抗震等级为三级，构造柱抗震等级为三级，框架剪力墙的抗震等级为四级。
5. 基本风压：$0.45kN/m^2$，基本雪压：$0.40kN/m^2$，地面粗糙度：B类。
6. 本工程经审查木基本设防烈度0.000以下采可，不同改变本建筑结构的使用功能及用途。
7. 裂缝控制等级±0.000以下为一级，以上为三级。

二、设计使用规范

《建筑结构荷载规范》GB 50009-2012
《建筑地基基础设计规范》GB 50007-2011
《建筑地基处理技术规范》JGJ 79-2012
《混凝土外加剂应用技术规范》GB 50119-2013
《混凝土结构设计规范》GB 50010-2010（2015年版）
《建筑抗震设计规范》GB 50011-2010（2016年版）
《建筑工程抗震设防分类标准》GB 50223-2008
计算程序：结构计算采用PKPM系列设计计算程序

三、活荷载取值

楼面和屋面荷载（未注明详见《建筑结构荷载规范》GB 50009-2012）

楼面用途	办公室	走廊、门厅	阳台栏杆或栏板	不上人屋面	卫生间
活荷载 (kN/m²)	2	2.5	3.5	0.5	2.5

1. 办公室的楼梯栏杆、阳台栏杆顶部水平荷载：1.0kN/m；楼面及屋面栏杆顶部竖向荷载：1.0kN/m。屋面女儿墙顶部及栏板或栏杆顶部水平荷载：1.0kN/m。

四、材料使用及要求

1. 混凝土材料：基础垫层C20，基础、柱、梁、板、墙，楼梯C40，其他构件C30。
2. 砌体材料：填充墙采用B06，A3.5加气混凝土砌块，顶层墙采用M5专用砂浆。
3. 钢筋：HPB300级（φ），HRB400级（Φ），钢筋的屈服强度实测值与强度标准值的比值不应小于1.25，钢筋的抗拉强度实测值与屈服强度实测值的比值不应小于1.3，且钢筋最大拉力下的总伸长率实测值不应小于9%，钢筋的强度实测值应具有不小于95%的保证率。
4. 焊条：HPB300级钢应采用E43，HRB400级钢采用E50。
5. 钢筋所用钢筋应符合《混凝土结构工程施工质量验收规范》GB 50204-2015及国家有关其他规范。
6. 当采用进口钢筋或代换钢筋时，应按改变设计中相等原则换算并经过设计院同意。
7. 当需要以强度或变形能力较高的钢筋代换设计中受力钢筋时，结构设计中受力钢筋的混凝土保护层最小厚度 c（mm）加下下：

本工程各部位的环境类别

结构部位	环境类别
楼面、屋面的楼板	一类环境
剪力墙	一类环境
框架柱、梁、板、柱	一类环境
基础、基础梁和顶板	二类环境

结构部位	环境类别
两面及两侧以上露天的板	二a类环境
卫生间内露天的混凝土墙	二a类环境
女儿墙、雨篷、挡土墙	二a类环境
楼梯、教楼外露混凝土结构	二a类环境

结构混凝土材料的耐久性基本要求及混凝土保护层的最小厚度 c

环境类别	最大水胶比	最低强度等级	最大氯离子含量(%)	最大碱含量(kg/m³)	混凝土保护层最小厚度 c (mm) 板、墙	梁、柱
一	0.60	C20	0.30	不限制	15	20
二a	0.55	C25	0.20	3.0	20	25
二b	0.50	C30	0.15	3.0	25	35

注：1）表中混凝土保护层厚度2指最外层钢筋外边缘至混凝土表面的距离，适用于设计使用年限为50年的混凝土结构。
2）构件中混凝土保护层（普通钢筋）设置普通钢筋时，最后保护层厚度应从垫层顶面算起，且不应小于40mm。
3）钢筋混凝土基础宜设置混凝土垫层，基础中钢筋的混凝土保护层厚度应从垫层顶面算起，且不应小于40mm。

五、填充墙

1. 填充墙应在主体结构施工完毕后，由上而下逐层砌筑。或将填充墙逐块嵌实，或将填充墙顶用斜砌法把下部墙体与上部塞紧，柔间用砌块逐块嵌实。构造柱顶用斜砌顶紧，板底嵌实。
2. 填充墙应沿框架柱、混凝土墙全高每隔500mm设2Φ6拉筋，钢筋伸入框架柱或混凝土墙内≥200mm，墙高超过4m时，墙体半高处（或门洞上皮）应设置与柱连接且沿墙体全长贯通的钢筋混凝土圈梁，圈梁宽同墙厚，高同墙厚，墙体上下各2Φ12，Φ6@200箍筋；圈梁兼做过梁时，应加大洞口上方设置纵向钢筋至满足要求及纵截面另加钢筋。圈梁兼做过梁不合并于门窗洞及门窗洞间墙500mm范围内布置。
3. 建筑门窗洞口顶位置凡无柔者，均按本设置过梁：1）窗洞口的净跨净跨均在标准图11YG301中选取，过梁等级别2级；2）过梁的平面位置及标高施工图。3）当门窗口顶距梁底或楼层底小于过梁高度时，应按本总说明别1施工，过梁改为现浇。过梁长度均为 l_aE。并注意配合建筑图在门窗洞处设置门窗预埋门窗配件。
4）当洞口紧贴框柱或钢筋混凝土墙时，施工时柱或墙已设置的柔筋，应按相应的配筋。在柱（墙）内预留插筋。插插。
4. 填充墙构造柱位置除平面图外注明外均按本说明图2施工。构造柱生根于基础，构造柱上下端入框架梁2.1m时，在洞口两侧设；4）悬柔层上墙墙；5）外墙门窗顶过梁跨度不大于700mm时在墙一端加设。
5. 构造柱断面除注明外均收本注明图2施工。构造柱做法先砌墙后浇梁马牙搓，纵筋上，下锚入框架梁内40d，构造柱下端应与混凝土墙连接，现浇混凝土，再浇混凝土，采，板上下应留出构造连接插筋。墙每高度范围内，墙间间距加密@100。锚入框架面交处，在柔工艺，砌，采，板下应留出构造连接长度留，锚入墙内长度留，锚入混凝土墙内不小于200mm。
6. 在构造柱、墙连接处不必另500mm或不小于200mm。构造柱锚入墙内长度留，锚入混凝土墙连接中不小于200mm。
7. 填充墙的面层做法详见建筑图。填充墙砌筑，不得湿变更。设备专业图标定。墙墙填不得大于4m的封顶墙用墙连接，不得把预埋洞板的后总。
8. 加气块墙体填充墙，应设置墙顶收墙，设备专业图因不大于4m的钢筋混凝土墙顶应大于4m的封顶层应用墙连接，并配置钢筋网表填加密。
9. 楼梯间和人流通道墙，应设置墙顶收墙，应改由各工种的施工图认真核对，还应由各工种的施工图认真核对、确定，墙内钢筋遇洞口或不浇附加筋，墙内钢筋遇洞口。
10. 墙长大于5m时，墙顶与梁应有拉结。

六、剪力墙

1. 除钢筋、混凝土水平钢筋外，不得后凿。墙上孔洞应及早预留及墙应双层及双向钢筋网。
2. 墙上孔洞必须预留，不得后凿。除结构施工图预留孔洞外，还应由各工种的施工图认真核对、确定，墙内未注明的加强筋。图中未注明洗或墙者放于不浇附加筋，墙内钢筋遇洞口或洞口尺寸≤200mm时应连续通过，墙内钢筋网绕过墙面开洞。无遗漏后方可能浇灌混凝土。墙顶与梁应应有拉结。

设计		图名		专业	图号
校对				结构	01
审核	审校	工程名称 实训楼	结构设计总说明（一）		

结构设计总说明（二）

度添加适量膨水剂。2）采用有效措施进行保温养护，时间不少于14d。3）采用低热水泥配制双掺混凝土（粉煤灰、减水剂等）以延迟水化热释放速度，降低热峰值；还可以采用蓄热措施，对浇筑基础进行保温。对浇筑基础混凝土中心与表面温差限制在25℃以内。4）采用适当浓度见基础混凝土截剖面。

8.沉降观测：沉降观测点位置见基础平面图，观测点用Φ20钢筋埋入混凝土150mm，标高在0.060m处。沉降观测要求：施工主至±0.000后每层观测一次；主体结构封顶后每隔3个月一次，每6个月一次，直至沉降稳定为止。对于突然发生严重裂缝或大量沉降等特殊情况，应增加观测数。未按变形观测的要求测量时，建筑测量级别为一级。

十、预埋件
1.所有钢筋混凝土构件均按各工种要求，如预埋吊筋、门窗、栏杆等须预埋埋件，各工种应配合土建施工，将所需的埋件一并预埋。受力预埋件的锚筋应采用HPB300级或HRB400级，严禁采用冷加工钢筋。
2.吊筋：应采用HPB300级钢筋制作，严禁采用冷加工钢筋。吊筋埋埋混凝土深度不应小于30d，并应焊接和绑扎在钢筋网上。

十一、其他
1.本图未注明的构造做法和要求及选用的标准图选做内容详见各专业施工图。
2.电气专业栏杆预埋件按建筑的要求见电气专业图。
3.结构平面图中未标注位尺寸的预埋，应以建筑专业图纸为准，详细做对，详细图选位置。
4.对于穿地下室外墙的套管，须预埋套管，起墙对，浇对后严禁凿洞。
5.施工前应组织施工人员进行技术交底，未发现问未得施工。不当问有关规范与规定实施工。

地基与基础部分
1.基坑开挖前须对对近建建物、构筑物、给水、排水、电气、煤气、电话等地下管线进行调查，摸清位置、埋深等情况，基础和上部建筑已对影响施工时，应提前采取可靠的保护措施。当邻近建筑物可能受影响时，应详细调查其裂缝单位检查并做好记录。
2.基坑开挖后应反复核对，验算等相关于层无误后，方可进行下一道工序。
3.挖出土方应随挖随运，不得留遍，土方开挖成后应及时回填。减少将对基坑结的影响，减少将放出，不应在坑边堆，土方开挖完成后基坑完成后应即进行工程。
4.基坑开挖应反复核对，基础周边堆载不得过大，不得集层。基坑周边堆载不得超建过设计规定，对基坑土方进行开挖工，土方开挖时边坡临近处进行成后应及时进行施工。
5.基坑开挖后应根据基坑，防止水泡坑底，并应及时封闭，防止浸土体状，应做降排水结构，雨季保持坑底不受水浸。
6.基础施工应根据各专业提供的参数进行放线，对基坑距进行放线，清土和垫桩时不得过成基。顶处以下土质断裂和地动相同或同时均同时进行对孔浮多层层和建坡度。清除多余土体或层方余，积根据土体量将混凝土最大型保留200~300mm，回填土体量水量不小于0.94，压实系数要方可浇养。基础回填应均匀对放子并分层夯实。地下室外墙对应按设计要求达到设计强度方可拆墙土。当运输车到达施工现场，塌落度有一定损失时，严禁现场施工，而应由混凝土供应商解决应加水。

（注：7.现浇钢混凝土应为大体积混凝土，为控制混凝土质量及开裂及施工。按《混凝土送送高高施工技术规程》JGJ/T10-2011，要求做如下控制：）

七、钢筋锚固及连接头
1.受力钢筋的连接接头位置在构件受力较小部位，抗震设计时，宜选开梁两端、柱端墙面时采用机械连接。绑扎搭接或焊接，绑扎搭接或焊接接头中钢筋的最两支座中跨内连接头。
2.受拉钢筋的锚固长度laE详22G101-1。
3.凡吴主次梁交接处，主梁内设置附加箍筋或附加吊筋，主梁内附加箍筋的直径及根数同原主梁箍筋，间距50mm；次梁高度不小于500mm时，主梁内附加吊筋2Φ18。

八、梁、板、柱构造
1.未标注板内分布筋为6@250，双向板的底部钢筋。
2.板上如有孔洞，孔洞必须预留，不得后凿。板上开洞按22G101-1进行施工。
3.梁上如有管孔，均应在主梁附加或梁附加设置梁箍箍的直径及及数同原主梁，附加箍筋。当梁两支对均设附加箍时，附加钢筋详图上。
4.梁起拱：梁拱度0.2%起拱，若须留洞，洞口须避开梁，梁挠度0.45%起拱。悬臂梁拱度0.2%起拱，雨篷、挑板当水平段长时，挠度可取0.2%。
5.外露结构的抗裂缝墙：现浇钢混凝土女儿墙，水平段20mm，待30d后用水泥砂浆封闭。应设伸缩缝，间距不大于12m，缝宽可取20mm。

图号 02

注：梁水平段锚固长度<0.40labE
时，可采用机械锚固。

图5 梁上开洞构造

图4 梁与剪力墙垂直相交构造

图3 墙顶与梁（板）底连结

图2 构造柱

图1 楼层梁与过梁结合构造

专业 结构
图名 结构设计总说明（二）

工程名称 实训楼

设计
校对
审核
审定

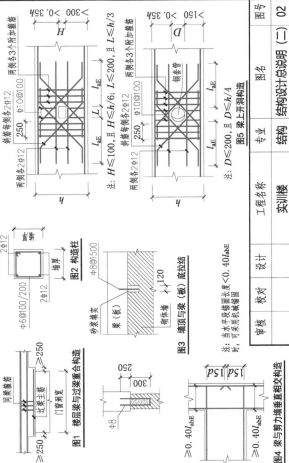

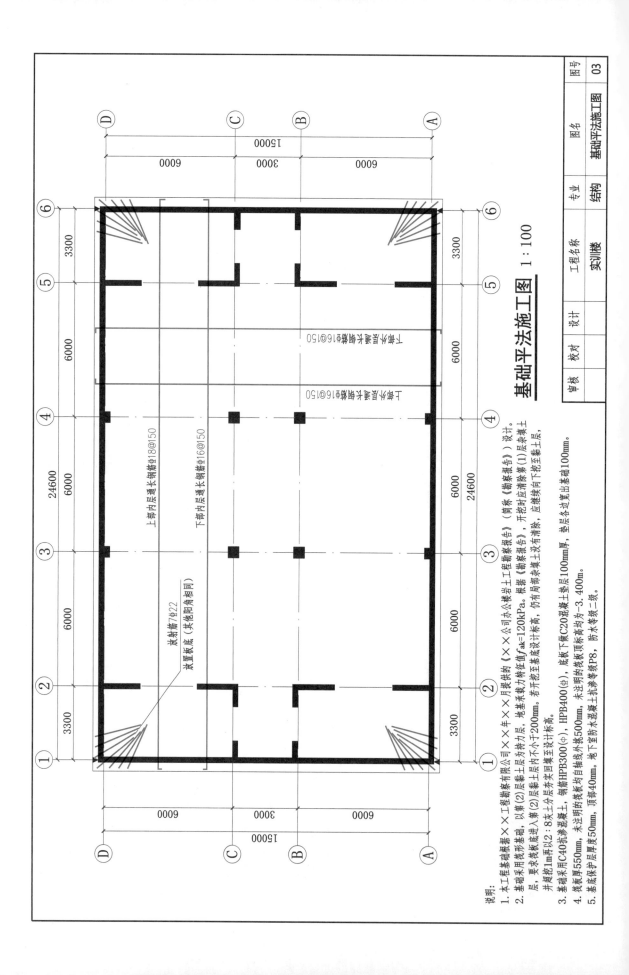

基础平法施工图 1：100

图号	03
图名	基础平法施工图
专业	结构
工程名称	实训楼

审核		校对		设计	

说明：
1. 本工程基础根据××工程勘察有限公司××年××月提供的《××公司办公楼岩土工程勘察报告》（简称《勘察报告》）设计。
2. 基础采用筏形基础，以第（2）层粉土层为持力层。地基承载力特征值 f_{ak}=120kPa。根据《勘察报告》，开挖时应清除第（1）层杂填土层，要求筏板底进入第（2）层粉土层内不小于200mm。若开挖至基底设计标高，仍有局部杂填土及有积水，应继续向下挖至粉土层，并超挖1m再以2：8灰土分层夯实回填至基底设计标高。
3. 基础采用C40抗渗混凝土，钢筋HPB300（Φ），HPB400（Φ），底板下做C20混凝土垫层100mm厚，底板各边宽出基础100mm。
4. 筏板厚550mm，未注明的底板外挑均按500mm，地下室防水混凝土抗渗等级P8，防水等级二级。
5. 基底保护层厚50mm，顶部40mm。地下室防水混凝土抗渗等级P8，防水等级二级。

上部内层通长钢筋Φ18@150
下部内层通长钢筋Φ16@150（其他相同）

放射筋7Φ22
放置板底（其他阴阳角相同）

上部专用水钢筋Φ16@150
下部专用水钢筋Φ16@150

15000
6000 3000 6000

24600
3300 6000 6000 6000 3300

15000
6000 3000 6000

24600
3300 6000 6000 6000 3300

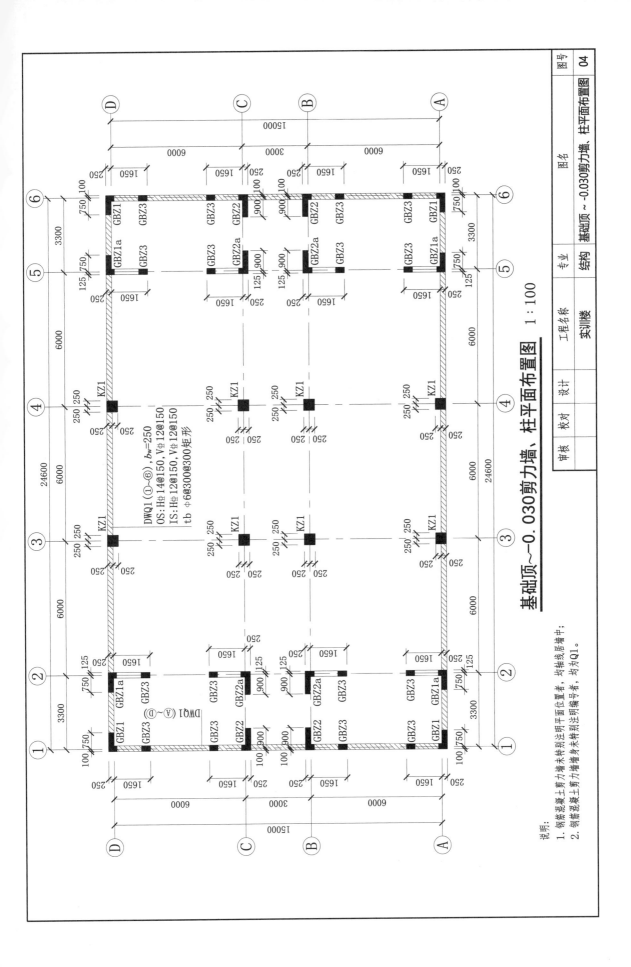

基础顶～-0.030剪力墙、柱平面布置图 1:100

DWQ1 (①~⑥)，b_w=250
OS:Hϕ14@150，Vϕ12@150
IS:Hϕ12@150，Vϕ12@150
tb ϕ6@300@300矩形

说明：
1. 钢筋混凝土剪力墙未特别标注明平面位置者，均轴线居墙中；
2. 钢筋混凝土剪力墙墙身未特别标注墙号者，均为Q1。

图号	04
图名	基础顶～-0.030剪力墙、柱平面布置图
专业	结构
工程名称	实训楼
设计	
校对	
审核	

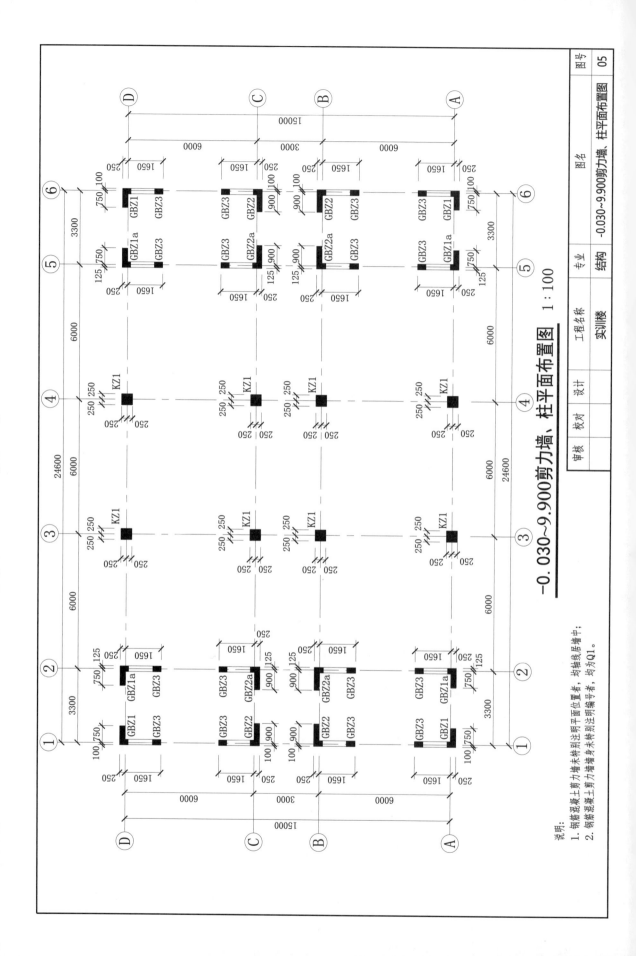

-0.030~9.900剪力墙、柱平面布置图 1:100

工程名称

实训楼

设计

校对

审核

说明:

1. 钢筋混凝土剪力墙未标注明平面位置者，均轴线居墙中；

2. 钢筋混凝土剪力墙墙身未标注明编号者，均为Q1。

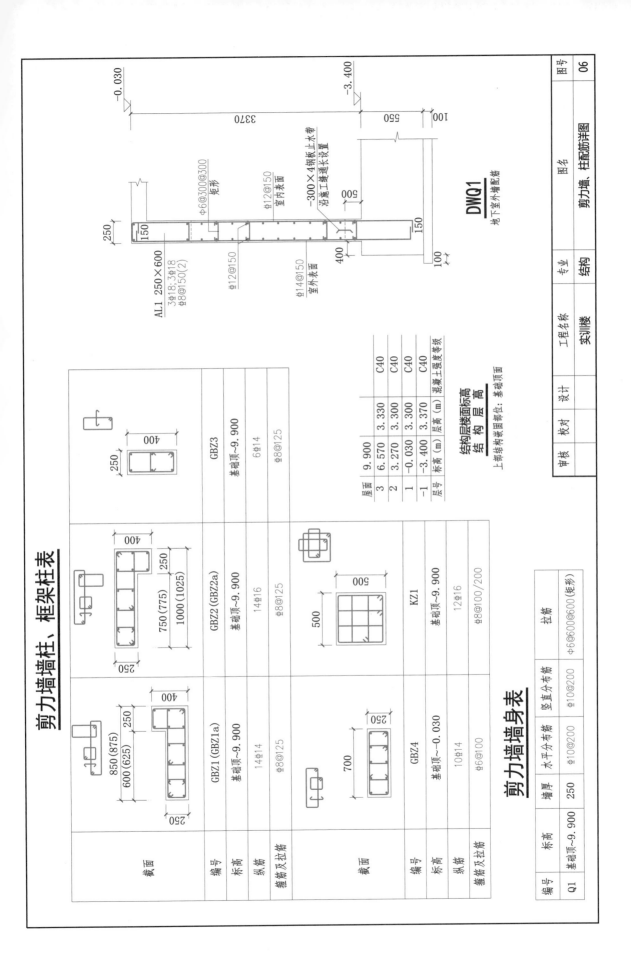

剪力墙墙柱、框架柱表

截面				
编号	GBZ1 (GBZ1a)	GBZ2 (GBZ2a)	GBZ3	KZ1
标高	基础顶~9.900	基础顶~9.900	基础顶~9.900	基础顶~9.900
纵筋	14Φ14	14Φ16	6Φ14	12Φ16
箍筋及拉筋	Φ8@125	Φ8@125	Φ8@125	Φ8@100/200

截面	
编号	GBZ4
标高	基础顶~-0.030
纵筋	10Φ14
箍筋及拉筋	Φ6@100

GBZ1: 850(875) 600(625) 250 400 250
GBZ2: 1000(1025) 750(775) 250 400 250
GBZ3: 400 250
KZ1: 500 500
GBZ4: 700 250

剪力墙墙身表

编号	标高	墙厚	水平分布筋	竖直分布筋	拉筋
Q1	基础顶~9.900	250	Φ10@200	Φ10@200	Φ6@600@600(矩形)

结构层楼面标高 结构层高

层号	标高(m)	层高(m)	混凝土强度等级
屋面	9.900		
3	6.570	3.330	C40
2	3.270	3.300	C40
1	-0.030	3.300	C40
-1	-3.400	3.370	C40

上部结构嵌固部位:基础顶面

DWQ1
地下室外墙配筋

AL1 250×600
3Φ18;3Φ18
Φ8@150(2)

Φ6@300@300 矩形
Φ12@150 室内表面
Φ12@150
Φ14@150 室外表面
-300×4钢板止水带 沿浇工缝通长设置

250 150 500 400 150 100

3370 550 100

-0.030 -3.400

审核	校对	设计		工程名称	专业	图名	图号
				实训楼	结构	剪力墙、柱配筋图	06

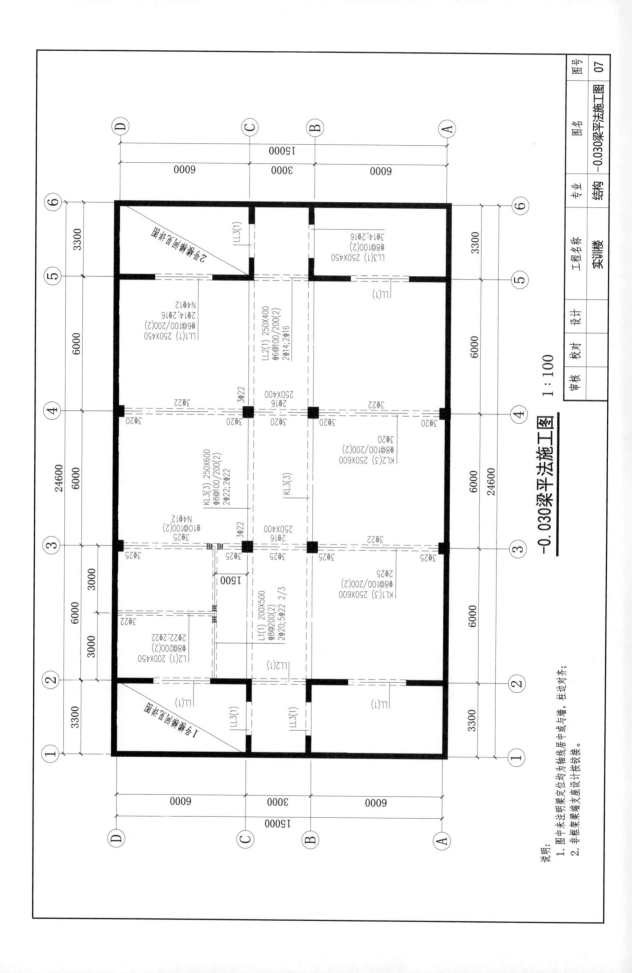

-0.030梁平法施工图 1:100

说明：
1. 图中未注明梁定位处均为轴线居中或与墙、柱边对齐；
2. 非框架梁端支座按设计按表。

图号 07
图名 -0.030梁平法施工图
专业 结构
工程名称 实训楼
设计
校对
审核
校核

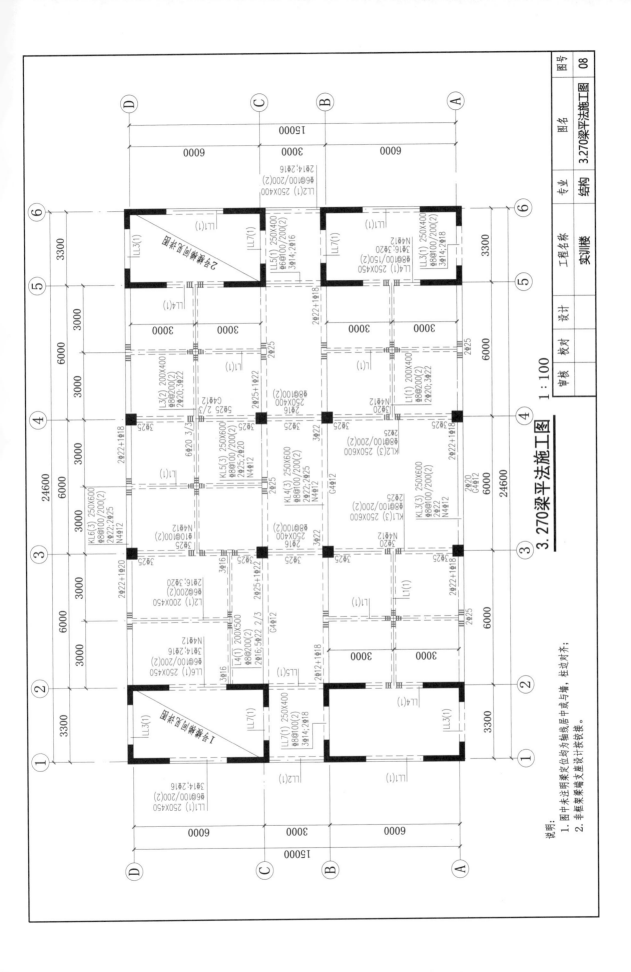

3.270梁平法施工图
1:100

说明:
1. 图中未注明梁定位均为轴线居中或墙与墙、柱边对齐;
2. 非框架梁端支座按设计感座接接。

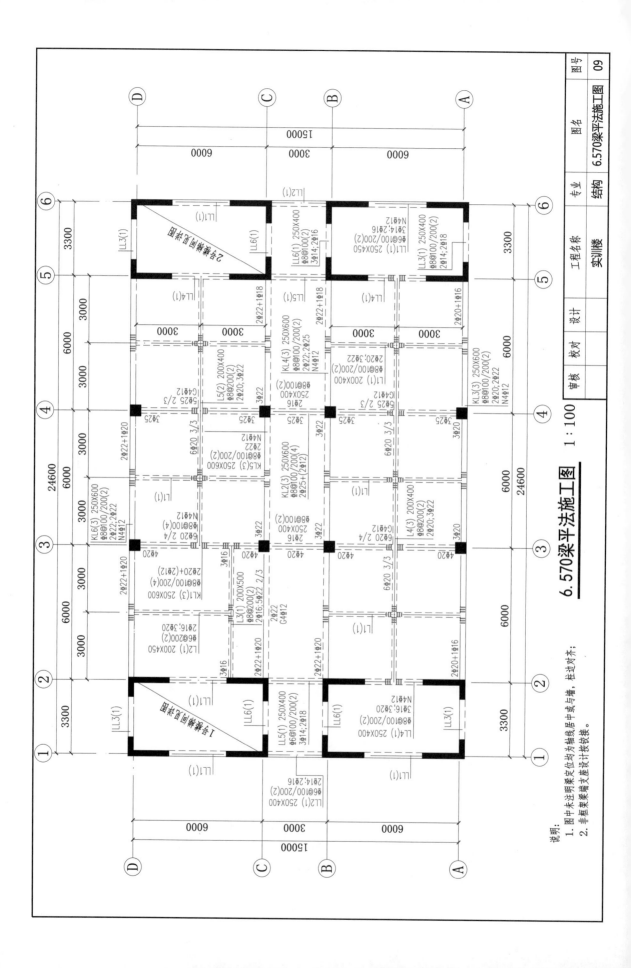

6.570梁平法施工图 1:100

说明:
1. 图中未注明梁定位均为轴线居中或墙与墙、柱边对齐;
2. 非框架梁端支座按设计铰接。

审核	校对	设计	图名	6.570梁平法施工图	图号
			专业	结构	09
			工程名称	实训楼	

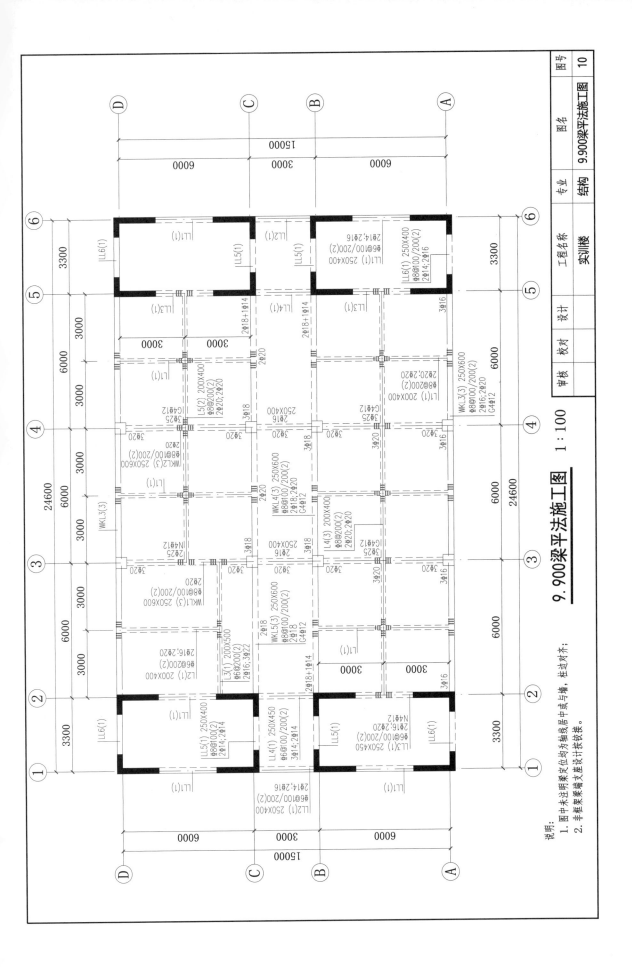

9.900梁平法施工图 1：100

说明：
1. 图中未注明梁定位均为轴线居中或与墙、柱边对齐；
2. 非框架梁梁端支座按设计按校表。

审核		校对		设计		专业	结构	图号	10
						图名	9.900梁平法施工图		
						工程名称	实训楼		

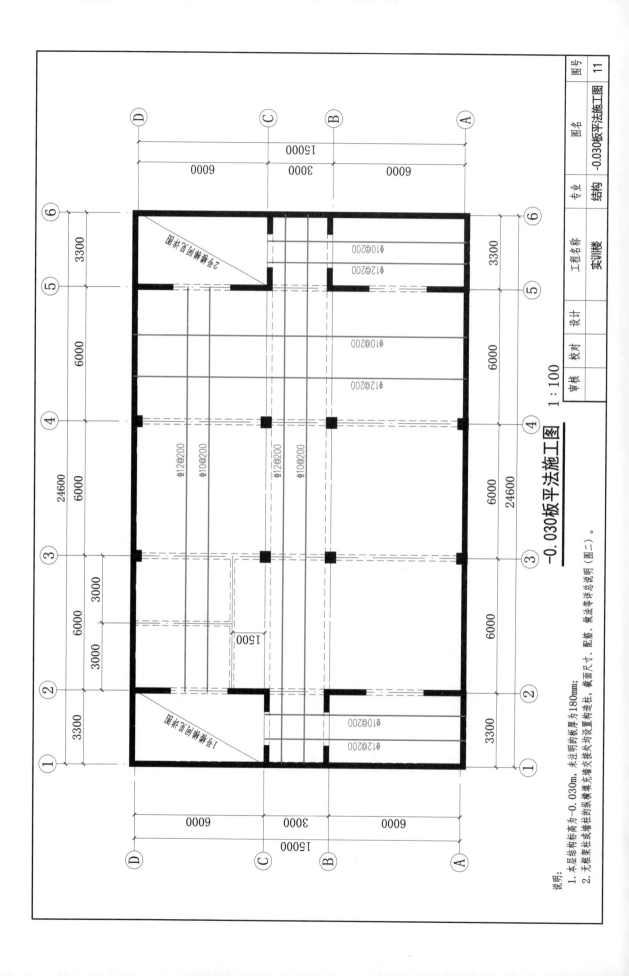

-0.030板平法施工图 1:100

说明：
1. 本层结构标高为-0.030m，未注明的板厚为180mm；
2. 无框架柱或墙柱的纵横墙交接处均设置构造柱，截面尺寸、配筋、做法等详总说明（图二）。

审核	校核	校对	设计	工程名称	专业	图名	图号
				实训楼	结构	-0.030板平法施工图	11

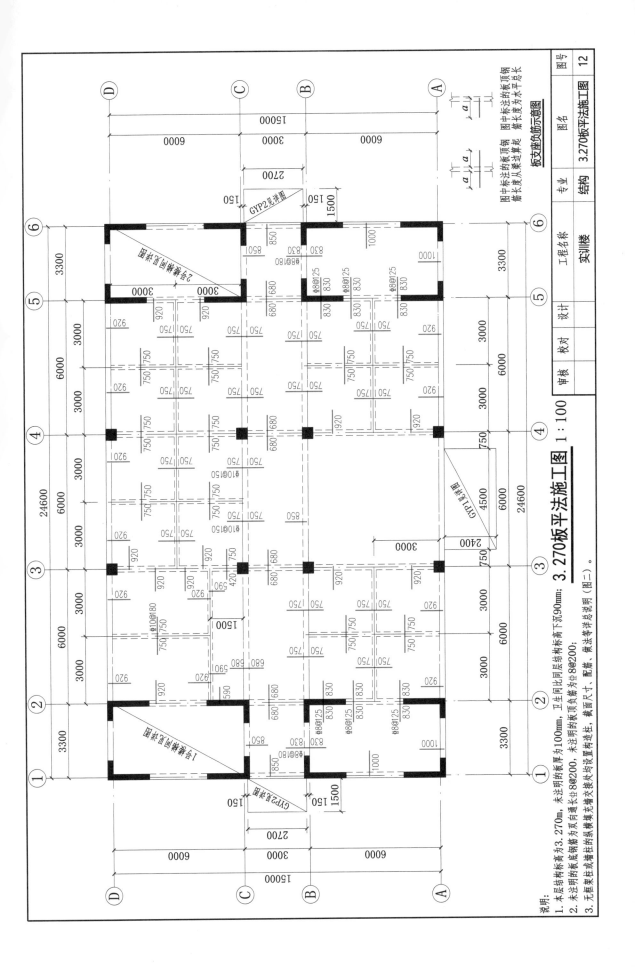

说明:
1. 本层结构标高为3.270m, 未注明的板厚为100mm, 卫生间比同层结构标高下沉90mm;
2. 未注明的板底钢筋为双向通长Φ8@200, 未注明的板顶负筋为Φ8@200;
3. 无框架柱或墙柱的纵横墙交接处均设置构造柱连在, 截面尺寸、配筋、做法等详总说明 (图二)。

3.270板平法施工图 1:100

审核	校对	设计	工程名称	专业	图名	图号
			实训楼	结构	3.270板平法施工图	12

板支座负筋示意图

图中标注的板顶钢 图中标注的板顶钢
筋长度为从梁边算起 筋长度为水平总长

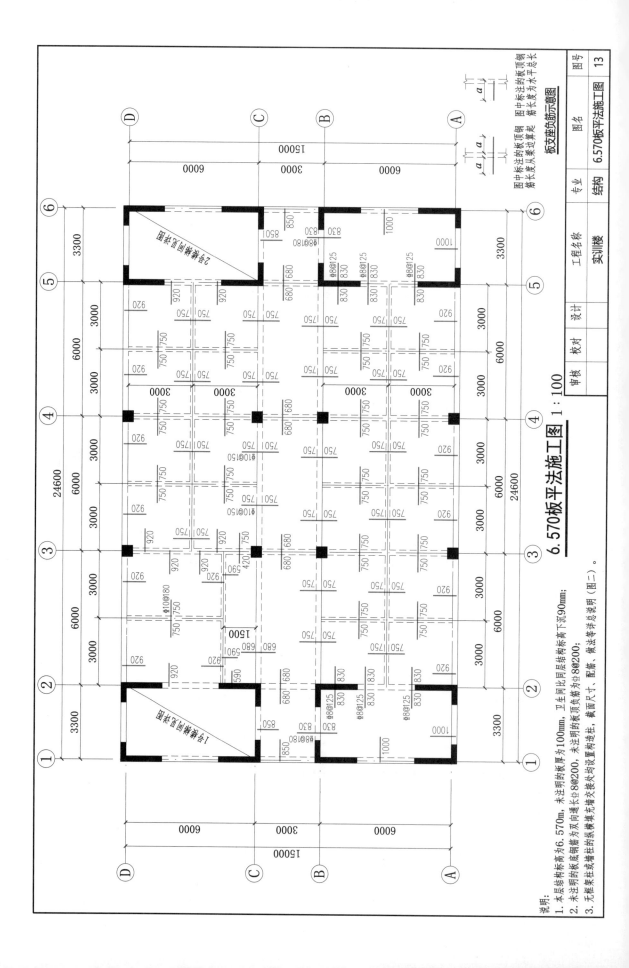

6.570板平法施工图 1:100

说明:
1. 本层结构层高为6.570m,未注明的板厚为100mm,卫生间比同层结构标高下沉90mm;
2. 未注明的板底钢筋为双向通长Φ8@200,未注明的板顶负筋为Φ8@200;
3. 无框架梁柱或墙柱的纵横墙填充墙支接处均设置构造柱,截面尺寸、配筋、做法等详总说明(图二)。

	专业		图名	图号
板支座负筋示意图	结构		6.570板平法施工图	13

图中标注的板顶钢 图中标注的板顶钢
筋长度为从梁边起 筋长度为水平总长

审核		校对	设计	工程名称		
				实训楼		

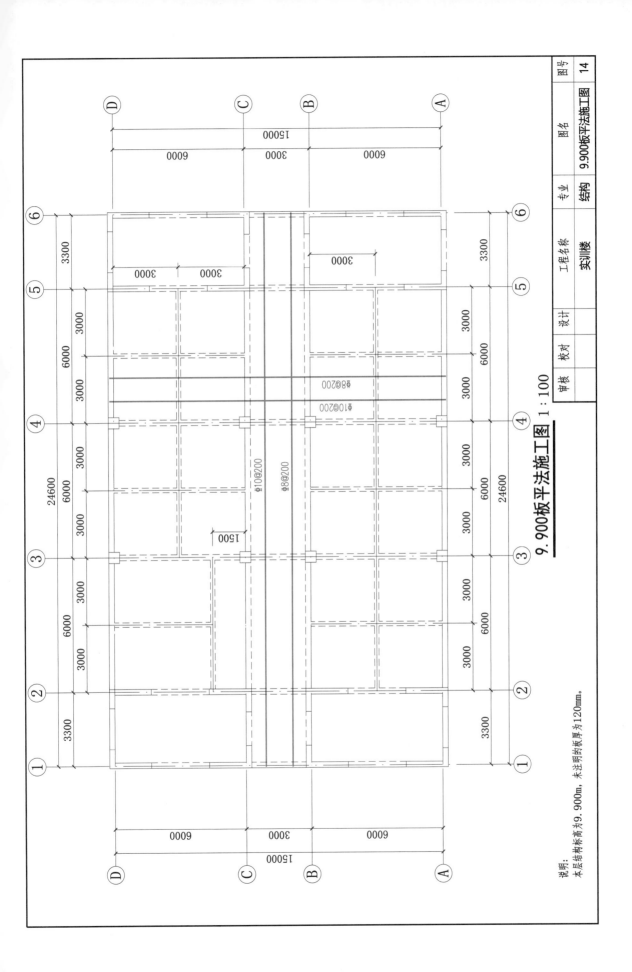

9.900板平法施工图 1:100

说明：
本层结构标高为9.900m，未注明时板厚为120mm。

| 专业 | 结构 | 图名 | 9.900板平法施工图 | 图号 | 14 |
| 工程名称 | 实训楼 | | | | |

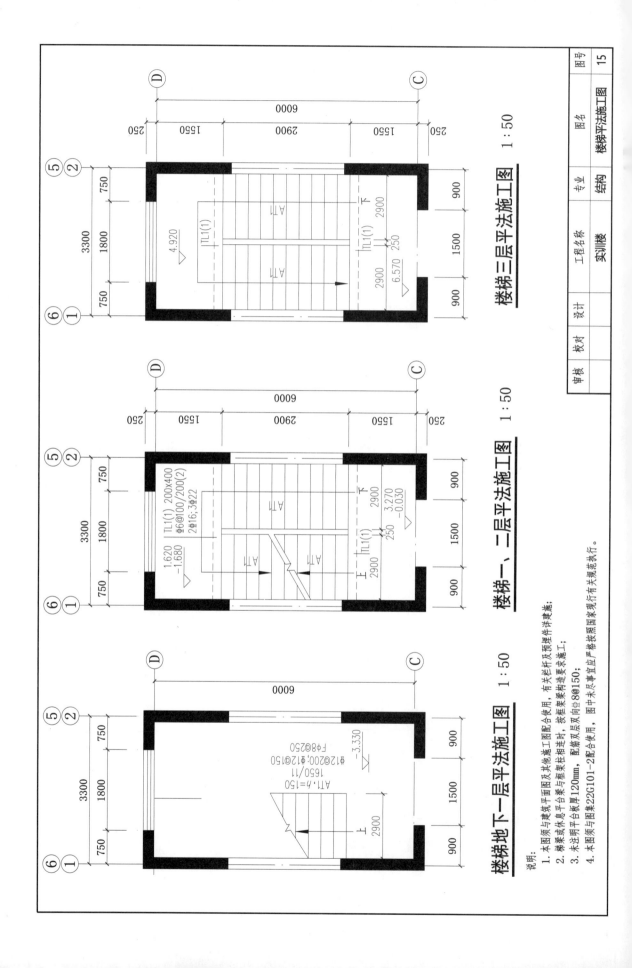

楼梯三层平法施工图　1：50

楼梯一、二层平法施工图　1：50

楼梯地下一层平法施工图　1：50

说明：
1. 本图须与建筑平面图及其他施工图配合使用，有关栏杆及预埋件详建施；
2. 楼梯或休息平台梁与框架梁柱相连接时，按框架梁柱要求施工；
3. 未注明平台板厚120mm，配筋双层双向Φ8@150；
4. 本图须与图集22G101-2配合使用，图中未尽事宜应严格按照国家现行有关规范执行。

						图号
						15
审核	校对	校核	设计	工程名称	专业	图名
				实训楼	结构	楼梯平法施工图